市政建设与给排水规划

王莹莹 杨明理 张亚青 主编

吉林科学技术出版社

图书在版编目（CIP）数据

市政建设与给排水规划 / 王莹莹 , 杨明理 , 张亚青
主编 .-- 长春 : 吉林科学技术出版社 ,2024.5.
ISBN 978-7-5744-1375-7
I.TU99
中国国家版本馆 CIP 数据核字第 2024MT8367 号

市政建设与给排水规划

主　　编	王莹莹　杨明理　张亚青
出 版 人	宛　霞
责任编辑	郭建齐
封面设计	刘梦杳
制　　版	刘梦杳
幅面尺寸	185mm×260mm
开　　本	16
字　　数	325 千字
印　　张	16.5
印　　数	1~1500 册
版　　次	2024 年 5 月第 1 版
印　　次	2024 年 10 月第 1 次印刷

出　　版	吉林科学技术出版社
发　　行	吉林科学技术出版社
地　　址	长春市福祉大路5788 号出版大厦A 座
邮　　编	130118
发行部电话/传真	0431-81629529 81629530 81629531 　　　　　　　81629532 81629533 81629534
储运部电话	0431-86059116
编辑部电话	0431-81629510
印　　刷	廊坊市印艺阁数字科技有限公司

书　　号	ISBN 978-7-5744-1375-7
定　　价	98.00元

版权所有　翻印必究　举报电话：0431-81629508

编委会

主　编　王莹莹　杨明理　张亚青

副主编　宋广杰　李　涛　邱万里

　　　　廖兴波　苏志敏　任　宇

　　　　张配源　郭炀煜　武晓燕

　　　　郑光昌

前　言

一个城市的基础市政工程设施是否优良是城市健康发展与否的重要判断标准之一，它也能从整体上体现出城市的文化和精神，同时是广大城市市民和谐城市生活的物质基础。市政工程从广义上来说，可以分为城市建设公用设施工程、城市排水设施工程、照明设施工程、道路设施工程、桥涵设施工程和防洪设施工程等。自进入21世纪以来，全国各地都大力进行基础设施建设，各大建筑工程的开发施工，为国民经济的稳定发展提供了有力的支撑，对于我国经济的可持续发展起到了非常关键的作用。

未来几年，中国的高速公路网、铁路网等基本形成。因此，未来政府投资方向还是会转向市政建设领域，解决老百姓的生活环境问题，提高城市的管理水平。相信未来几年，中国市政工程领域会发展得更好、更有活力。

市政给排水工程建设的好坏关系着城市市政工程的质量，影响着人居环境。目前，我国在市政给排水规划设计上仍然存在诸多不足，例如，水资源利用率低、浪费严重等，严重影响了城市的可持续发展。市政给排水规划设计既是城市基础设施规划设计的根基，也是重点，它对于城市人居环境、生态环境有着非常重要的影响力。

市政给排水系统是保证城市的供水安全与排除雨水、污水的基础设施，市政给排水系统的正常运行对城市经济的发展有着重要意义。同时，经济的快速发展与城市范围的扩大，使城市给排水系统需要进行改造扩建，新建城区与快速发展的城镇也需要建立给排水系统。因此，对市政给排水系统进行科学合理的规划设计是实现城市快速发展的重要保证，设计者在进行市政给排水系统规划设计时应综合考虑，使市政给排水系统在城市发展中的作用得到充分发挥。

本书围绕"市政建设与给排水规划"这一主题，以市政工程建设为切入点，由浅入深地阐述市政工程项目的含义及特征、市政工程建设项目管理的含义及特征、市政工程建设项目的参与主体、市政工程项目建设程序，并系统地分析了市政工程新技术，介绍了城市供水与排水设计与市政工程给排水工程规划施工等内容，以期为读者理解与践行市政建设与给排水规划施工提供帮助。本书内容翔实、条理清晰、逻辑合理，兼具理论性与实践性，适用于从事相关工作与研究的专业人员。

由于作者水平有限，时间仓促，书中不足之处在所难免，恳请各位读者、专家不吝赐教。

目 录

第一章　市政工程建设 ··· 1
第一节　市政工程项目的含义及特征 ··· 1
第二节　市政工程建设项目管理的含义及特征 ······························ 8
第三节　市政工程建设项目的参与主体 ······································ 16
第四节　市政工程项目建设程序 ··· 27

第二章　市政工程新技术 ··· 31
第一节　沥青混凝土路面养护新技术 ·· 31
第二节　水泥混凝土路面养护新技术 ·· 33
第三节　非开挖新技术 ··· 41
第四节　沟槽回填技术 ··· 48

第三章　城市供水与排水设计 ··· 54
第一节　供水系统需水量预测及水源选择 ································· 54
第二节　供水管网的设计 ··· 57
第三节　下穿立交道路地表排水系统设计 ································· 65
第四节　排水泵站设计 ··· 71
第五节　道路大排水系统设计 ··· 76
第六节　城市道路交叉口排水路面系统设计 ····························· 79

第四章　市政工程给排水工程规划施工 ······································ 84
第一节　市政工程给排水规划设计 ·· 84

第二节　城市大排水系统的规划 …………………………………………86
   第三节　市政给排水施工技术 ……………………………………………90
   第四节　市政给排水工程施工管理 ………………………………………93

第五章　污水预处理技术 …………………………………………………………96
   第一节　格栅 ………………………………………………………………96
   第二节　水量水质调节技术 ………………………………………………97
   第三节　沉砂池 ……………………………………………………………98
   第四节　沉淀池 ……………………………………………………………101
   第五节　强化一级预处理技术 ……………………………………………109

第六章　污水深度处理技术 ………………………………………………………112
   第一节　混凝沉淀 …………………………………………………………112
   第二节　过滤 ………………………………………………………………116
   第三节　消毒 ………………………………………………………………118
   第四节　活性炭吸附技术 …………………………………………………126
   第五节　化学氧化技术 ……………………………………………………132
   第六节　膜分离技术 ………………………………………………………133

第七章　污水管理与水生态保护修复 ……………………………………………140
   第一节　城市污水处理回用管理制度 ……………………………………140
   第二节　水生态保护与修复技术 …………………………………………148

第八章　建筑工程进度与资源管理 ………………………………………………162
   第一节　建筑工程项目进度管理 …………………………………………162
   第二节　建筑工程项目资源管理 …………………………………………175

第九章 建设工程施工管理 ·················· 195

第一节 施工项目管理及技术管理 ············ 195
第二节 施工项目进度控制 ·················· 204
第三节 施工成本管理 ······················ 215

第十章 建设工程安全管理 ···················· 225

第一节 市政工程安全生产概念及安全管理理论 ···· 225
第二节 市政工程安全生产管理体制及责任 ······ 234
第三节 建设工程安全事故分析及对策 ·········· 243

参考文献 ·································· 253

第一章　市政工程建设

第一节　市政工程项目的含义及特征

一、项目的含义及特征

（一）项目的含义

目前，"项目"一词虽然是大家耳熟能详，但对其定义目前尚未形成统一的认识。国内具有代表性的定义是中国项目管理研究委员会在《中国项目管理知识体系》中所给出的："项目是创造独特产品、服务或其他成果的一次性努力。"国外具有代表性的定义是美国项目管理协会（Project Management Institute，PMI）在《项目管理知识体系指南（第三版）》（PMBOK指南）中所给出的："项目是为提供某项独特产品、服务或成果所做的临时性努力。"虽然众说纷纭，但专家学者们普遍认为，项目是指按限定时间、限定资源和限定质量标准等约束条件完成的具有明确目标的一次性任务。

（二）项目的特征

一般来讲，项目都具有如下基本特征。

1.一次性

由项目的含义可知，项目是指一次性的任务。"一次性"是项目区别于其他任务的基本特征，也就是说，每个项目都有其特殊性，不存在两个完全相同的项目。因此，项目管理实践中应根据具体项目的特殊情况和要求进行有针对性的管理。

2.目标性

项目作为一类特别设立的活动，具有明确的目标，一般由成果性目标和约束性目标组成。成果性目标是项目的来源，也是其最终目标，在项目实施过程中，成果性目标被分解为项目的功能性要求,是项目全过程的主导目标。约束性目标常称为限制条件,是实现成果性目标的客观条件和人为约束的统称,是项目实施过程中必须遵循的条件。项目的目标正是两者的统一,没有明确的目标,行动就没有方向,也就不能成为一项任务,更不会有项目的存在。

3.整体性

项目是为实现特定目标而开展的一系列活动(工作)的有机组合,是一个完整的整体。强调项目的整体性就是强调项目的过程性和系统性。

4.临时性

项目的一次性决定了每一个项目都有明确的开始和结束时间。当项目的目标已经达到,或者已经清楚地看到该目标不会或不可能达到时,或者该项目的必要性已不复存在并已终止时,该项目即达到了它的终点。此时项目团队也就应该解散了,团队成员需要重新安排。

5.渐进性

任何一个项目实施的过程都是一个循序渐进的过程,在项目开发的早期只是一个粗略的框架,随着项目团队对目标和可交付成果的理解更完整和深入,项目的范围和目标就会越来越清晰,可操作性也就越来越强。

二、建设工程项目的含义及特征

(一)建设工程项目的含义

建设工程项目是指建设领域中的项目,即为完成依法立项的新建、扩建、改建等各类工程项目而进行的、有起止日期的、达到规定要求的一组相互关联的受控活动组成的特定过程。

(二)建设工程项目的特征

一般来讲,建设工程项目具有如下基本特征。

1.任务的一次性

建设项目是一项特定的临时性任务,表现为投资的一次性投入,建设地点的固定性、设计和施工的单件性等特征。因此,必须按照项目特定的任务和固定的建设地点,专门进行独立的设计和施工,并根据项目实际条件建立一次性组织进行设计、施工等生产活动。

2.目标的明确性

任何建设项目都有明确的目标,即以形成特定的固定资产为建设目标。实现这个目标的约束条件主要是时间、资源和质量,即建设项目必须有合理的建设工期目标,在一定资源投入量的目标下要达到预定的生产能力、技术水平和使用效果等质量目标。

3.过程的程序性

建设项目的实施需要遵循科学的建设程序和经过特定的建设过程。建设项目从提出建设设想、建议、方案选择、评估、决策、勘察、设计、施工,一直到竣工验收投入使用,是一个有序的全过程,这就是基本建设程序。建设项目的实施必须遵照其内在的时序性,周密计划,科学组织,使各阶段、各环节紧密衔接,协调进行,力求缩短周期,提高项目实施的有效性。

4.管理的综合性

一方面,建设项目是在一个总体设计或初步设计范围内,由一个或若干个互相有内在联系的单项工程所组成;另一方面,建设项目的实施环节众多,涉及的参建单位及监管部门多而且关系复杂,在建设过程中,每个项目所涉及的情况又各不相同,这些都需要进行综合分析,统筹安排,才能确保项目顺利实施和完成。

5.自身的风险性

建设项目投资数额巨大、工序复杂,涉及影响因素多、实施周期长,在工程项目的实施过程中存在很多不确定因素,因而具有较大的风险。

三、建设工程项目的分类

建设工程项目种类繁多,其分类方式也多种多样。根据管理的需要,主要有以下几种分类方式。

(一)按所属行业分类

按所属行业的不同,建设项目可分为市政公用工程项目、能源项目、铁路项目、交通项目、工业项目、农业项目、林业项目、水利项目、生态和环境保护项目、商业和服务项目,以及科技、文化、卫生、教育项目等。

(二)按投资主体分类

按投资主体的不同,建设工程项目可分为政府投资项目、企业投资项目、外商投资项目、合资项目等。

(三)按建设性质分类

按建设性质的不同,建设工程项目可分为基本建设项目和更新改造项目两大类。基本建设项目包括新建项目、扩建项目、改建项目、迁建项目和恢复项目等。更新改造项目包括技术改造项目、技术引进项目及设备更新项目等。

（四）按项目性质和社会作用分类

按项目性质和社会作用的不同，建设工程项目可分为基础性项目、竞争性项目和公益性项目。

基础性项目是指具有自然垄断性质、建设周期长、投资规模大、收益较低的基础设施和部分基础工业建设工程项目，如能源项目、交通项目、水利项目等。

公益性项目主要指为社会提供公共服务的建设工程项目，包括科学研究、教育、文化、医疗设施、体育设施、生态和环境保护、市政公用工程项目等。

（五）按建设项目的构成层次分类

按建设项目构成层次的不同，建设工程项目可分为单项工程、分部工程、分项工程。

一个建设工程项目可能由若干个单项工程组成。单项工程是指具有独立设计，建成后可以独立发挥生产能力或效益的工程项目。

单位工程又由若干个分部工程所组成。分部工程是指按照工程部位或工种的不同而作的分类，如一般的房屋建筑单位工程可分为基础工程、主体工程、楼地面工程、门窗工程、屋面工程及装修工程等各个分部工程。

分部工程的进一步划分就是分项工程。分项工程是按照选用的施工方法、工艺过程、材料及结构部件规格等因素进行划分的，如基础工程中的土方开挖、土方外运与土方回填等分项工程。

四、市政工程项目的含义及特征

（一）市政工程项目的含义

"市政"其含义很广，有城市就有市政。它包含城市的组织、法制、规划、建设、管理等方面。而市政工程项目则是"市政"范畴中有关工程建设方面的一类项目，是城市基础设施建设的重要组成部分。《辞海》中把市政工程定义为：为城镇生产和居民生活服务的各种公用的工程建设的总称，包括供水、排水、道路、桥梁、隧道、电力、电信、燃气、热力、防洪、垃圾处理、社会公共停车场等公用设施。它属于财政投资的公益性项目，服务于城市的建设和发展，是城市基础设施的重要组成部分；同时，它也是社会发展的基础条件，与人民生活密切相关，是为人民提供必不可少的物质条件的城市公共设施项目。

市政工程从其职能上划分，可分为建设与管理养护两部分。市政工程项目的建设包括规划、勘测、设计、施工、监理、监督与检测、竣工验收等内容；市政工程项目的管理养护主要包括设施的日常检查、定期检查、特殊检查、专门检验、长期观测、日常维护、小修、中修、大修以及路政管理等内容。

现代化城市的市政工程项目可以归纳为以下七个方面的内容。

1. 道路交通设施项目

"道路是城市的骨架，交通是城市的血脉。"城市交通对城市国民经济的发展起着极为重要的作用，特别对城市可持续高速发展的前景起着明显的制约作用。因此，编制合理的城市综合交通规划，形成功能明确、等级结构协调、布局合理的城市交通网络，是亟须解决的重大问题。

2. 城市供水及排水系统设施项目

"民以食为天，食以水为先。"水是人类生存的基本要素，是城市建设的命脉。因此，合理利用水资源，提高用水效率和水环境质量，加强研究开发推广节水型新技术、新工艺、新设备，开发研究多种高效、节能、节水的水处理工艺，开发咸水淡化技术，提高水资源的利用水平，以保障城市可持续发展。同时，充分利用水资源具有自然循环和人工再生的特点，采用多种人工净化和生态净化相结合的方法处理污水，使城市缺水现象得到缓解。

3. 城市能源供应设施项目

自新中国成立以来，我国大部分城市居民经历了木柴、木炭→煤→煤球或煤饼→蜂窝煤→瓶装煤气或管道煤气→天然气诸阶段的燃料变革。管道输气已是世界各大城市所首选的能源供应方式，它具有节约能源、净化环境、减少污染、使用方便等诸多优点。

4. 城市邮电通信设施项目

城市邮电通信设施在当今信息时代显得特别重要，是整个城市基础设施建设的一个重要组成部分，也是城市综合竞争力水平的标志之一。

5. 城市园林绿化设施项目

城市园林绿化，提高城市品位，改善生态、美化环境，营造休憩园地，明确历史文物保护开发，促进旅游事业发展是新的历史时期提出的新要求。

6. 城市环境保护设施

城市环境保护已越来越受到各级政府的重视，受到城镇居民的关注。"以人为本，建设和谐社会"的理念已经深入人心。然而，目前城市环境保护工作形势却相当严峻，人口密集的城镇，大都受到工业废料和生活垃圾、有害气体、污水、废物及噪声等影响，给人们的身心健康造成了不同程度的损害。因此，需要建设污水处理厂、垃圾处理场，采取包括垃圾分拣、回收、焚烧发电等资源再利用和循环经济技术措施以及研发一些填埋专用机具和人工防渗材料、垃圾填埋场防渗沥水处理和填埋气体回收利用等填埋技术和成套焚烧技术设备，进行烟气处理，余热回收。研发人工制造沼气技术，垃圾废物分选技术设备、衍生燃料技术设备等，以最大限度减小有害气体、噪声、污水、废物的危害，形成蓝天、碧水、绿地、宁静的良好生活环境，以利于人民群众的健康，保持社会的和谐发展。

7.城市防灾安全设施

台风、沙尘暴、暴雨洪水、火灾、雪灾以及滑坡、泥石流、地震等灾害，往往会严重危害城市的安全，吞噬着人民生命，造成数以亿计的财产损失。因此，增设城市防灾安全设施，如修建防洪大堤、提高城市排涝能力、疏通城市河道，提高建筑物的抗震能力，确保城市人民生产和生活的正常秩序，显得尤为重要。

城市基础设施是城市赖以生存和发展的重要组成部分，特别是水、气、路、电、环境保护、防灾安全等都是城市生存和发展的必要条件。这些均需要从规划着手，精心设计，精心施工，严密监测，科学管理。只有正确理解市政工程项目的含义，全面了解市政工程项目的内容，才能体会到市政工程建设的重要性和紧迫性。

（二）市政工程项目的特征

除具有一般建设工程项目的特点之外，市政工程项目还具有其自身特征。

1.与城市生存与发展、市民的生活质量紧密相关

市政工程不仅是城市形象的标志，而且关系到城市的生存与发展，与人民群众的生活质量有着紧密的联系。"衣、食、住、行"是人类生活的基本内容，这些都离不开路、电、水、气，离不开污水、垃圾的处理。一个城市要生存、要发展，经济要繁荣，生活质量要提高，基础设施建设必须先行，并且处于"前提"和"先决"的地位。

随着社会的发展，城市在经济、行政、文化、交通、公共事业等方面既自成体系，又密切相关。市政工程项目既是一个城市存在的最基本的物质条件，又起着很重要的调节和纽带作用，它可根据城市总体规划，充分利用城市平面及空间，将园林绿化与公共设施结合起来统一考虑，通过提高市政设施的基本功能来达到减少投资、加快城市建设速度、美化城市的目的。同时，市政基础设施越完善，城市居民生产生活就越便利，生活质量也就越高。

目前，许多城市为了适应高速发展的经济，都在拓展改造原有的城市道路网，采用城市快速干线、高架、隧道、轻轨、地铁解决城市行路难、停车难的问题。各级政府的环境保护意识大大增加，纷纷建立污水处理厂、垃圾填埋场，对城市河道进行整治、增加绿化面积等，这些都说明了市政工程项目与其他工程相比，更显示出其与城市生存发展、与人民生活质量紧密相连的特点。

2.城市商贾云集，市政工程类型多样，对文明施工要求很高

市政工程建设于市区，建筑密度高，拆迁难度与费用大，车如流水人如潮，交通繁

忙，商贾云集，就其功能而言，项目类型多样。例如，有幽静的园林步道及建筑小品；有供车辆行驶的不同等级道路；有跨越河流为联系交通或架设各种管道用的桥梁；有为疏通交通、提高车速的环岛及多种形式的立交工程；有供生活生产用的上下水管道；有供热煤气、电信等综合管沟；有生活水厂与污水处理厂、防洪堤坝等。

另外，市政工程项目的建设多是在先有用户的情况下再进行改建和扩建的，由于在市区内施工，需埋设新的地下管网，在新管网未建成运行之前，旧的市政管线不能废除，否则将会影响沿线市民的生产与生活，同时还得考虑新、老管线之间的衔接，以及在挖槽敷管时，如何确保周围建筑物和原市政工程管线的安全，特别对一些具有文物价值的古建筑、古树名花等，必须制定严密的施工组织专项设计，否则会造成不可挽回的损失。因此对文明施工要求很高，在建设实施过程中应强调以人为本，文明施工，尽量做到困难自己克服，方便留给群众。

3.工程战线长，地质情况复杂、丰富多变，地基基础处理手段多样、复杂

市政工程项目多为线性工程，且其建设内容丰富多样、涉及面极广。例如，城市道路不仅是组织交通运输的基础，也是敷设各种市政管线的载体和地下管网的空间所在；场地狭长、管线多，且地下各种城市管网纵横交错，地质情况极为复杂，一条数千米长的线路内，会遇到很多种不良工程地质问题，解决的方法也各不相同。对于不同地层，不同的工程地质特征，其处理手段、选用的机具设备也不尽相同，因而显得复杂多样。因此，地基基础处理的方法与手段具有明显的多样性和复杂性。

4.城市交通繁忙，而市政工程建设周期较短，交通组织困难

现代城市节奏很快、交通繁忙，而市政基础设施的条件大多与城市发展所需不能完全匹配。道路扩建或立交桥、高架桥建设，总是在那些交通流量大的瓶颈路段进行，势必会对已经拥挤不堪的交通路段造成"雪上加霜"的窘况，故而在施工中，要求尽量减少对原有交通流量的影响。这时的施工组织就需要半幅路面交叉施工，这给基槽开挖敷设市政管线带来更大困难，越是这样严峻的情况下，越是要求工期缩短，尽量缩减给市民带来的不便与麻烦。因此，市政工程项目实施时交通组织非常困难。

5.大多露天作业且需要特殊的施工方法，工程风险很高

市政工程大多在场地非常狭小的地方施工，因此需要特殊的施工方法方能完成，例如，大量采用顶管、沉井、沉箱、顶推法、盾构法、浅埋暗挖法等施工方法。同时，市政工程施工大多系露天作业，受自然气候影响大，可变因素多。例如，自然条件（地形、地质、水文、气候等）、技术条件（结构类型、施工工艺、技术装备、材料性能等）和社会条件（物资供应、运输能力、协作条件、环境等）等都可能随着工程的建设而发生变化，有随时调整的可能，因而设计风险、施工风险、技术风险、质量风险、投资风险、自然灾害风险以及不可抗力风险等，几乎贯穿于工程建设的全过程。

第二节　市政工程建设项目管理的含义及特征

一、项目管理的含义及特征

（一）项目管理的含义

项目管理直观地讲就是指对项目进行的管理，它有两个方面的内涵：一是项目管理属于管理的大范畴；二是项目管理的对象是项目。然而，随着项目及其管理实践的发展，项目管理的内涵得到了较大程度的充实和发展，当今的"项目管理"已是一种新的管理方式、一种新的管理学科的代名词。"项目管理"一词有两种不同的含义：其一指一种管理活动，即一种有意识按照项目的特点和规律，对项目进行组织管理的活动；其二是指一种管理学科，即以项目管理活动为研究对象的一门学科，它是探求项目活动科学组织管理的理论和方法。前者是一种客观实践活动，后者是前者的理论总结；前者以后者为指导，后者以前者为基础，就其本质而言，二者是统一的。

美国项目管理协会（PMI）对项目管理的定义是：项目管理就是把各种知识、技能、手段和技术应用于项目活动中，以达到项目的要求。项目管理是通过应用和综合诸如启动、计划、实施、监控和收尾等项目管理过程来进行的。项目经理是负责实现项目目标的个人。管理一个项目包括：一是要识别要求；二是要确定清楚而又能够实现的目标；三是要权衡质量、范围、时间和费用方面互不相让的要求；四是要使技术规范说明书、计划和方法适合于各种各样的利益相关者的不同需求和期望。

国际知名项目管理专家、《国际项目管理》杂志主编J.Rodney Turner提出，不要试图去定义一个本身就不精确的事物。因此，他给出了一个很简练的泛泛的定义：项目管理是艺术，又是科学，它使远景变为现实。

美国著名的项目管理专家James Lewis博士认为，项目管理就是组织实施对实现项目目标所必需的一切活动的计划、安排和控制。

综上所述，项目管理就是以项目为对象的系统管理方法，通过一个临时性的专门的柔性组织，对项目进行高效率的计划、组织、控制、协调和指挥，以实现项目全过程的动态管理和项目目标的综合协调和优化。它贯穿于项目的整个寿命周期。

（二）项目管理的特征

项目管理与传统的部门管理相比，其最大特点是项目管理注重于综合管理，并且项目管理工作有严格的工作期限。项目管理必须通过不完全确定的过程，在确定的期限内生产出不完全确定的产品。具体来讲，项目管理具有以下几个方面的特征。

1.对象的明确性

项目管理均具有明确的管理对象即项目，特别是对大型的、比较复杂的项目进行管理时必须明确管理的对象。鉴于项目管理的科学性和高效性，有时人们会将重复性"运作"中的某些过程分离出来，加上起点和终点当作项目来处理，以便于在其中应用项目管理的方法。

2.思想的系统性

项目管理把项目看成一个完整的系统，依据系统论"整体—分解—综合"的原理，可将系统分解为责任单元，由责任者分别按要求完成目标，然后汇总、综合成最终的成果；同时，项目管理把项目看成一个有完整生存周期的过程，强调部分对整体的重要性，促使管理者不要忽视其中的任何阶段，以免造成总体的效果不佳甚至失败。

3.组织的特殊性

项目管理组织的特殊性主要表现在以下几个方面。

（1）有了"项目组织"的概念。项目管理的突出特点是项目本身作为一个组织单元，围绕项目来组织单元，围绕项目来组织资源。

（2）项目管理组织的临时性。由于项目是一次性的，而项目的组织是为了项目的建设而服务的，项目终结了，其组织的使命也就完成了。

（3）项目管理组织的柔性化。所谓的柔性即是可变的，项目的组织打破了传统的固定建制的组织形式，而是根据项目生存周期各个阶段的具体需要适时地调整组织的配置，以保障组织的高效、经济运行。

（4）项目管理组织强调其协调控制职能。项目管理是一个综合管理过程，其组织结构设计必须充分考虑到有利于组织各部分的协调和控制，以保障项目总体目标的实现。因此，目前项目管理的组织结构多为矩阵结构，而非直线职能结构。

4.体制的团队性

由于项目系统管理的要求，需要集中全力确保工作正常进行，因而项目经理是一个关键角色，但更需要整个管理团队的密切配合。

5.结果的目标性

项目的实施具有明确的目标和约束，因此项目管理是一种多层次的目标管理方式。由于项目往往涉及的专业领域十分宽广，而项目管理者谁也无法成为每一个专业领域的专家，对某些专业虽然有所了解，但不可能像专门研究者那样深刻，因此项目管理者只能以综合协调者的身份，向被授权的专家讲明应承担的工作责任和意义，协商确定目标以及时间、经费、工作标准的限定条件，具体工作则由被授权者独立处理。同时，经常反馈信息，检查督促并在遇到困难需要协调时及时给予各方面的支持。可见，项目管理只要求在约束条件下实现项目目标，其实现方法具有灵活性。

6.环境的和谐性

有人认为，"管理就是创造和保持一种环境，使置身于其中的人们能在集体中一起工作以完成一定的使命和目标"。这一特点说明项目管理是一个管理过程，而不是技术过程，处理各种冲突和意外事件是项目管理的主要工作。

7.手段的先进性

项目管理需要采用科学先进的管理理论和方法。例如，采用网络计划技术编制进度计划；采用目标管理、全面质量管理、价值工程、技术经济分析等理论和方法控制项目总目标；采用先进高效的手段和工具，如使用电子计算机等进行项目信息处理等。

二、建设项目管理的含义及特征

（一）建设项目管理的含义

建设项目管理是项目管理的一个重要分支。它的管理主体是建设单位，管理对象是建设工程项目。它是一个管理组织在特定的条件下，按照一定的程序，充分利用有限的资源，为达到特定的工程管理目标而进行的综合的、系统的、科学的、有组织性的一系列工程管理活动。在这些活动中，项目实施者紧紧围绕项目目标，从构思、策划、可行性研究、项目设计、招投标到制定项目安全、质量、进度、费用等指标，充分利用有关现代科学技术和方法以及有限的资源，协调和调动工程各方的积极性，克服项目实施中出现的各种困难和约束，有计划、有步骤、分阶段地对项目进行有效的管理。因此，建设项目管理是建设单位以目标控制为核心的管理活动。

（二）建设项目管理的特征

一般来讲，它具有以下几个方面的特征。

1.目标的明确性

工程项目的参与各方都必须在满足这些要求的前提下各自开展工作，并且以建设单位为核心和纽带，通过各方的共同努力最终实现项目的预定目标。

2.责任的具体性

在工程项目的实施过程中，工程项目参与各方都有其具体的职责和任务，这些职责和任务一般通过工程项目合同来确定，通过相应的规定来约束。为了完成各自的任务，项目管理机构要制定相应的制度和规定，赋予完成该任务人员相应的权力，使工程项目的各项责任落实到位。

3.管理的复杂性

建设项目管理是一个全过程的整体性管理，它包括项目的前期策划、工程立项、工程设计、工程施工、材料供应等各方面。管理的内容不仅多种多样，而且各内容之间还紧密相关，前一个阶段的工作成果是后一个阶段工作的基础，后一个阶段的工作是前一个阶段工作的延续。如果工作中的相关环节出现问题，就有可能给相关的其他任务带来影响，致使项目出现冲突和矛盾，严重时还可能导致项目失败。

4.过程的综合性

工程项目的实施过程是一个综合性过程，这个综合性不仅体现在项目的各项内容都具有一定的相互关联性，都需要考虑对方给自己带来的约束和影响，也需要考虑自己给对方带来的影响，例如，工程设计时不仅要满足投资者的要求，还要考虑到工程施工的便利性；工程施工不仅要考虑到进度要求，还要确保工程安全；工程设备与材料不仅要按时供应到施工现场，而且还要保质保量，等等。因此，工程项目的管理过程是一个综合性的管理过程。

5.方法的科学性

为了完成项目预定任务，建设单位必须考虑到工程项目实施过程中可能出现的各种问题，提前制订计划与预案，做出安排。在项目前期，要对项目进行可行性分析；在开工之前，要进行施工组织设计；在施工过程中，要进行合理的资源调配，对项目各方进行科学的管理，采用科学的方法确保工程质量，按施工进度计划完成任务，提高工作效率，降低工程成本；在竣工收尾阶段，既要按有关质量标准完成工程实体的验收和移交使用，实现项目的建设目标，又要抓紧项目的竣工决算形成固定资产及将各种资料形成工程档案进行竣工报备。

三、市政工程建设项目管理的含义及特征

（一）市政工程建设项目管理的含义

市政工程建设项目管理是指建设单位运用系统的理论和方法，对市政建设工程项目所进行的计划、组织、控制、协调和指挥等的专业化活动或工作。它是把市政工程项目作为管理对象，通过一个专门设立的组织机构（一般为市政建设管理公司），对市政工程项目进行计划、组织、控制和指挥，以实现市政工程项目全过程的动态管理和项目目标的协调与优化。

（二）市政工程建设项目管理的特征

一般来讲，市政工程建设项目管理具有如下基本特征。

1.一次性

市政工程建设项目的一次性特点决定了市政工程建设项目管理的一次性。在项目管理过程中一旦出现失误，是很难纠正的，势必会造成严重的损失。所以，要求市政工程建设项目管理必须是成功的一次性管理。

2.综合性

市政工程建设项目实施的过程中包含着进度、质量、成本、安全等多方面的管理内容，因此，市政工程建设项目管理是一种全员、全面、全过程的综合性管理。

3.约束性

市政工程建设项目具有明确的建设目标。一般来讲，市政工程建设项目都有限定的时间、限定的资源消耗，既定功能要求和质量标准等，其约束性很强。市政工程建设项目管理就是一次在这些约束条件下来完成既定任务和达到预期建设目标的管理活动。

4.复杂性

市政工程建设项目点多线长，涉及众多市政管线的迁改并确保不间断的安全使用；施工期间交通拥堵更是"雪上加霜"；安全文明施工要求高，以及广泛应用新技术、新工艺、新材料、新设备的现状，使得项目管理的难度明显增大，而且，往往还会涉及沿线区域、单位和居民等众多利益相关者，社会问题也不容忽视。因此，市政工程建设项目管理是一个很复杂的过程，必须较好地应用技术、经济、法律、管理学及社会学的理论知识，才能做好项目全过程的管理工作。

从项目实施现场条件来看，市政工程与其他工程的区别主要体现在以下五个方面。

（1）工期短。市政工程主要服务于城市区域，政府的目标、交通的限制、便利市民的要求，使得市政工程的工期一般不会太长，尤其在建成（旧城）区施工要求"短、平、快"。

（2）地上地下管线多。市政工程特别是改造工程，涉及大量管线的新建、迁移及保护工作，因这些管线在施工过程中必须确保安全运行，增加了市政工程的难度。

（3）施工场地狭小。绝大多数市政工程处于城市核心区，施工场地狭长，材料进场和堆放困难，大型施工机械无处停放，施工人员无法就地住宿。

（4）交通组织困难。既要保证工程能顺利实施，又要确保城市居民生活、工作不受大的影响，必须做好施工场地及周边路网的交通组织，且在施工过程中，交通组织方案还需要配合现场施工工序进行动态调整。在项目决策及准备过程中，需充分与交通管理部门沟通，通过交通管理者的角度优化工程实施方案，从项目实施对交通影响程度方面研究工程实施的可行性。

（5）社会关注度高，安全文明施工要求高，环境管理要求高。市政工程实施过程中会给城市居民工作、生活带来较大的不便，不管是城市管理者还是普通市民均对工程实施给予高度关注，在工程实施过程中安全、文明管理工作上的任何一点疏忽都会造成较坏的社会影响。另外，市政工程如桥梁、隧道出入口，绿化、附属工程等景观要素也是关注点之一，市政工程必须在满足工程的目标前提下力争做到符合城市特点及市民的审美需要。

5.动态性

市政工程建设项目周期长，外界干扰大及风险因素多的特点，决定了项目的自然环境、社会环境将会发生各种变化，具体的施工条件也会与勘察、设计不同，市场供求、金融环境等也会不断变化。因此，项目管理除了内部加强计划与控制外，还要不断适应外部环境的变化，适时调整建设项目管理的方法与手段。

6.创新性

市政工程建设项目种类繁多、工程数量巨大及机械化程度高的特点，尤其是施工和管理技术的快速发展，决定了项目管理者不能用一成不变的管理模式和方法，必须适宜地采取新思维、新方法、新制度、新措施去进行项目的全过程管理。

四、市政工程建设项目管理的主要内容

市政工程建设项目一般使用公共财政资金，为了使资金使用安全、透明，政府相关部门有相应的法律法规来规范基本建设程序，作为项目的建设单位，依法依规组织项目的实施是基本职责。

依据中华人民共和国国家标准《建设工程项目管理规范》（GB/T 50326—2017）的有关规定，市政工程建设项目管理的主要内容列举如下。

（一）合同管理

它包括合同签订和合同履行管理两项任务。合同签订包括合同准备、谈判、修改和签订等工作；合同履行管理包括合同文件的执行、合同纠纷的处理和索赔事宜的处理工作等。合同管理工作应设有专门机构或人员负责。

（二）采购管理

项目采购管理是对项目的勘察、设计、施工、资源供应、咨询服务等招标采购工作所进行的计划、组织、指挥、协调和控制等一系列活动的总称。主要通过设置招标采购部门，制定招标采购管理制度、工作程序及招标采购计划来实现。

（三）进度管理

它包括方案的科学决策、计划的优化编制和实施有效控制三个方面的任务。方案的科学决策是实现进度控制的先决条件，包括方案的可行性论证、综合评价和优化决策。计划的优化编制包括科学确定项目的建设程序及其衔接关系、持续时间、优化编制网络计划和实施措施，这些是实现进度控制的重要基础。实施有效控制包括同步跟踪、信息反馈、动态调整和优化控制，是实现进度控制的根本保证。

（四）质量管理

它包括制定各项工作的质量要求及质量事故预防措施，各方面的质量监督与验收制度，以及各阶段的质量处理和控制措施三个方面的任务。通过质量管理工作，可使市政工程项目在设计、施工等环节精心打造，从而确保项目工程质量符合预期，保证投资目标的实现。

（五）安全管理

市政工程项目实施职业健康安全管理的目的是保护生产者和使用者的健康与安全，对工作场所内影响员工的健康和安全因素进行控制。主要工作包括制定健康安全生产技术措施计划，确定健康安全生产事故应急救援预案，建立消防保安管理体系等。

（六）环境管理

市政工程项目实施环境保护管理的目的是保护生态环境，使社会的经济发展与人类的生存环境相协调，控制施工作业现场的各种粉尘、废水、废气、固体废弃物以及噪声，振动对环境的污染，考虑能源节约，避免资源的浪费。环境管理的任务主要有确定环境管理的目标，制定和实施环境管理工作，进行项目文明施工和建设文明工地等。

（七）造价管理

市政工程项目造价管理就是要保证在批准的费用计划内完成所有工程项目内容的建设，具体工作包括项目成本的预测、计划、实施、核算、分析、考核、整理成本资料与编制投资报告等工作。

（八）资源管理

项目资源管理包括项目人力资源管理和各种其他生产要素的管理。项目人力资源管理是指市政工程项目有关参与方为提高项目工作效率，高质量地完成业主委托的任务，科学合理地分配人力资源，实现人力资源与工作任务之间的优化配置，调动其积极性，以更好地完成业主委托的任务为目标，对建设工程项目人力资源进行计划、获取和发展的管理过程。各种生产要素的管理包括材料等物资管理机械设备管理、技术管理和资金管理等内容。管理的任务就是依据项目目标，按照项目进度与资金计划编制资源的采购、使用与供应计划，将项目实施所需的资源按规定的时间、计划的耗用量供应到指定地点，并降低项目总成本。

（九）信息管理

项目信息管理的主要任务就是及时、准确地向项目管理各级领导，各参加单位及各类人员提供所需的综合程度不同的信息，以便在项目进展的过程中，动态地进行项目规划，迅速正确地进行各种决策，并及时检查决策执行结果，从而反映工程实施中暴露出来的各种问题。

（十）风险管理

市政工程项目的实施过程中会面临各种各样的风险，为了保证市政工程项目的投资效益，必须对项目风险进行定量分析和系统评价，提出风险防范对策，形成一整套有效的项目风险管理程序。

（十一）沟通管理

市政工程项目实施过程中及时进行沟通是实现项目管理目标必不可少的方法和手段。在市政工程项目实施过程中，项目沟通的主要内容有：外部环境的沟通，如与政府部门之间的沟通、在资源供应方面的沟通、生产要素方面的沟通等；项目利益相关者之间的沟通；项目单位内部之间的沟通等。

（十二）收尾管理

项目收尾阶段是项目管理全过程的最后一个阶段，主要包括对项目的收尾、试运行、竣工验收、竣工结算、竣工决算、考核评价、回访保修等工作进行计划、组织、控制和协调。

第三节　市政工程建设项目的参与主体

一、市政工程建设项目的主要参建单位

一个市政工程建设项目从策划决策到建成投入使用，通常都要有多方的参与管理方能完成。它们在市政工程项目建设中扮演着不同的角色，发挥着不同的作用。

（一）建设单位

建设单位是指对建设工程项目策划、资金筹措、建设实施、生产经营、债务偿还和资产保值增值实现全过程负责的企事业单位或者其他经济组织。

建设单位应根据工程任务的具体情况，按照国家、地方有关部门及企业的相关规定组建项目经理部，并确定总工程师、总造价师、驻地技术员、甲方代表等人员及其岗位职责。

当建设单位身份为一个广义概念或无法自行组织项目的实施时，可委托专业代理公司履行建设单位（代建单位）职责组织项目的建设管理工作。

代建单位代表投资人组成项目法人机构，取得项目法人资格并对工程建设投资、进度、安全、质量及文明施工等方面负总责。

对市政工程项目来说，其建设资金由地方财政进行投资与融资，建设单位是政府（或广义上的纳税人），使用者是民众，一般由政府指定一个代建单位作为建设单位履行业主职责，全面主持从项目建议书开始到工程竣工验收、交付使用、保修期满、完成工程竣工决算，并形成固定资产及后评价为止的所有建设管理工作，并对工程负终身责任。

建设单位和代建单位一般统称为建设单位（也称业主）。

（二）设计单位

设计单位是通过招投标方式取得项目的设计权，它以建设单位的建设目标、政府建设法律法规要求、建设条件为依据，经过智力的投入进行市政工程项目方案的综合创作，编制出用以指导项目实施活动的设计文件的机构。

设计联系着项目决策和项目建设施工两个阶段，设计文件既是项目决策基础，也是项目施工方案的主要依据。因此，建设单位与设计单位签订设计合同后，设计单位为保证完

成相应的设计任务，首先应抽调有关人员组建设计项目管理部，明确各自的职责与工作范围，完成各自的设计任务，最后确保按时保质保量完成设计任务。

（三）施工单位

施工单位是以承建工程施工为主要经营活动的建筑产品生产者和经营者。在市场经济体制下，施工单位通过工程投标竞争，取得工程的承包合同后，以其技术和管理的综合实力，通过制定最经济合理的施工方案，组织人力、物力和财力进行工程的施工安装作业技术活动，以求在规定的工期内，全面完成质量符合发包方明确标准的施工任务。

建设单位与施工单位签订施工合同后，施工单位为保证完成合同中约定的施工任务，首先应按照国家及企业的有关规定组建施工项目管理部，明确各自的职责与工作范围，最后确保按时保质保量完成工程施工任务。

（四）监理单位

监理单位是指具有相应资质的工程监理企业，通过工程监理招投标行为或直接接受建设单位的委托，代表建设单位对承建单位的行为进行监控的专业化服务活动。其过程包括工程建设投资控制、进度控制、质量控制、安全控制、信息管理、合同管理、协调有关单位之间的工作关系等。

建设单位与监理单位签订监理合同后，监理单位为保证完成监理合同中约定的监理任务，首先应按照国家及监理企业的有关规定组建监理项目管理部，明确各自的职责与工作范围。监理单位的权利与义务来源于其与建设单位或代建单位之间签订的监理合同及国家相关法律的规定，是来自项目法人的授权，监理单位与施工单位没有直接的合同关系。

（五）征地拆迁单位

市政工程项目大多在城市繁华、人口密集的地方进行建设，征地拆迁工作量非常大，因此，征地拆迁工作在市政工程项目建设中占有十分重要的位置。随着《中华人民共和国物权法》的实施，民众对自身的权益保护意识得到加强，在各种经济利益的驱使下，给征地拆迁工作增添了很大困难，其难度不亚于工程本身的技术难度，如果征地拆迁工作不能完成，工程建设将寸步难行。

二、市政工程建设项目的其他参建单位

除以上主要参建单位外，市政工程项目在建设过程中还会涉及众多参建单位，主要包括以下几种。

（一）地质勘探单位

地质勘探单位是为了查明市政工程建设场地的工程地质条件、基础水文地质条件及地质灾害情况等，分析、预测和评价可能存在或者已经发生的工程地质问题，为推动工程项目顺利、安全建设提供可靠地质科学依据的单位。

建设单位通过招投标方式确定地质勘探单位并签订地质勘探合同，地质勘探单位为保证完成合同中约定的地质勘探任务，首先应按照国家及企业的有关规定组建地质勘探项目管理部，明确各自的职责与工作范围，以确保按时保质保量完成工程地质勘探任务。

（二）工程测量单位

为了做好一个市政工程项目的设计工作，必须对市政工程场地标高、建筑物、构筑物、名木古树、河流、水系，尤其是各种地下市政管线的平面、高程、管径等进行准确测量。可以这样说，没有测量工作为工程建设提供基础设计和施工数据，任何市政工程建设都无法顺利进行和完成。

（三）科研单位

市政工程项目点多线长、施工场地狭小、外界干扰大、专业工种众多的特点，以及广泛应用新技术、新工艺、新材料、新设备的现状，使得市政工程项目在实施过程中存在诸多技术难题需要研究和攻克，因此需要与科研单位合作来共同破解工程难题。

（四）材料供应单位

市政工程项目建设是一个消耗大量物质资料的过程，因此需要众多的建筑材料、构配件、仪器设备等生产单位为其提供建设所需的各类建筑产品。

（五）检测单位

检测单位指为确保市政工程项目质量与安全，在施工期间及完工后提供诸如桥梁安全检测评估、地下管线检测评估、隧道检测评估等报告，在桥梁工程、地铁工程、建筑工程、道路工程、钢结构中把结构安全和环境安全检测技术作为专长的单位。

（六）试验单位

试验单位是为市政工程项目建设中所使用的各类建筑材料，例如，水泥、砂石原材料、墙体材料、防水材料、钢材，以及混凝土配合比、砂浆配合比、混凝土耐久性、外加剂、掺和剂和混凝土结构等提供公正数据的具有独立法人地位的第三方试验检测机构

（公司）。

（七）环境评价机构

根据《中华人民共和国环境影响评价法》等法律法规的规定，建设项目应进行环境影响评价，对项目建设期间及建成后对周围环境的影响进行详细的分析、预测和评价，并对项目的环境可行性提出明确的结论。市政工程项目环境影响评价的工作程序一般为：首先，由建设单位与评价单位办理环评委托手续并签订评价合同；其次，评价单位落实评价人员、调研、踏勘现场及征求公众意见并进行环境现状监测、工程分析和计算；再次，根据工作特征、环境特征和环保法规编制登记表、报告表或报告书，提出环保对策与建议，给出结论；最后，由建设单位组织召开专家会对报告进行评审并根据评审意见，责成评价单位对报告书进行修改补充后，上报环保管理部门。市政工程项目环境影响评价的主要工作内容包括：建设项目概况介绍、建设项目周围环境现状分析、建设项目对环境可能造成影响的分析、预测和评估、建设项目环境保护措施及其技术、经济论证、建设项目对环境影响的经济损益分析、公众意见调查分析、对建设项目实施环境监测的建议以及环境影响评价的结论等。

（八）水土保持评价机构

市政工程项目建设期间以及建成后可能会造成水土流失，因此，建设单位需要事先委托具有水土保持方案编制资质的单位进行论证，论证单位的项目负责人应具有水土保持方案编制人员上岗证书并按照国家现行有关规范要求进行水土保持方案的编制及评估。

（九）水利、防洪评价与论证机构

市政工程项目在建设与运营过程中，建设单位应妥善解决工程建设与第三方的涉河权益关系，防止产生不必要的水事纠纷。在工程建设和今后的管理中，涉河范围内应设置警示标志和防护措施，确保他人的生命财产安全。工程设计、施工要充分考虑防洪、水位淹没、泥沙作用等对工程自身安全和他人安全的影响，并注重对道路路基的防护，工程施工期间和完工后加强对工程及其他建筑物稳定性的监测。禁止在项目建设范围内建设非防洪设施和设置商业网点、居住点，防止人为将污水、垃圾倾倒进河中污染水体。工程建设及今后的使用中，必须制定切实可行的度汛方案和管理制度，加强同防汛、气象、水文部门的联系，掌握水情、雨情，确保人身、财产和设施安全，并服从防汛部门的调度。

（十）地质灾害及地震影响评价机构

根据《福建省地震安全性评价管理办法》（福建省人民政府第100号令），对大型市政工程项目必须进行工程地震安全性评价及地质灾害危险性预测评估，因此，建设单位应委托具有建设工程地震安全性评价资质和具有地质灾害危险性评估资质的单位进行地质灾害和地震影响评价分析。

（十一）招标代理等工程咨询机构

市政工程项目在实施过程中的工程招投标、工程预算、工程决算等业务可委托具有相应资质的招投标代理机构及工程造价咨询机构提供相关的咨询服务。因此，该机构也会参与市政工程项目的部分管理工作。

（十二）图纸审查机构

市政工程项目设计完成后，应委托具有图纸审查资格的单位对设计文件的合法性和强制性技术条件（是否符合现行国家及地方的有关规范及标准）进行全面审查，以保证工程设计的正确性和合理性。审查单位完成审查后出具合格书，并向行政管理部门进行施工图审查备案。

（十三）工程保险单位

市政工程项目所具有的工程线性分布、施工流动性大，地处交通繁忙、周边居民密集的环境，工程类型繁多、施工协作性高，外界干扰大、风险因素多等特点，使得项目在实施过程中存在大量的风险，如自然风险、经济风险、技术风险、社会风险、内部决策与管理风险等，为了降低风险系数，建设单位或施工单位一般都要通过投保的方式对风险进行转移。

此外，对于大型市政工程项目必要时尚需进行节能、安全预评价、社会稳定风险评估等专题研究。

三、市政工程建设项目的审批及监督管理部门

市政工程项目在投资决策与建设实施的过程中，还将涉及众多的审批及监督管理等政府权力部门，这些管理部门依照自己的职责范围对市政工程建设项目实施交叉监督与管理工作，具体内容如下（以X市为例）以下部门。

（一）发展和改革委员会（发改委）

对市政工程投资项目进行审批、核准和备案；牵头组织编制市政工程投资项目年度投资计划；组织开展市政工程投资重点项目的前期工作；组织和管理市政工程投资项目稽查和后评价的有关工作。

具体对政府性投资项目的立项或可行性研究报告和投资概算、企业不使用政府性资金投资的重大和限制类项目、企业不使用政府性资金投资的非重大和限制类项目的审批或备案、中央预算内投资补助和贴息项目及资金申请报告等进行审批或审核。

（二）财政局

办理市政工程投资项目资金审核拨款工作并对资金使用情况进行追踪问效；负责对市政工程项目工程预算、结算、竣工决算等进行审查及对竣工财务决算和交付使用资产进行审批。

具体对财政性投资建设工程决（结）算、申请工程进度款、首次申请预付款拨付、财政性投资建设工程预算（招标控制价）等进行审批或审核。

（三）规划局

办理建设项目选址许可（含临时建设项目选址许可）、市政道路修建性详细规划方案规划许可、建筑工程设计方案规划许可（含临时建筑工程设计方案许可项目）、市政工程设计方案规划许可、建设项目用地规划许可、市政工程规划许可、建设工程竣工规划条件核实、建设工程±0.00验线报备，临时建筑建设用地规划许可、临时建筑建设工程规划许可、建设工程放样验线、办理建设用地规划许可证（以出让方式供地项目）、用地规划许可证延期、工程规划许可证延期等行政审批工作。

（四）国土资源与房产管理局

贯彻执行中央、省和市有关市政工程在建设过程中所涉及的土地管理、征地拆迁等方面的法律、法规、规章和政策；负责土地征用、划拨、出让、转让、变更、收购、储备和收回工作；受理市政工程项目用地的审核报批等工作。

具体对进行建设项目用地预审、核发房屋拆迁许可证、用地延期动工审核、改变土地建设用途许可、临时用地许可审批建设项目用地（划拨土地）、审批建设项目用地（不涉及农用地）、审批建设项目用地（涉及农用地）、补办建设用地、征地补偿费用审核等行政审批工作。

（五）环境保护局

根据《中华人民共和国环境影响评价法》《建设项目环境保护管理条例》《X市环境保护条例》等国家及地方行政法规，对市政工程项目（含海岸工程）环境影响评价文件开具建设项目环境影响评价文件类别确认书、申请建设项目环境影响评价文件审批告知书、受理通知书，审查（现场勘察）、出具审批意见并做出审批决定，组织对竣工工程进行环境验收。

具体负责建设项目（含海岸工程）环境影响评价文件许可、环境保护设施竣工验收、建设项目竣工环保复验等行政审批工作。

（六）海洋与渔业局

对于涉海的市政工程项目，海洋与渔业局要监督管理国家授权的海域及本市海岸带、海岛的使用，监督实施海域使用证制度和海域有偿使用制度，维护海域所有权和海域使用权人的合法权益；监督管理海洋工程（含海底电缆、管道的铺设）和海岛的开发与保护活动；承担组织海域勘界，负责海洋环境、海洋与渔业水域生态环境保护的监督管理工作。防止海洋开发和海洋工程、海洋倾倒废弃物对海洋污染损害的环境保护；核准新建、改建、扩建涉海岸海洋工程项目环境影响登记表、报告表或报告书，审批用海预审及海域使用权证，审批海洋工程建设项目环境保护设施的"三同时"制度的监督实施及检查、批准、验收。

（七）水利局

依照国家相关法律法规组织重点市政工程建设项目的水资源和防洪的论证工作。承担组织指导水土流失的监测和综合防治，审批市政建设项目水土保持方案。

（八）建设与管理局

贯彻实施国家、省、市有关建设与管理方面的方针、政策和法律法规；参与大中型市政工程建设项目的决策与实施；负责市政工程建设工程质量、安全生产和文明施工的监督管理；监督市政工程强制性技术规范和标准以及法定程序的贯彻执行；负责组织市政工程初步设计的技术审查工作，实施市政工程施工图审查、抗震设防审查、报建审核主管、工程招投标管理、核发施工许可证、工程安全质量监督工作和竣工验收备案等工作。

（九）市政园林局

贯彻执行有关市政公用工程建设的法律、法规、相关政策并监督实施；制定市政建设工程项目中的长期发展目标和年度计划，并负责监督实施；审报市政工程项目的资金计划及其分配；组织市政工程项目的建设、维护和管理；审定和指导城市开发小区的市政公用环卫设施的规划设计和施工，并实行监督、组织竣工验收、交付管理；指导、监督市政工程的招投标、监理及质量安全；组织对市政工程项目进行验收并参与对城市建设项目中市政配套工程的验收。

（十）交通管理局

贯彻执行国家有关交通工作的法律、法规、方针、政策，根据国民经济和社会发展总体规划，组织或参与编制全市海、陆、空交通、邮电通信总体发展规划，制订综合运输生产、固定资产投资等中长期计划与年度计划，并督促实施；会同相关部门管理交通基础设施建设市场，监督交通基础设施建设工程招投标管理和工程质量安全管理；组织交通基础设施建设工程设计审查、竣工验收和重点交通工程建设的实施；负责对交通基建项目建设资金的筹措、使用和管理审计工作。

（十一）港口管理局

负责制订港口、航运发展战略及航运、港口物流发展规划，拟订港口总体规划；负责全港水陆域的分配使用，依法负责使用岸线的管理工作。承担所管辖港区内水运建设市场的监管责任。依法负责所管辖港区内水运工程建设项目和港区范围内配套工程建设项目设计、招投标、质量、安全及建设的监督管理。承担所管辖港区内港口公共基础设施的建设、维护和管理责任。组织、指导、监督所管辖港区内港口、航道、水运、水运工程质量监督的行政执法工作，依法承担有关行政诉讼应诉职责。

（十二）海事局

主要管理、指导或具体负责辖区内海区（或水域）巡航、通航环境管理和通航秩序的维护，水上水下施工作业审核及监督管理、锚地和重要水域划定、港区岸线使用审核、航行警（通）告发布，航道、码头及水上设施建设中涉及水上安全项目的审核。

（十三）人民防空办公室

贯彻执行国家和省、市关于人民防空工作的法律、法规、方针和政策。负责全市新建、扩建、改建人民防空工程和结合民用建筑修建防空地下室行政审批、验收、监督与管理。会同有关部门制订、监督并落实城市建设与人民防空建设相结合规划；指导城市开发利用地下空间兼顾人民防空工作要求。

具体对防空地下室建设施工图审查备案，审查防空地下室易地建设许可，对结合民用建筑修建的防空地下室竣工验收进行审查，对建设工程结合民用建筑修建防空地下室告知提供承诺服务等。

（十四）公安消防支队

贯彻执行国家和省、市有关消防安全工作的方针、政策、法规和规章，指导、检查和督促贯彻执行情况；审查工程施工图，对竣工项目进行消防验收；对市政工程实施消防安全监督检查，督促重大火灾隐患整改并进行行业监督管理。

具体对建设工程消防设计、建筑内部装修施工图消防设计、已建建筑（依法审批且已竣工）已建建筑（依法审批且已竣工）权属人申请建筑使用功能变更、工业建筑使用功能临时变更消防设计进行审核，对工业建筑使用功能临时变更消防设计备案抽查，对建设工程消防、装修工程竣工消防组织验收，对建设工程消防设计复审，对建筑工程消防复验。

（十五）气象局

负责向人民政府和有关部门提出利用、保护气候资源和推广应用气候资源区划成果的建议，为市政工程项目建设的气象条件进行评估和提供气象服务，对雷电灾害防护装置的检测进行指导和监督，审查市政工程防雷设施，及时提出气象灾害防御措施，为项目组织防御气象灾害提供决策依据。

（十六）质量安全监督站

接受建设与管理局委托，监督检查建设工程建设程序的合法性；监督检查建设、勘察、设计、施工、监理、检测等各方主体的质量行为；监督检查建设工程地基基础、主体结构、涉及结构安全和重要使用功能的关键部位；对进入施工现场用于建设工程的主要建筑及装饰材料、预拌混凝土、建筑构配件和建筑设备等质量进行监督抽检；监督建设工程地基基础、主体结构中间验收和单位工程竣工验收；参与调查建设工程重大质量事故等。还需要对工程施工安全进行监督，主要职责有：对建设工程施工现场的安全生产实施监督管理，受理建设工程施工安全条件承诺登记（申报），宣传、贯彻安全生产法律、法规，起草制定本市建设工程施工安全监督有关管理规定；按照国家的法律、法规和标准、规范，监督检查建设工程各方主体安全责任履行情况；监督检查建设工程项目开工安全条件和临时建设施工、文明施工状况；对建设工程施工安全实施过程监督，开展安全达标文明施工考核；对施工现场使用的安全防护用具及防护设施、垂直运输机械等设备进行监督抽查；受理施工起重机械，整体提升脚手架、模板等自升式架设设施的登记备案；对违反工程建设法律、法规、规章和强制性标准的行为，实施行政执法；对建设工程施工安全管理状况做出评价；会同有关部门做好工伤事故的调查、取证、查处工作；指导建筑安全新标准、新设备、新技术、新工艺的推广应用工作，为施工企业和施工现场提供安全管理指导和服务；配合开展建筑职工意外伤害保险工作；指导各区工程质量安全监督站建设工程施工安全监督业务工作；参与建筑业企业资质审查和安全资格考评工作；对施工企业安全培训教育工作制度的执行情况实施监督管理，制定本市建筑业企业的主要负责人、项目负责人、专职安全员等管理人员的教育培训、考核工作计划并实施等。

（十七）建设工程招标投标管理办公室

建设工程招标投标监督管理机构，在建设与管理局的领导下具体负责实施建设工程招标投标监督管理工作。其主要职责是：贯彻执行有关建设工程招标投标法律、法规、规章和政策；协助主管部门起草制定建设工程招标投标实施细则、办法及相关配套文件；对建设工程招标投标活动依法进行监督管理；负责受理招标投标活动中的投诉；按照委托执法权限，调查、处理招标投标活动中的违法行为；负责建立评标专家库；负责建设工程项目报建管理工作。

（十八）建设工程交易中心

该中心是从事各类建设工程交易活动的指定（固定）场所，也作为建设工程交易及建筑市场集约化管理的载体；接受市建设与管理局委托，为市场主体各方提供工程承发包交易信息、场所以及相应商务服务。其主要职责是：负责收集、存储和发布各类工程信息、企业状况信息（包括勘察、设计、监理、造价咨询、招标代理单位等）、建筑材料价格信息、政策法规信息等，为建设工程交易各方提供信息服务；负责为建设工程交易活动包括工程的开标、评标、定标等，提供设施齐全的场所和周到的服务；负责为政府有关管理部门进驻集中办公、办理有关手续提供必要的办公场所等服务；为市场主体各方提供有关工程建设政策、法规、建设活动程序等咨询服务和招投标工作技术、商务服务。

（十九）财政审核中心

接受市财政局委托，具体组织实施财政性投融资建设项目预算与决算的审核工作，统一出具工程预算与决算审核结论书，并对建设项目的资金使用进行跟踪检查和监督。负责政府投资项目及政府采购项目最高控制价的审核工作；负责建设项目工程进度款拨付的监审；参与投资项目的可行性论证、初步设计方案的评审工作。

（二十）政府投资项目评审中心

接受市发展和改革委员会委托，承担财政性投资项目的代业主及业主招标；承担市财政投资项目可行性研究报告的评估论证；承担市财政投资项目可估算审核、概算审核及方案优化；承担财政投资项目后评估。

（二十一）公安局交警支队

参与市政项目建设方案制定、审查临时性交通工程及永久性交通工程设计、审批施工期间周边路网交通组织方案并发布交通管制通告，审批超大、超高及超重等设备材料进出场线路（部分超限物资进出场还需要在交警部门车辆引导下通行），审批土方及建筑废品运输线路及运输车辆资格审查，参加交通工程验收，接收并管理验收合格的交通工程设施。

针对复杂的工程，交警部门还需要组织专门的人员进驻工程管理项目部，全过程参与工程实施过程中的交通疏导工作。针对复杂性的市政工程，交警部门还需要根据施工现场进度及条件，对周边道路进行临时交通管制措施，配合现场施工。

（二十二）中国民用航空X市安全监督管理局

市政工程项目建设高度超过航空限高时，应接受航空安全监督管理局的监督、协调及管理检查等工作。

（二十三）档案局

档案行政主管部门，贯彻实施档案法及档案工作的法律、法规和方针政策，进行行政执法检查。对市政工程项目的档案工作进行监督和指导；集中统一管理市级各机关、团体及所属单位重要的档案资料，保守党和国家的秘密，维护档案的完整，确保档案资料的安全。档案局设城建档案所，具体负责工程档案的验收及存储工作。

（二十四）政府采购中心

执行政府采购相关制度、法规，进行政府采购项目的具体操作；接受建设单位或代建单位的委托，代其实施货物、工程或服务项目的集中采购；组织招标、谈判、询价等多种方式的政府采购活动；组织政府采购项目的评标工作，确定采购项目供应商。

（二十五）安全生产监督局

贯彻执行国家、省和市政府有关质量技术监督工作的方针、政策和法律、法规及规章，负责《中华人民共和国标准化法》《中华人民共和国计量法》《中华人民共和国产品质量法》等相关法律、法规和规章的组织实施和行政执法工作，负责监督检查职责范围内建设项目的安全设施与主体工程同时设计、同时施工、同时投入使用情况。组织和综合协调安全生产宣传教育工作，组织指导并监督有关特种作业人员的考核工作和有关生产经营单位主要负责人、安全生产管理人员的安全资格考核工作；监督检查有关生产经营单位安全生产培训工作。监督管理全市安全生产社会中介机构和安全评价工作；按照有关规定，做好注册安全工程师执业资格注册、继续教育和执业的管理、监督、指导工作。指导协调和监督全市安全生产行政执法工作。组织拟订并督促实施安全生产科技规划，指导协调安全生产科技成果的推广，推进安全生产技术支撑体系建设。

（二十六）审计局

对市政府投资和以政府投资为主的市政工程项目的合法性及预算执行情况、决算以及其他财政收支情况进行审计监督并提出审计结果报告。同时，对国际组织和外国政府援助、贷款的市政工程项目的财务收支，进行审计监督或专项审计调查，并向本级人民政府和上一级审计机关报告审计调查结果。

（二十七）纪检监察局

主管全市党的纪律检查工作，维护党的章程和其他党内法规，协助市委加强党风建设，检查党的路线、方针、政策和决议的执行情况。主管全市行政监察工作，负责贯彻落实国家行政监察法规及市政府有关行政监察工作的决定。受理对市国家行政机关及其公务员、市国家行政机关任命的其他人员和区县政府及其领导人员违反行政纪律行为的控告、检举。受理市国家行政机关及其公务员、市国家行政机关任命的其他人员和区县政府及其领导人员不服主管行政机关给予行政处分决定的申诉，以及法律、行政法规规定的其他由监察机关受理的申诉。

第四节　市政工程项目建设程序

一、市政工程项目建设程序基本概念

（一）建设程序的含义

建设程序，是指工程项目建设全过程中各项工作必须遵循的先后顺序。它是基本建设全过程中各环节、各步骤之间客观存在的、不可破坏的先后顺序，是由建设工程项目本身的特点、客观规律和相关法律法规约束所决定的。进行工程项目建设，坚持按规定的基本建设程序办事，就是要求基本建设工作必须按照符合客观规律和法律法规要求的一定顺序进行，正确处理基本建设工作中从投资决策、勘察、设计、建设、安装、试车，直到竣工验收、交付使用等各个阶段、各个环节之间的关系，达到提高投资效益的最终目的。这既是基本建设工作的一个重要问题，也是按照自然规律和经济规律管理建设工程项目建设的一个根本原则。

（二）我国基本建设程序

一个建设工程项目从投资决策到建成投入使用，一般要经过决策、实施和投入运营三大阶段。

1. 决策阶段

（1）项目建议书阶段。项目建议书是由投资者对准备建设的项目所提出的大体设想和建议。主要是确定拟建项目的必要性和是否具备建设条件及拟建规模等，为进一步研究论证工作提供依据。从1984年起，国家明确规定所有国内建设项目都要经过项目建议书这一阶段，并规定了具体内容要求。与这阶段相联系的工作还有由有关主管部门所组织的对项目建议书进行立项评估等工作。项目建议书一经批准，就是项目"立项"，可以对项目建设的必要性和可行性进行深入研究，为项目的决策提供依据。

（2）可行性研究阶段。根据项目建议书的批复进行可行性研究工作。对项目在建设上的必要性、技术上的可行性、环境上的许可性、经济上的合理性和财务上的营利性进行全面分析和论证，并推荐相对最为令人满意的建设方案。与此阶段相联系的工作还有由有关主管部门所组织的对可行性研究报告进行评估等工作。

2. 实施阶段

（1）设计阶段。根据项目可行性研究报告的批复，项目进入设计阶段。由于勘察工作是为设计提供基础数据和资料的工作，这一阶段也可称为勘察设计阶段，是项目决策后进入建设实施的重要准备阶段。设计阶段主要工作通常包括初步设计和施工图设计两个方面，对于技术复杂的项目还要专门进行技术设计工作。以上设计文件和资料是建设单位安排建设计划和组织项目施工的主要依据。

（2）施工阶段。

①建设准备阶段。

项目建设准备阶段的工作较多，主要包括申请列入固定资产投资计划，组织招标与投标以及开展各项施工准备工作等。这一阶段的工作质量，对保证项目顺利建设具有决定性作用。这一阶段工作就绪，即可编制开工报告，申请正式开工。

②施工阶段。

在该阶段，通过具体的建筑安装活动来完成建筑产品的生产任务，最终形成工程实体。这是一个投入人力、物力和财力最大、最为集中的阶段。在这一阶段末，还需要完成一些工程动用前的生产准备工作。

③竣工验收阶段。

这一阶段是建设项目实施全过程中的最后一个阶段，是检查、验收与考核项目建设成果、检验设计和施工质量的重要环节，也是建设项目能否由建设阶段顺利转入生产或使用阶段的一个重要阶段。

3.运营阶段

（1）后评价阶段。

我国以前的基本建设程序中没有明确规定这一阶段，近几年，市政工程项目建设逐步转到讲求投资效益的轨道上来，国家开始对一些重大建设项目，在竣工验收投入使用后，规定要进行后评价工作，并将其正式列为基本建设程序之一。这主要是为了总结项目建设成功和失败的经验教训，供以后同类项目决策借鉴。

（2）投入使用。

二、市政工程项目建设阶段划分

市政工程项目建设同其他工程项目一样，也应遵循我国的基本建设程序。但考虑到市政工程项目的行业特点，一般将其建设过程分为决策、准备、实施和收尾四个阶段。

（一）决策阶段

这一阶段的主要任务是根据国民经济中长期发展规划及当地经济社会发展现状，提出并编制项目建议书，批复后再开展项目可行性研究报告编制工作，项目可行性研究报告经评审并批复后，编制建设项目计划任务书（又叫设计任务书）。其主要工作包括调查研究，分析论证，选择与确定建设项目的地址、规模和时间要求等，涉海项目如码头工程还需要进行通航安全论证等工作。

（二）准备阶段

项目取得工程可行性研究报告批复后，即有了明确的投资规模和建设内容，项目进入建设准备阶段。建设单位在这个阶段的主要任务是根据批准的计划任务书沿着两条工作线路图同步开展工作：一是围绕工程建设的工作线路图；二是围绕取得施工用地的工作线路图。

项目准备阶段业主管理的程序最多且错综复杂，环环相扣。虽然工作分为两条线路图，但在各自工作过程中，两条线路图在某些前置条件闭合后才能继续后续工作。因此，科学合理地组织这一阶段的工作，可以大大加快这个阶段的工作进度并提高工作效率。

（三）实施阶段

建设单位在这一阶段的主要任务是根据设计图纸和有关国家、地方及行业的技术标准与规范，组织各类参建单位按计划投入人力、物力与财力，进行市政工程项目的施工生产活动，保质保量地完成工程建设任务，并做好竣工验收及交付使用前的各项准备工作等。

(四) 收尾阶段

该阶段的主要任务是完成工程竣工收尾的所有工作，主要内容包括：进行工程预验收、竣工验收与交付使用、资料归档及竣工报备、工程竣工结算、工程竣工决算、工程保修期管理、综合验收及固定资产移交、工程财务审计、项目后评价等。

(五) 市政工程项目建设程序的特点

市政工程与公路工程等其他工程的重要区别主要体现在以下三个方面。

1.决策阶段涉及监督管理部门众多，除技术经济论证外，尚需通过有关部门的预审与评审

市政工程项目与城市生存与发展紧密相连，与城市市民的生活质量休戚相关，因此，在决策阶段需要通过有关部门的专项评价与论证，使其建设期间对百姓的生产、生活、出行和环境的影响最小，建成后让百姓在生产、生活、出行和环境方面受益最大。

2.准备阶段应在加强沟通与协调的基础上完成相关准备工作

市政工程涉及大量的管线迁移改造或新建工作。在项目准备阶段各专业管线要按照土建设计单位的管线综合图进行各专业管线施工图设计，建设单位必须及时跟踪和协调解决设计进度及各种管线纵横交叉的矛盾问题。以上设计需要与土建工程设计同步完成并编制工程概算，为项目的顺利实施提供条件。

3.各阶段相关工作应充分衔接与搭接

市政工程项目交通情况复杂、社会关注度高、施工环境条件受到严格制约。在项目决策及准备过程中，需要充分研究项目的实施环境及可行性，要从场地施工条件和对交通影响程度进行综合考虑，在工程开工前先做好交通疏解的各项准备工作，否则，在施工过程中将会造成城市交通拥堵，甚至瘫痪。在此过程中要充分与交通管理部门沟通，利用交通管理部门管理者的知识与经验优化工程实施方案。

第二章　市政工程新技术

第一节　沥青混凝土路面养护新技术

一、就地热再生方法简介

（一）热辐射加热修补技术

热辐射加热修补技术，这里主要通过对"热再生"修路王的介绍来说明。"热再生"修路王全称为"沥青路面热再生养护车"，它由加热墙、沥青混合料加热保温料仓、液压系统、电气系统、乳化沥青喷洒系统、压路机等部分组成。通过对沥青路面间歇式加热，使路面温度迅速升高至适当温度，升起加热墙，移开修路王设备，对路面废旧沥青混合料处理，适当添加乳化沥青或添加新的热沥青混合料，然后整平、碾压，实现对沥青路面就地进行综合养护。

修路王的修补方法既不同于传统的冷修补技术，也不同于红外发热管修补技术，它通过高效的间歇性热辐射，先使破损的路面软化后，再经人工捣碎，添加部分新的路面材料。该设备具有独特的分区加热装置——加热墙，可以在任何条件下对破损路面进行加热软化，具有即时加热、即时修补的特点，并配有高效能加热保温料仓，保证添加的沥青混合料有足够的温度。配有自行式振动压路机，可迅速、独立地完成碾压作业。它具有热接缝、全天候、修补平整度好等优点。经相当多的国内外施工单位的实践证明，采用修路王方法进行5次路面修补的费用相当于传统方法进行1次路面修补的费用，即修路王方法比传统方法的费用降低了80%，且效率更高。同时修路王使旧料再生，不但降低了新沥青的使用用量，而且还保护了环境。

就地热再生技术非常适合我国沥青路面维修养护，在公路养护工程中已得到比较多的应用，在市政道路维修中也正在推广应用。例如，江苏省无锡市引进了"修路王"，市政养护部门在市区重要路段、通往风景区的主要干道上用它进行了道路修补，并取得了良好的效果。

（二）微波加热修补技术

利用微波加热沥青混凝土路面是一种全新的热再生技术，与传统加热方式不同，微波能量对材料物质有较强的穿透力，能对被照射物质产生深层加热作用。而且微波加热无须依靠热传导进行内外同时加热，它能在很短的时间内穿透较深的沥青混凝土路面，达到均匀加热的目的。由于微波加热可以弥补传统加热方法的一些不足，所以更适合于沥青混凝土路面的现场热再生。国内的一些专家，如同济大学李万莉教授，对沥青混凝土微波加热进行了深入的试验研究，证明了微波加热具有广阔的应用前景。

目前，利用微波技术对沥青路面进行热再生修补的设备也已经产品化，它具有"深层、均匀、稳定、灵活、快速、安全"的特点。

二、沥青路面坑槽修补技术

坑槽修补主要是针对坑槽、局部网裂、龟裂等病害的修补和加强，同时还可以对局部沉陷、拥包以及滑移裂缝等病害进行修补。通常沥青路面坑槽修补的施工工艺为：测定破坏部分的范围和深度，按"圆洞方补"原则，画出大致与路中心线平行或垂直的挖槽修补轮廓线（正方形或长方形）。槽坑应开凿到稳定部分，槽壁要垂直，并将槽底、槽壁清除干净，在干净的槽底、槽壁涂刷一层黏结沥青，随即填铺备好的沥青混合料。新填补部分应略高于原路面，待行车压实稳定后保持与原路面相平。

除了传统的坑槽修补方法外，还有一些特殊的或新近发展的方法。比如，采用沥青混合料预制块修补，沥青路面破损处开槽修补的尺寸应等于预制块的倍数，预制块之间的接缝用填缝料填塞。此种坑槽修补方法较为简单，修补料的配合比容易控制，密实度能得到保证。日本研究出一种"荒川式斜削施工法"，是在返土、压平和补铺沥青混合料前，先将被切坑槽的边缘用特制工具切成45°斜坡形，然后用喷燃器将边缘烧成粗糙形状，接着再铺压沥青混合料。这样可使旧料和新料紧密地吻合在一起，不易出现裂缝。

美国SHRP计划进行的坑槽修补研究，推荐使用最好的材料，以减少路面重修的工作量。例如，在修补时使用质量不佳的材料，则重复修补同一个坑槽的费用将很快抵消购买廉价沥青混合料所节省的费用。当前修补材料的发展趋向是在修补料中添加改性剂，研制专供补坑用的高性能改性沥青混合料，使其具有极强的抗湿性、低温和易性以及混合料与坑洞的黏结力。

第二节　水泥混凝土路面养护新技术

一、水泥混凝土路面快速修补材料

按路面损坏性质和范围，水泥混凝土路面损坏形式分为裂缝类、路表损坏及板块损坏三大类。如何选择修补材料，则要根据水泥混凝土路面的破坏形式而定。

（一）裂缝修补材料

裂缝修补材料根据其功能可分为补强材料和密封材料。当水泥混凝土路面由于裂缝造成强度不足时，宜选用补强材料，使其恢复整板传荷能力。当水泥混凝土路面仅出现贯穿裂缝，而板面强度仍能满足通车要求时，为防止雨水和空气的侵蚀和裂缝扩大而削弱路基，可选用密封修补材料，将裂缝封闭。

典型的补强材料有用于灌缝的环氧树脂及各种改性环氧树脂、酚醛及各种改性酚醛树脂类胶黏剂，用于裂缝条带修补的水泥基无机胶凝材料（如掺JK系列快速修补剂的早强快硬修补混凝土）。密封修补材料主要指聚氨酯类、烯类、橡胶类、沥青类胶黏剂。

（二）接缝修补材料

水泥混凝土路面的接缝包括纵向施工缝、纵向缩缝、横向施工缝、横向缩缝、横向胀缝等。接缝是水泥混凝土路面的薄弱环节，最易引起破坏，特别是胀缝，损坏率很高。引起水泥混凝土路面接缝破坏的原因有多方面，有选用的材料问题，也有施工问题。

水泥混凝土路面的接缝修补材料分为接缝板和填缝料两大类。用于水泥混凝土路面接缝修补材料的接缝板有软木板、聚氨酯硬泡沫板、松木板。用于水泥混凝土路面填缝修补材料的填缝料又分为加热施工式填缝料和常温施工式填缝料。加热施工式填缝料有聚氯乙烯胶泥、ZJ型填缝料、橡胶沥青；常温施工式填缝料有聚氨酯焦油类（如M880建筑密封膏、聚氨酯焦油发泡填料）、聚氨酯类（如LPC-89接缝密封胶、聚氨酯密封胶）。

（三）路面及板块修补材料

用于水泥混凝土路面及板块的修补材料必须具有下列技术要求：快硬高早强，收缩小,具有一定的黏性,后期性能稳定且强度发展与老混凝土基本同步,耐磨性高且耐久性好,施工和易性好,颜色与老混凝土无明显差异。为此,国内外研制开发了大量的路面及板块快速修补材料,主要包括以下材料。

(1)特种水泥。

适用于水泥混凝土路面修补的快硬早强水泥品种有日本的"一日"水泥、英国的"Swift-crete"水泥、德国的"Draifach"水泥及意大利的"Supercemcmt"水泥。

(2)聚合物改性砂浆及混凝土。

聚合物改性砂浆及混凝土是一大类性能优良的路面修补材料,在全世界范围内都有广泛的应用,已有大量成功的工程实践。所用的聚合物有天然橡胶、合成橡胶、热塑性树脂、热固性树脂、沥青与石蜡等,乳液的浓度通常按质量计为40%~60%。这种材料具有以下优点。

①流动性好,用水量低(5%~10%)。

②掺量10%~20%,抗压强度提高1.5~10倍,脆性降低。

③与老混凝土黏结力提高,以聚丙酸酯为例,提高9~10倍。

④混凝土密实度提高,内部孔结构得到明显改善。

⑤抗冲击力提高数倍至十几倍。

⑥随着聚合物掺量的增大,混凝土收缩减小。

存在的缺点是价格昂贵,是普通混凝土的4~6倍,并有一定的毒性,耐高温性能较差,因而在使用上受到限制。

(3)复合型水泥混凝土及砂浆。

早强型、膨胀剂及聚合物乳液配制复合型水泥混凝土或砂浆,国外这方面的研究和应用较早,比较先进的国家是美国、日本、俄罗斯。采用聚合物改性的掺有复合外加剂的泥砂浆配成路面快速修补材料,可做到当天修补当天通车,且耐久性好。我国北京市政部门曾采用高效复合早强剂(CNL-4)、聚合物胶黏剂(J-6或YJ-9),共同掺入水泥混凝土和砂浆中配制新型水泥混凝土路面修补材料,作为严重裸石的水泥混凝土罩面材料,在北京二环路上进行了试验性修补,效果较好。但此类复合材料用于水泥混凝土路面抢修工程在我国还处于试验阶段。

(4)复合外加剂配置的水泥混凝土。

在我国,江苏省建科院研制的JK系列混凝土快速修补剂,这类材料能适应以上各类修补,而且性能稳定,已在全国20多个省市的公路、市政部门中应用。其中最受施工单位欢迎的是JK-24型修补剂。掺入JK-24型修补剂的水泥砂浆1d的抗折强度是4.80MPa,抗压强度为20.2MPa。

（5）钢纤维水泥砂浆。

用钢纤维配成钢纤维增强水泥砂浆或钢纤维增强细石混凝土，对损坏的水泥混凝土路面进行罩面修补，具有较好的应用效果。影响钢纤维水泥砂浆性能的主要因素是钢纤维水泥砂浆的配合比，即钢纤维体积率、长径比、水泥砂浆配合比。用于水泥混凝土路面罩面修补的钢纤维水泥砂浆，钢纤维体积率以1%~2%为宜，钢纤维的长径比可略高于用于钢纤维增强混凝土的长径比，限制在70~100范围内。水泥与砂的质量比可视具体情况而定，一般选择1：（1.2~2.0），水灰比控制在0.40~0.46。

（6）板下封堵灌浆材料。

板底脱空，但板面尚未损坏。这种情况下，为稳定基层，需进行板底灌浆。板下封堵灌浆材料的选择应根据早期通车要求等确定。江苏等地采用江苏省建筑科学研究院研制的JK-10或JK-24混凝土快速修补剂掺入水泥砂浆中，以此来加快灌浆材料早期强度的增长，积累了一些好的经验。

二、水泥混凝土路面维修技术

（一）裂缝与断板维修

1.扩缝灌浆法

扩缝灌浆法适用于裂缝宽度小于3mm的表面裂缝。

2.直接灌浆法

直接灌浆法适用于裂缝宽度大于3mm，且无碎裂的裂缝，其修补工艺如下。

（1）清缝。将缝内泥土、杂物清除干净，并确保缝内无水、干燥。

（2）涂刷底胶。在缝两边约30cm的路面上及缝内涂刷一层聚氨酯底胶层，厚度为0.3 ± 0.1mm，底胶用量为0.15kg/m³。

（3）配料理缝。由环氧树脂（胶结剂）、二甲苯（稀释剂）、邻苯二甲酸二丁酯（增稠剂）、乙二胺（固化剂）、水泥或滑石粉（填料）组成。采用配合比为胶结剂：稀释剂：增稠剂：固化剂=100：40：10：8，填料视缝隙宽度掺加，按比例配制好，并搅拌均匀后直接灌入缝内，养护2~4h即可开放交通。

3.条带罩面补缝

条带罩面补缝适用于贯穿全厚大于3mm、小于15mm的中等裂缝。其罩面补缝工艺如下。

（1）切缝。顺裂缝两侧各约15cm，且平行于缩缝切7cm深的两条横缝。

（2）凿除混凝土。在两条横缝内侧用风镐或液压镐凿除混凝土，深度以7cm为宜。

（3）打耙钉孔。沿裂缝两侧15cm，每隔50cm钻一对耙钉孔，其直径各大于耙钉直径

2~4mm，并在两钯钉孔之间打一个与钯钉孔直径相一致的钯钉槽。

①安装钯钉。用压缩空气吹除孔内混凝土碎屑，将孔内填灌快凝砂浆，把除过锈的钯钉（宜采用螺纹钢筋）弯钩长7cm，插入钯钉孔内。

②凿毛缝壁。将切割的缝内壁凿毛，并清除松动的混凝土碎块及表面松动裸石。

③刷黏结砂浆。在修补混凝土毛面上刷一层黏结砂浆。

④浇筑混凝土。应浇筑快凝混凝土，并及时振捣密实，磨光和喷洒养护剂，其喷洒面应延伸到相邻老混凝土面板20cm以上。

（4）全深度补块。适用于宽度大于15mm的严重裂缝。全深度补块分集料嵌锁法、刨挖法和设置传力杆法。

（二）接缝修补

水泥混凝土路面接缝包括纵向施工缝、纵向缩缝、横向施工缝、横向缩缝等。接缝是水泥混凝土路面的薄弱环节，经常出现接缝填料损坏、纵向接缝张开等病害，由于这些病害的产生，地面水从接缝渗入，使路面基层强度降低，在行车荷载作用下，导致唧泥、脱空、断板、沉陷等病害的产生，影响水泥路面的使用质量，因此对接缝必须加强养护和修补，使水泥路面经常处于良好状态，延长水泥路面的使用寿命。

1.接缝填料损坏修补

（1）清缝。用清缝机清除接缝内杂物，并将接缝内灰尘吹净。

（2）接缝做胀缝修补时，先用建筑热沥青涂刷缝壁，再将接缝板压入缝内。对接缝板接头及接缝与传力杆之间的间隙，必须用填缝料灌实抹平，上部用嵌缝条的应及时嵌入嵌缝条。

（3）用加热式填缝料修补时，必须将填缝料加热至灌入温度，滤去杂物，然后倒入填缝机内即可填缝。在填缝的同时，宜用铁钩来回拌动，以增加与缝壁的黏结和填缝的饱满，在气温较低季节施工时，应先用喷灯将接缝预热。

（4）用常温式填缝料修补时，除无须加热外，其施工方法与加热式填缝料相同。

2.纵向接缝张开维修

（1）当相邻车道面板横向位移、纵向接缝张开宽度在10mm以下时，宜采取聚氯乙烯胶泥、焦油类填缝料和橡胶沥青等加热施工填缝料。

（2）当相邻车道面板横向位移、纵向接缝张开宽度在10~15mm时，宜采取聚酯类常温施工式填缝料进行维修。

①维修前应清除缝内杂物和灰尘；

②按材料配比配制填缝料；

③宜采用挤压枪注入填缝料；

④填缝料固化后，方可开放交通。

（3）当纵向接缝张口宽度在15～30mm时，采用沥青砂进行维修。

（4）当纵缝宽度达30mm以上时，可在纵缝两侧横向锯槽并凿开，槽间距60cm、宽5cm、深度为7cm，要设置12mm螺纹钢筋钯钉。钯钉在老混凝土路面内的弯钩长度为7cm，纵缝内部的凿开部位用同强度等级的水泥混凝土填补，纵缝一侧涂刷沥青。

（三）沉陷、拱起处理

1.沉陷处理

（1）板块灌砂顶升法。

板在顶升前，应用水准仪测量下沉板的下沉量，并绘出纵断面，求出升起值。每块板上，钻出两行与纵轴平行的直径为3cm的透孔，孔的距离约为1.7m。当板需要从一侧升起时，只需在升起部分钻孔。

在升起前将所有孔用木塞堵好，一孔一孔地灌砂，充气管与板接头处，用麻絮密封，用排气量为6～10m³/min的空气压缩机向孔中灌砂，直至砂冒出缝外时为止。

板升起后，接连往另一个孔中灌砂，直至下沉板全部顶升就位。

（2）整板翻修。当水泥混凝土整板沉陷并产生破碎时，应进行整板翻修，其工艺简述如下：宜用液压镐将旧板凿除，尽可能保留原有拉杆，并清运混凝土碎块。

将基层损坏部分清除，并整平压实。对基层损坏部分，宜采用C15号混凝土补强，其补强混凝土顶面高程应与旧路面基层顶面高程相同。宜在混凝土路面板接缝处的基层上涂刷一道20cm的薄层沥青。

整块翻修的面板在路面排水不良地带，路面板边缘及路肩应设置路基纵横向排水系统。

板块修复，混凝土施工时，配合比及所有材料宜采用快速修补材料。

2.拱起处理

（1）对轻微拱起处理。用切缝机或其他机具将拱起板间横缝中的硬物切碎。用压缩空气将缝中石屑等杂物和灰尘吹净，使板块恢复原位，并灌入填缝料。

（2）对严重拱起处理。板端拱起但路面完好时，应根据拱起高低程度，计算多余板的长度，将拱起板块两侧附近1～2条横缝切宽，待应力充分释放后切除拱起端，逐渐使板块恢复原位。

将横缝和其他接缝内的杂物、灰尘用空气压缩机清除干净，并灌入填缝料。

（3）胀缝间因传力杆部分或全部在施工时设置不当，使板受热时不能自由伸长而发生拱起，应重新设置胀缝。

（四）坑洞修补

1.对个别坑洞的修补

（1）用手工或机械将坑洞凿成矩形的直壁槽。

（2）用压缩空气把槽内的混凝土碎块及尘土吹净。

（3）用海绵块沾水后湿润坑洞，不得使坑洞内积水。

（4）用高强度等级水泥砂浆等材料填补，并达到平整密实。

2.对较多坑洞的修补

坑洞较多且连成一片，面积在20m²以内，应采取罩面方法修补。

（1）画出与路中心线平行或垂直的修补区域图形。

（2）用切割机沿修补图形边线切割5~7cm深的槽，槽内用风镐清除混凝土，使槽底平面达到基本平整，并将切割的光面凿毛。

（3）用压缩空气吹净槽内混凝土碎屑和灰尘。

（4）按混凝土配合比设计配制修补混凝土。

（5）将拌和好的混凝土填入槽内，人工摊铺、振捣密实，并保持与原路面平齐。

（6）喷洒养护剂养生。

（7）待混凝土达到通车强度后开放交通。

3.对大面积坑洞的修补

对面积大于20m²、深度在4cm左右成片的坑洞，可用浅层结合式表面修复或沥青混凝土罩面进行修补。

浅层结合式表面修复的方法如下。

（1）将连成片的坑洞周围标画出与路中心线平行或垂直的区域，并用风镐凿除深度2~3cm。

（2）将修复区内凿掉的混凝土碎块运出，并清除其碎屑和灰尘。

（3）在修复区表面用水喷洒湿润，并适时涂刷黏结剂。

（4）将拌和好的混凝土摊铺于修复区内振捣、整平。

（5）用压纹器压纹，压纹深度宜控制在3mm左右。

（6）养生，使修复板块经常处于潮湿状态。

（7）待混凝土达到通车强度后开放交通。

三、水泥混凝土路面再生技术

对于路面损坏极为严重的路段，全部重建常为首选的修复方案。但是，通常都希望保持交通开放，尽可能减少施工对交通的干扰，尤其在城市中更是如此。因此，要求采用新技术实现破损旧路快速破碎清除、快速摊铺并尽快开放交通。

路面重建工程中最引人注目的施工方案便是混凝土的再生利用。混凝土再生的两个主要优点是保护环境和节省运输时间与成本。在城市道路的重建工程中采用再生混凝土，其优势更为明显，因为城市废物处理困难大且费用高。路面现场清除和处理设备的最新发展使从破损路面中生产再生集料变为现实。新型设备不断出现，保证了快速进行旧路面的碎裂、清除工作。从混凝土碎块中剥除钢筋的高效工艺也相继问世。特别是传力杆置放机、零侧距施工装置和滑模式摊铺机的有机结合，实现了在相邻单车道或多车道和路肩上车辆正常行驶条件下的施工。大多数项目报告表明成本显著节省。所有进行混凝土再生试验的省（自治区、市）一致认为应用成功，并计划在将来扩大使用。

水泥混凝土路面再生技术可分为以下两种。

（一）现场再生技术

生产过程是破碎或粉碎现有路面，然后将破碎或粉碎后的路面用作新路面结构中的基层或底基层。破裂压密法和破碎压密法是现场再生技术的两种基本方法。破裂压密法是将严重破坏的混凝土路面破裂成$0.09\sim0.28m^3$大小的碎块，压密后摊铺罩面。破碎压密法是将现有混凝土路面破碎成最大粒径为152mm的碎石，压密后摊铺罩面。

（二）料厂再生技术

生产过程包括旧水泥混凝土路面的现场破碎、装载、运输，然后在中心料厂通过联合破碎机组破碎，成为用于基层或新水泥混凝土路面的集料。

四、高压水射流切割技术

路面局部出现损坏后如何快速整齐切割病害处而不损坏周边良好路面是迫切需要解决的难题。近年来，有许多专家学者试图解决水泥路面的维修问题，如借助冲击器破碎、锯片切割、重锤砸板等方法，但事实证明，这些方法在环保要求、维修质量、能量利用等诸多方面存在问题。例如，冲击器破碎、重锤砸板以及锯片切割，不仅产生无法忍受的噪声、飞扬的尘土，而且冲击器破碎、重锤砸板对本来完好的混凝土路面产生微裂纹而加剧混凝土路面的损坏，锯片切割时由于剧烈磨损，导致成本大幅度提高。事实证明，这些传统的维护方法在环保要求、维修质量、能量利用等诸多方面都存在问题，因此必须寻求更好的方法来维护水泥混凝土路面。这里介绍一种适应于水泥路面维护的新方法，即用高压水射流冲蚀破旧的水泥混凝土路面。这种新方法突破了水泥混凝土路面的传统维修方法，摒弃了机械式破碎设备进行路面破碎带来的负面影响。而用高压射流理论破碎水泥混凝土路面，它的工作介质是水，所以具有高效、节能、无污染、易操纵的特点，而且工作装置与混凝土之间不存在机械接触,所以不存在磨损,减少了更换工作装置的时间,提高了效率,降低了维修成本。

高压水射流切割技术的原理是:经净化后的水,进入水高压发生装置,将水压提高到一定的压力后,经过控制阀送到喷嘴,形成能量高度集中的高速射流束(射流在喷嘴出口的速度一般超过声速),即可对材料进行切割。

水射流技术作为一门新兴的技术,其发展十分迅速。现在已从单一的纯水射流发展到多种形式的新型射流,如气蚀水射流、磨料水射流等。这些新型射流与纯水射流相比,在相同的工作压力下具有较高的切割效率。但是,这些新型的水射流切割技术设备复杂、成本较高。纯水射流切割效率相对较低,但其设备简单,同时不存在磨料回收问题。因此,目前纯水射流切割依然广泛应用于采矿、混凝土破碎等领域。

在美国以及一些欧洲国家,超高压和大功率的水射流式混凝土破碎机械已经应用于混凝土结构的切割和破碎、隧道施工、矿料开采等领域。应用情况表明,采用水射流法切割或松动混凝土材料时,不会损坏相邻的材料。由于高压水射流优越的切割性能,以及我国高压水射流技术近20年来的发展,可以相信,该项技术一定会在我国水泥混凝土路面养护领域中得到广泛应用和推广。

五、透水路面

在城市建设中,地面铺装大量采用沥青、混凝土、砖石封闭地面,加上高楼大厦,使城市地表被阻水材料覆盖,水分难以下渗,降水很快成为地表径流排走,形成了生态学上的"人造沙漠"。不透水的路面缺乏对城市地表温度、湿度调节能力,地面易干燥,扬尘污染重,且雨后水分快速蒸发、空气湿度大,夏天使人闷热难受,这就是气象学上的"热岛效应"。而透水混凝土路面很好地解决了这一问题。它是一种以聚合物材料、石子和水泥组成的聚合物混凝土路面材料,由于采用特殊的空隙结构,透水路面和地下土壤是"连通"的,地表水、气都能渗透下去。用这种新型混凝土建成的市政道路,可对城市起到吸尘降噪、透水透气的生态效应。

透水路面可用于人行道、慢车道、广场、景区道路等,由于混凝土强度达到C30级,还可用于轻型车道、停车场,并可铺成各种颜色,和周围环境相协调。目前,许多市政部门研制和推广使用"透水路面"。例如,南京市政公用局和某家建材公司研制的"透水路面",已在南京秦淮河风光带、幕府山市政配套、无锡十八湾景区等工程中使用;已改造的珠江路中山路至太平北路段,两侧人行道也全部采用透水路面。

第三节 非开挖新技术

一、非开挖技术的分类

非开挖施工的分类方法较多，按用途可分为管线铺设、管线更换和管线修复三大类。

二、非开挖铺管施工法

（一）顶管施工法

顶管施工法起源于美国，是继盾构法之后而发展起来的一种地下管道施工方法，也是使用最早的一种非开挖施工方法。

顶管施工就是借助于主顶油缸及中继间等的推力，把工具管或掘进机从土坑内穿过土层一直推到接收坑内吊起。与此同时，也就把紧随工具管或掘进机后的管道埋设在两坑之间，这是一种非开挖的敷设地下管道的施工方法。

在顶管施工中，最为流行的三种工作面平衡理论是气压、土压和泥水平衡理论。从目前发展趋势来看，土压平衡理论的应用已越来越广。

顶管施工过程中，主要的配套设备包括主顶设备、基坑导轨、顶铁和后靠板、起重设备、注润滑浆设备及出土设备。

顶管施工中的主顶设备包括主顶油缸、主顶油泵及控制阀等。顶管施工法的适用范围如下。

（1）管径一般在200～3500mm。

（2）管材一般为混凝土管、钢管、陶土管、玻璃管。

（3）管线长度一般为50～300m，最长可达1500m。

（4）各种地层，包括含水层。

（二）导向钻进施工法

大多数导向钻进使用一种射流辅助切削钻头，钻头通常带有一个斜面，因此当钻杆不停地回转时钻出一个直孔，而当钻头朝着某个方向给进而不回转时，钻孔发生偏斜。导向钻头内带有一个探头或发射器，探头没有也可以固定在钻头后面。当钻孔向前推进时，发射器发射出来的信号被地表接收器所接收和追踪，因此可以监视方向、深度和其他参数。

导向孔施工步骤主要为：探头装入探头盒内；导向钻头连接到钻杆上；转动钻杆，测试探头发射是否正常；回转钻进2m左右，完成导向孔，开始按设计轨迹施工。

根据每段铺管设计高程、地层及地形情况进行导向孔轨迹设计，确定导向孔的施工方案。导向孔钻进是通过导向钻头的高压水射流冲蚀破碎、旋转、切削成孔的。导向钻头前端为造斜面。该造斜面的作用是在钻具不回转钻进时，造斜面对钻头有个偏斜力，使钻头向着斜面的反方向偏斜；钻具在回转顶进时，由于旋转中斜面的方向不断改变，斜面周围各方向受力均等，使钻头沿轴向的原有趋势在直线上前进。

导向钻进设备主要包括用于管线探测的仪器和导向钻机。导向仪是导向钻进技术的关键配件之一，它用来随钻测量深度、顶角、工具面向角、温度等基本参数，并将这些参数值直观地提供给钻机操作者，其性能是保证铺管施工质量的重要前提。目前，导向仪有三大类，即手持式、有缆式和无缆式。GBS系统是目前国际上比较流行的用于非开挖工程上的定向制导钻进系统。

导向钻进施工法的适用范围如下。

（1）管径一般在50～350mm。

（2）管材一般为钢管和塑料管。

（3）管线长度一般为20～500m。

（三）气动矛法

气压驱动的冲击矛（也称气动冲击矛）在压缩空气的作用下，矛体内的活塞做往复运动，不断地冲击矛头。由于活塞的质量很大（一般为矛头质量的10倍），每次冲击使矛头获得很大的冲击力和高速度，足以克服端部阻力和摩擦力，形成钻孔并带动矛体前进，同时将土向四周挤压。

由于矛体与土层摩擦力的作用，以及活塞往复运动的冲击力远大于回程时的反作用力，所以冲击矛可在土层中自由移动。冲击矛既可前进，也可以后退（只需反方向转动压气软管1/4圈，改变配气回路使活塞向后冲击）。冲击矛的既定功能主要是用来回拖管线，或者在遇到障碍物时返回工作坑，重新开孔。

气动矛施工时，一般先在欲铺设管线地段的两端开挖发射工作坑和目标工作坑，其大小可根据矛体的尺寸、铺管的深度、管的类型及操作方便而定。随后将冲击矛放入发射工作坑，并置于发射架上，用瞄准仪调整好矛体的方向和深度。最后使气动冲击矛沿着预定的方向进入土层。当矛体的1/2进入土层后，再用瞄准仪校正矛体的方向，如有偏斜应及时调整。校正过程可重复多次，直至矛体完全进入土层。

目前，管线的铺设方法有直接拉入、反向拉入和扩孔后拉入等。

使用冲击矛施工时，常用的机具主要有冲击矛、空压机、注油器、高压胶管、发射架、瞄准仪、位管接头等。

气动矛施工法的适用范围如下。

（1）管径一般在30~250mm。

（2）管材一般为PVC、PE、钢管、电缆。

（3）管线长度一般为20~60m。

（4）适用于不含水的均质地层，如黏土、亚黏土等。

（四）夯管法

夯管过程中，夯管锤产生的较大冲击力直接作用于钢管后端，通过钢管传递到最前端钢管的管鞋上，克服管鞋的贯入阻力和管壁（内、外壁）与土之间的摩擦阻力，将钢管夯入地层，随着钢管的夯入，被切削的土芯进入钢管内，待钢管抵达目标坑后，将钢管内的土用压气或高压水排出，而钢管则留在孔内。有时为了减少管内壁与土的摩擦阻力，在施工过程中夯入一节钢管后，间断地将管内的土排出。

施工前，首先将夯管锤固定在工作坑上并精确定位，然后通过锥形接头和张紧接头将夯管锤连接在钢管后面。

为了保证施工精度，夯管锤和钢管的中心线必须在同一直线上。在夯第一节钢管时，应不断地进行检查和校正。如果一开始就发生偏斜，以后就很难修正方向。每根管子的焊接要求平整，全部管子须保持在一条直线上，接头内外表面无凸出部分，并且要保证接头处能传递较大的轴向压力。

当所有的管子均夯入土层后，留在钢管内的土可用压气或高压水排出。排土时，须将管的一端密封。当土质疏松时，管内进土的速度会大于夯管的速度，土就会集中在夯管锤的前部，此时，可使用一个两侧带开口的排土式锥形接头在夯管的过程中随时排土。对于直径大于800mm的钢管，也可以采用螺旋钻杆、高压射流或人工的方式排土，当土的阻力极大时，可以先用冲击矛形成一个导向孔，然后进行夯管施工。

夯管锤铺管系统的配套主要为空压机、夯管锤、带爪压盘、锥形接头、排土锥、张紧带。

夯管施工法的适用范围如下。

（1）管径一般在50~2000mm。

（2）管材一般为钢套管。

（3）管线长度一般为20~80m。

（4）适用于不含大卵砾石的各种地质，包括含水地层。

（五）水平螺旋钻进法

水平螺旋钻进法又称水平干钻法，是一种使用较早的非开挖铺管方法。目前，水平螺旋钻机在方向控制、适用地层、铺管长度和尺寸等方面，都比以前有了长足的进步。

施工时，先准备一个工作坑，然后将螺旋钻机水平安放在工作坑内。钻进时，由螺旋钻杆向钻头传递钻压和扭矩，并将钻头切削下来的土屑排到工作坑。欲铺设的钢套管在螺旋钻杆之外，由钻机的顶进油缸向前顶进。钢管间采用焊接的方法连接，在稳定的地层，而且欲铺设的管道较短时，也可采用无套管的方法进行施工，即在成孔后再将欲铺设的管道拉入或顶入孔内。

水平螺旋钻进施工法所用的施工机具主要包括螺旋钻机、螺旋钻杆、钻头、方向控制系统和泥浆润滑系统。

水平螺旋钻进法的适用范围如下。

（1）管径一般在10~1500mm。

（2）管材为钢套管，其内可铺设各类管线。

（3）一般适用于软至中硬的不含水土层、黏土层和稳定的非黏土性土层。

（六）水平钻进法

水平钻进法又称水平湿钻法，一般分为单管法和双管法两种。

单管施工法类似于取芯钻进法，要求钻机的通孔直径大，能使大口径套管（也是钻杆）通过，并直接钻进铺管。在套管内装有水管，可注水排土，有时也用螺旋输送钻杆排土。钻进时，钻机直接带动套管回转，套管前端装有切削钻头。结束后，套管可以留在孔内作为永久性管道的护管，也可以在顶入永久管道时将套管拉出。

双管施工法采用双重管正循环钻进工艺，钻进时，内管和钻头由钻杆带动超前回转钻进，外管（套管）不回转随后压入。由于不能控制钻进的方向，双管法的施工精度也较差。

三、旧管道的更换

（一）爆管法

爆管法又称碎管法或胀管法，是使用爆管工具从管内在动力的作用下挤碎旧管，并用扩孔器将旧管的碎片挤入旧管周围的土层中，同时将等直径或更大口径的新管拉入取代旧管，以达到去旧换新的目的。

爆管施工法一般分为三个步骤进行：准备工作、爆管更换、清洗。

爆管法的优点：破除旧管和安装新管一次完成；可保持或增加原管的设计能力；施工速度快，对地表的干扰小。

爆管法的缺点：在施工之前必须将支管的连接处拆卸掉，并用开挖的方法进行支管连接。更换金属管道时，往往要求有套管以保护新管不受损坏，碎管的荷载会引起周围土层的变化，旧管埋深较浅或在不可压缩的地层中施工时可能引起地表的隆起，该方法不适于弯管的更换，旧管碎片的去向混乱，可能影响新管的使用寿命。

（二）吃管法

吃管法是使用特殊的隧道掘进机，以旧管为导向，将旧管连同周围的土层一起切削破碎，形成相同直径或更大直径的孔，同时将新管顶入，完成管线的更换。破碎后的旧管碎片和土由螺旋钻杆排出。这种方法主要用于更换埋深大于4m的非加筋污水管道。

吃管法的优点：对地表和土层无干扰；可在复杂的地层中施工，尤其是含水层；能够更换管线的走向和坡度已偏离的管道；施工时不影响管线的正常工作。

吃管法的缺点：挖两个工作坑以及地表需有足够的工作空间。

吃管法的适用范围：管径为100～900mm，长度为200m左右的陶土管、混凝土管或加筋的混凝土管等的更换。

（三）扩孔法

扩孔法是指在施工时，先将钻杆柱插入待更换的一段旧管内，并在钻杆的一端接上一个特殊设计的扩孔头，然后开始扩孔，在扩孔的同时，将新管拖入旧管的位置，完成管线的更换。

四、旧管道的修复

（一）传统的内衬法

传统的内衬法也称插管法，是使用最早的一种非开挖地下管道修复方法，适用于各种地下管道的修复。施工时，将一根直径稍小的新管直接插入或拉入旧管内，然后向新旧管之间的环形间隙灌浆，予以固结。该方法可用于旧管中无障碍、管道无明显变形的场合。其优点在于简单易行、施工成本低；缺点在于管道的过流断面损失较大。

根据施工时所用新管的不同，传统的内衬法一般分为两种：一种为连续管法（长管法）；另一种为非连续管法（短管法）。

连续管法是使用一根熔焊而成的连续塑料长管或者焊接而成的钢管，通过钢绳由绞车拉入旧管内。长管可以在现场连接或施工前事先连接好后运到工地。这种施工方法可用于结构性或非结构性的管道修复，施工时要求有坑槽作为插入工作坑。

非连续管法使用带接头的短管，在工作坑连接后逐节地由顶进装置顶入旧管内。短管可以是塑料管（PE管或PVE管）、陶土管、混凝土管或者玻璃钢管。短管法简单，对工人的技术要求低。缺点在于新管的接头太多，而且有些管材容易在施工过程中受到损坏。

（二）改进的内衬法

改进的内衬法，又称紧配合的内衬法，是施工前先将新管（主要是聚乙烯管）通过机械作用，使其断面产生变形（直径变小或改变形状），随后将其送入旧管内，最后通过加热、加压或靠自然作用使其恢复到原来的形状和尺寸，从而与旧管形成紧密的配合。这种非开挖管道修复方法的主要目的是减少修复后管道过流断面的损失。

改进的内衬法的优点：不需要灌浆，施工速度快；过流断面的损失很小，可适应于大曲率半径的弯管；可长距离修复。缺点：分支管的连接需要进行开挖施工。

改进的内衬法根据新管变形方法的不同，可分为以下三种方式。

（1）缩径法：是利用中密度或高密度聚乙烯材料的临时缩胀特性，使软衬的直径临时性地缩小，以便于置入旧管内达到内衬的目的。

（2）变形法：是使用可变形的PE管或PVC管作为管道材料，施工前在工厂或工地先通过改变衬管的几何形状来减小断面。变形管在旧管内就位后，通过加热或加压使其膨胀，并恢复到原来的大小和形状，以确保与旧管道形成紧密的配合。

（3）软衬法：也称原始固化法，是在现有的旧管内壁上衬一层液态的热固性树脂，通过加热（利用热水、热蒸气或紫外线等）使其固化，形成与旧管紧密配合的薄层管，而管道的过流断面没有损失，但流动性能大大改善。

（三）缠绕法

这种方法是使用带连锁的塑料条带在原位缠绕形成一条新管，主要用于修复污水管道。施工时，螺旋缠绕机或人直接进入管道内部，将PE或PVC等塑料制成衬管条带螺旋地缠绕成管道形状，随后在缠绕管与旧管之间的环形间隙灌浆，予以固结。

这种方法的优点：可使用现有的人井；能适应大曲率的弯曲部分；管径可由缠绕机调节，能适应管径的变化；适应长距离施工，施工速度快。缺点：只适用于圆形或椭圆形断面的管道；过流断面会有所损失；对施工人员的技术要求较高。

（四）喷涂法

喷涂法主要用于管道的防腐处理，也可用于在旧管道内形成结构性内衬。施工时，高速回转的喷头在绞车的牵引下，一边后退一边将水泥浆液或环氧树脂均匀地喷涂在旧管道的内壁上。喷头的后退速度决定喷涂层的厚度。

喷涂法的优点：不存在支管的连接问题；施工速度快；过流断面的损失小；可适应管径、断面形状、弯曲度的变化。缺点：树脂固化需要一定的时间；对施工人员的技术要求较高。

（五）浇筑法

浇筑法主要用于修复大口径（大于900mm）的污水管道。施工时，先在污水管的内壁固定加筋材料，安装钢模板，然后向模板后注入混凝土和胶结材料，以形成一层内衬。混凝土固化后，拆除模板并移到下段进行施工。

浇筑法的优点在于可适应断面形状的变化；分支管的连接相对较容易。缺点在于对流断面的损失较大。

（六）管片法

管片法是使用预制的扇形管片在大口径管道内直接组合而形成内衬，通常这种内衬由2~4片管片组成。管片的材料可以是玻璃纤维加强的混凝土管片（GRC）、玻璃钢管片（GRP）、塑料加强的混凝土管片（PRC）、混凝土管片或加筋的砂浆管片。管片组合后，通常需要在环形空间进行灌浆。

管片法的优点：可适应大曲率半径的管道；适用于非圆形断面的管道；对施工人员的技术要求不高；分支管容易处理；施工时管道可以不断流。缺点：过流断面损失较大；劳动强度较大；施工速度较慢。

（七）化学稳定法

化学稳定法主要用于修复管道内的裂隙和空穴，以形成管道内表面或稳定管道周围的土层。施工前，将待修复的一段管道隔离，并清除管道内部的污垢，封闭分支管道。然后，先向管道内注入一种化学溶液，使其渗入裂隙并进入周围的土层，大约1h后将剩余的溶液泵出，再注入第二种化学溶液。多种溶液的化学反应使土层颗粒胶结在一起，形成一种类似混凝土的材料，达到密封裂隙和空穴的目的。

化学稳定法的优点在于施工时对周围的干扰小。缺点在于比较难以控制施工的质量，仅限于小口径管道的修复。

（八）局部修复法

当管道的结构完好，仅有局部性缺陷（裂隙或接头损坏）时，可考虑使用局部修复的方法。

第四节 沟槽回填技术

一、沟槽回填引起路面下沉的主要因素

（一）自然因素

（1）回填土的土质分析：由于沟槽的开挖，使原土体结构遭到破坏变为"扰动土"，回填后即为扰动土，原土被回填扰动最重要的一点就是结构发生变化，而土的结构是决定路面变形的重要因素。而回填土经一段时间堆放后，也使体积变小。

（2）回填土的压实因素：从强度和稳定性要求出发，土体中的含水率是影响压实的主要因素，在所有相同的条件下压实，土体中最佳含水率应符合碾压的要求，土体的干密度越大，强度就越高，稳定性就强。如果沟槽回填中所填的土质，不是最佳含水率的土，那么压实后的效果就达不到规范的标准和要求。

（二）人为因素

（1）施工管理者的质量意识淡薄，施工人员没有按技术操作施工，技术人员检查不到位，责任心差。

（2）回填土的质量不符合要求。例如，建筑垃圾、生活垃圾、腐殖土以及1cm以上砖石块，特别是冬季施工回填冻土，春季时土壤形成饱和状态等。

（3）回填土分层夯实，虚铺厚度超过规定的范围，遇到工期紧时，根本做不到分层夯实。

（4）回填土夯实机具不到位，夯实遍数不够，检验人员跟踪检查不到位。

（5）检查井周围回填时，没有对局部进行特殊处理，行车冲击荷载对周围的再夯实，致使路面下沉。

二、沟槽回填相关技术

（一）沟槽回填一般应采取的措施和对策

（1）对于工期要求紧、地下水位高的施工段落，排水管材可由钢筋混凝土管材更换

为高密度聚乙烯双壁波纹管材,这样工序上不但可以减少混凝土平基这一工序,而且沟槽开口宽度也可变窄,使受影响的原土范围缩小,回填土的数量减少,减轻了成型后路面的下沉。

(2)回填材料可采用天然砂砾、毛砂和粗砂,可采用直径小于1cm的粗砂颗粒。回填范围:胸腔和管顶以上50cm以内一般采用上述三种材料;其他部位管顶以上50cm以外可用素土,在条件或经济允许的情况下,可全部用这三种材料回填。

(3)每层回填虚铺的厚度不大于20cm,并派专人负责验收。回填时,禁止在毛砂和天然砂砾里掺杂砖石块和垃圾,但适量拌和10%左右的土也是可行的。

(4)在检查井周围方圆1.5m范围内,应采用小型平板电动打夯机,且要有专人负责,分层对井周围夯实时,每层夯实遍数不得少于5遍,并且每层要有检验结果。

(5)井周围回填材料时,可采用2:8和3:7灰土或毛砂、粗砂三种材料。工程实践表明,在多项工程中采用上述材料进行沟槽回填和夯实,可以收到良好的效果。目前,仍有许多工程技术和科研人员在研究怎样改进施工中的回填材料和加强施工技术的操作,如用具有一定的水硬性、胶凝固结性特征的热焖粉化钢渣材料作为回填材料,通过制定材料技术性能标准和拌制加工工艺,不但能保证回填工程质量、满足回填强度要求,而且通过利用工业废渣可创造良好的经济效益、社会效益、环境效益。

(二)不同地质条件下的回填病害及有关处理办法

1.湿陷性黄土类沟槽

湿陷性黄土类沟槽由于其物理力学性质特征,沟槽回填中最易发生的病害现象是遇水沉降,针对此情况,处理对策如下。

(1)保证回填土的压实度达到规范要求,即管侧不小于90%,管顶以上25cm范围内不小于87%,其他部位回填土的压实度应符合相关规定。

(2)当原土含水率高且不具备降低含水率条件,不能达到要求压实度标准时,管道两侧及沟槽人行路基范围内的管道顶部以上,应回填砂、砂砾或采用石灰土与回填土拌和后的材料。当回填土含水率过低时,应采用分层摊铺洒水压实的办法予以解决。

(3)对回填沟槽中遇到的其他易产生漏水的污水、供水、雨水管道附近,要采取混凝土浇筑的防漏措施,以保证其不对沟槽内渗水。

(4)最上层沥青路面恢复时,要切实做好上、下的淋油封层,以保证雨季不通过路面向沟内渗水。

2.红黏土类沟槽

红黏土类沟槽因其力学特征导致开挖后的回填土极易成块,并产生大量裂隙(沟槽两侧亦然),因而其回填往往难以达到标准压实度,并且遇水后强度降低。回填后的病害现象为极易形成路面橡皮泥状,处理对策如下。

(1)过筛处理回填土,为保证回填土质量和提高回填速度,建议一般用筛网直径以3cm×3cm为宜。

(2)保证回填土压实度,保证回填土的最佳含水率。过高时可采用摊铺风干处理,过低时宜进行洒水摊铺。

(3)做好沟槽本身及周围的防水处理,确保沟槽内不进水。

(4)若在进行沥青路面恢复时,发现沟槽内回填土含水率过高,要进行挖出摊晒处理,并分层夯实。

(5)恢复沥青路面时,做好上、下淋油封层,以确保雨季不通过路面向沟槽内渗水。

3.填土类沟槽

填土类沟槽是老城区管网铺设中最常遇见的一类沟槽,其所受到的工程力学性质,若处理不当,不但会造成路面破坏问题,而且会在上覆荷载过大时,造成所铺管道的损坏等。处理对策如下。

(1)要保证管道底部土的强度,若管道底部仍为杂填土时,应进行深挖换土处理。若因条件所限,不可能全部深挖时,起码应保证深挖管底60cm,并换用细砂回填处理。

(2)沟槽宜适当加宽,一般应比正常地层设计宽度每边宽10cm为宜,并采用合乎回填标准的外运土回填夯实。

(3)保证管道两侧回填土压实度,避免后期运行中出现管道顶部凸起承力现象。

4.风化岩石与残积土类沟槽

此类沟槽在开挖时极易形成开挖宽窄不等、深度不一的情况,在回填后因密实度不均,常常造成路面不均、管道两侧压实不佳、不均匀沉降等现象。处理对策如下。

(1)对因石块过大而造成的超挖地段,要进行垫砂整平处理。

(2)回填土全部进行过筛处理,若回填土不足时,要选择合乎质量要求的外运土进行回填;保证回填后的密实度达到规范要求;为保证所铺管道不被破坏,管道底部、顶部和两侧要用细砂保护。

(三)英达城市道路沟槽快速回填新技术简介

这种技术采取基层回填与路面修复跟进作业方式,基层加入美国进口添加剂(一种可使基层不收缩的特殊材料)搅拌后回填,配合辐射式专利加热设备,经烘烤后可使基层强度迅速增加,提前达到铺筑沥青面层所需的施工条件,从而实现了填料回填和沥青路面面层铺筑同步进行。铺筑沥青混凝土面层时,采用的是无弱接缝、无弱界面的热再生沥青路面修补工艺,可以快速、有效地消除新旧路面的弱接缝、弱界面,实现铺筑的路面与周边路面、层间的热黏结。

当管路铺设结束后,分别对沟槽的管腔、路面基层部分空间注入不收缩的填料至面层。采用振捣器将回填料振捣密实,再用修路王加热墙将路基填料面层约200mm厚的填料快速烘干硬化,根据施工时的环境温度,一般需15~20min。填料变硬后,具有足够强度。抗压强度达到≥0.8MPa,以承受压路机或车轮等压力。

由美国引进的不收缩回填材料添加剂在回填材料的拌和过程中被加入。由于这种添加剂的加入,拌和后的回填材料具备如下四个特性。

(1)具有良好的流动性。

(2)凝固过程不收缩。

(3)快速产生足够的强度。

(4)便于日后维修时的再开挖。

(四)其他回填技术

1. "水闷"法

所谓"水闷"法,就是利用水在填料中的流动,带动填料中较小的颗粒,充填较大颗粒的间隙,使填料达到密实。此法适用于基础坐落在透水土层、填料也是透水性好的管道沟槽回填工程。原则上对管道胸腔和管顶以上50cm范围内采用"水闷"法回填,其余部位采用压路机压实。"水闷"法的施工要点如下。

(1)做好回填前的准备工作,包括清除槽内的淤泥和杂物,准备好抽水机具等。

(2)选择填料,确保填料为透水性好的砂卵石或中砂等。

(3)控制好回填厚度,每层的虚铺厚度一般为30~50cm,且要摊铺均匀,层面要平整。

(4)灌水使水面高出回填土层面30cm左右。

(5)水闷时间宜控制在6~12h,填层厚度大者则相应增加水闷时间。

(6)检测回填土的压实度,不合格者要重复水闷,直至合格才能进行下一层回填。

在地质、填料都满足要求的工程施工中,"水闷"法回填沟槽是一种较好的方法,特别对质量要求高、速度要求快的市政工程,其优点更为显著,并且使用此法无须购买大型专用设备就能产生较好的经济效益。当然,"水闷"法还有待研究之处,如随着填土厚度的增加,其下层土密实度达到设计要求,但透水性能相对减弱,使上层填料的水闷密实度降低,水闷时间也要相对延长。所以,对"水闷"法的最佳适用厚度尚待进一步探讨和研究。

2. 灌水振捣密实法

以排水管道沟槽回填为例,排水管改造的沟槽深,原土回填分层夯实工作量大,工期较长,很不经济。根据以往的施工经验,即使回填土按30cm一层分层打夯,其压实度在短时间内也难以达到规定的密实度要求，使修复的市政道路沉陷，影响很坏。在某些城市的旧城排水管改造施工中，有的路段采用了更换回填土料、灌水振捣密实的方法回填沟槽，取得了较好的效果。

（1）回填土料的选择。选择回填材料，要求具有经济廉价、容易密实、不会沉降等特点，一般选用石屑作为回填材料。回填用的石屑最大粒径应小于5mm，粒径太大则不易振捣，且颗粒间隙太大，不易保证密实度。对其含泥量的要求不必像道路稳定层用得那么严格，含泥量在1%～3%最佳，含泥量小则材料费用较高，含泥量太大则石屑遇水会形成橡皮土。

（2）灌水振捣密实。石屑灌满水后成为半流态，在混凝土振捣棒的振捣下，其松散结构重新排列，小颗粒填充大颗粒的间隙，细颗粒填充小颗粒的间隙，粉末填充细颗粒的间隙，使回填料的孔隙率降低，从而增加了密实度。实践证明，振捣棒以与地面呈45°斜角插入效果较好。振捣棒在灌满水的石屑中振捣半径可达30cm。每次振捣的深度不宜大于1.5m，若沟槽深度大于1.5m，不易保证充分振捣，则应分层振捣密实。通常采用本方法后再用压路机压实，回填土的密实度可以达到93%以上，待水稍干后，含水率下降，面层密实度可达到95%以上，完全可以满足道路施工的要求。

在市政道路排水工程改造施工中，采用石屑回填—灌水振捣施工技术，既能有效缩短施工工期，又能保证回填土的密实度。而该技术回填部分增加的材料和机械费用对整个工程造价的影响较小。所以，该方法在旧城市政管线改造中是适用的。在工期要求较紧的新建市政管道中，该方法也有一定实用价值。

3.土工格网法

由于沟槽回填时沟槽边一侧为老路基，一侧为回填土，沉降量存在差异，为道路开裂留下隐患，特别是人工回填土沉降量大，而老路基已完成大部分的沉降，这样不可避免地在结合部产生一个沉降差值突变点，成为道路产生裂缝的主要原因。而保证回填土与两侧老路基的整体性，使路基沉降保持均衡，则是沟槽回填土的关键性问题。土工格网处理沟槽回填土，可以加强回填土与路基的整体性，减少不均匀沉降，与其他措施相比，具有施工快捷、经济效益好等优点。

沟槽回填时，将土工格网沿沟槽的横向铺设，施工时应保证格网铺向与沟槽垂直。将截断的土工格网两端锚固在土质台阶上，并将土工格网张拉紧，使之产生1%～3%的伸长，相邻两幅土工格网的搭接长度≥20cm，并用尼龙绳呈"之"字形穿绑，使之成为一体。由于土工格网为柔性材料，它能承受较大的拉应力，将其布置在土体的拉伸变形区；土的拉应力传给土工格网，使筋材成为抗拉构件。当受荷载作用时，土工格网与土体间咬合镶嵌的摩阻力制约了土体的侧向变形，土工格网与土体之间具有较高的黏结作用，并与土体产生嵌固作用的效应，显示出更好的抗拉性能，高抗拉性使有筋土强度远远高于无筋土，极大地提高了路基土承受剪应力的能力，一定程度上改善了路基的沉降状况，使得横断面的沉降趋于均匀，因此，能减少新老路基结合部的差异沉降，防止新老路基结合部出现纵横向裂缝。

4.钢筋混凝土保护法

市政管线中，如电缆、光缆埋置深度有时很浅，不能进行压实，一般可采用两侧钢筋混凝土地梁保护的方法，使路面车轮荷载（或压路机碾压时受力）均匀分担到地梁上，使电缆、光缆不直接受外力作用。既保护了电缆、光缆，也使得在沟槽回填施工中覆土较薄的情况下压路机可以直接碾压，保证电缆管上面覆土层和周边土方压实。电缆管下路基持力层的受力因经过钢筋混凝土地梁应力扩散，受力状况得到改善，不至于造成不均匀沉降。

第三章 城市供水与排水设计

第一节 供水系统需水量预测及水源选择

水源选择对供水系统的建设极其重要。新城区建设对供水的需求和城市是一样的，供水系统的作用在人口和生产力高度集中的地区，尤其是水需求量最大、水问题集中、水管理最复杂的地方体现得最为突出。需要确定该地区的人口规模和供水规模，对该地区的需水量进行预测，进一步选择合适的水源。

供水管网的水源应选择在水量充沛的地方，可以满足该地区发展的近远期规划需求。水源的水质要好，保证开源节流，并协调好与该地区其他经济部门的关系。水厂厂址的选择，应在地质条件比较好的地方，通常选择在地下水位低、湿陷性等级低、岩石少、承载力大的底层地区，这样有利于施工，并可以降低施工预算。要尽量避免有洪水威胁的地点作为水厂，要是不可避免就必须在水厂施工过程中做好防洪措施。由于对水质的要求，水厂周围的环境也要充分考虑到卫生条件和安全条件，还应考虑到水厂的沉淀池位置，保证沉淀池中所沉淀出的物质便于排放。由于水厂运转需要充分的电力资源，所以在考虑其交通便利的同时，还应考虑周边的供电环境。除此之外，水厂的厂址选择还应考虑其所在地区的发展规划，为将来增加附件工艺和扩大水厂的规模留有一定的余地。当取水地点位于水厂附近时，水厂一般建在取水设施旁边；当取水地点远离水厂时，要么将水厂设置在取水设施附近，要么将水厂设置在用水区附近。

水源选择除了考虑水源的位置、经济效益等因素外，还应考虑到水源水质的安全，选择合适的水源后，要对水源水质进行余气分析，以确保所选择的水源水质安全。

一、需水量预测的意义

城市需水量预测对于城市供水规划与设计具有极为重要的意义。城市的需水量为维护整个城市正常的物质循环、信息交换和能量流动提供着必需的水资源总量，是城市发展的血脉、人民生活的根基。然而，我国正处于经济发展的高速阶段，城市用水的需求量会随着城市基础设施的完善而不断上升，很多城市现有水资源和供水设施不能满足城市的用水量，供需矛盾的问题逐渐升级。合理准确地预测城市未来发展所需的水量，能够更加可靠地指导城市未来供水设施的建设，为解决面临的用水危机和经济可持续发展发挥重要的作用，因而需水量预测的研究一直是我国供水行业重要的课题。

二、需水量预测的原则

需水量预测要遵循供水与区域社会经济发展相适应；需要与可能相结合，保证重点，统筹兼顾；按不同分区、不同行业用水量区别对待等原则，推行科学用水、节约用水，保持水资源的可持续利用和发展。需水量的预测同时要考虑人民生活水平的提高对水环境质量的要求，并且根据规划水平年的人口、产值、发展状况等指标进行外延预测。科学合理的需水量预测是工程建设的重要依据。

三、用水量预测概述

给水管网系统运行控制决策要在控制运行前提出，是基于实测或估测的系统状况和用水量的基础制定的。其可分为长期预测和短期预测，其中，长期预测是根据城市经济的发展和人口的增长速度等诸多因素对未来几年、几十年甚至几百年后整个城市用水量预测，作为城市改扩建及整体规划的依据；短期预测是指根据过去几天或几十天内用水量的记录数据并考虑各影响因素对未来几小时或一天用水量作出预测，为给水系统优化运行提供依据。

用水量预测的方法可以分为回归分析法和时间序列分析法。其中，回归分析法可以使用现行回归模型、非线性回归模型和组合模型来分析；时间序列法分为自回归模型、滑动平均模型、自回归滑动平均模型、求和自回归滑动平均模型、指数平滑法、增长率统计分析法和混合预测法。

建立预测模型首先要用水量数据模式识别，识别时间序列的基本特征，包括平稳性、趋势、季节性、交变性和随机性等。数据的基本特征识别以后就可以采用相应的方法，选择相应的模型。其次是寻找模型的最佳参数，其目的是使总的误差平方和最小。最后要对模型的有效性进行检验，验证模型是否有效。

四、水源选择与水资源平衡研究

（一）水资源分析概述

合理选择水源及科学地进行水资源分析论证是保障城镇供水安全的必要前提。水资源的供需平衡分析更是供水规划的关键技术点之一，如果本地的水资源不能满足该城市的需水量，则必须提出满足水资源平衡的对策。因此，应对城市水资源进行合理、科学的规划，倡导开源节流的思路，加强水资源的可持续利用。

首先，应做到统筹规划，保护城市水资源。积极进行水资源评价工作，以维持水资源生态平衡为原则，协调城市各类用水之间的矛盾为根本出发点，制定水资源利用、开发及保护的相关法律法规，为城市供水安全起到保护作用。

其次，降低水资源污染，限制地下水开采量。对于距离水源近的工业企业进行污水排放检测，严格加强工业企业污染排放管理。对于地下水的开采应严格控制，加强审查制度，保护地下水资源平衡。

最后，加强居民保护水资源及节水意识。加强宣传，鼓励采用生态节水型的农业、工业设备，对于严重用水超标的单位应加收水费；鼓励工业企业使用循环再生水，加强"一水多用，废水再用"的理念。增强全民的忧患意识，提倡节约生活用水，推广节水型卫生设备。

（二）水源选择的主要原则

水资源的分类：可供城市利用的水资源主要分为地表水源、地下水源以及其他水源等。地表水源主要包括江河湖泊、水库等。地下水源包括地下潜水、承压水、泉水等。其他水源包括海水、雨水、冰川等。城市的水源选择应根据水资源的分布情况合理规划，在满足水量的基础上，保障水质的达标以及供水安全的可靠性。水源选择是一个系统工程，一方面应考虑供水安全以及技术经济性，另一方面应考虑水源的水文、气象、地形、地质等一系列因素。总的来说应遵循以下原则。

（1）选择水质良好、水量充足的水源。
（2）选择满足城市高程、供水水压，尽量选择城市上游、满足减少能耗的原则。
（3）选择地势平坦，满足施工要求，方便建造取水构筑物的原则。
（4）选择不易发生地质灾害的水源地。

（三）水量可利用性

在水资源平衡分析中，水量的满足是保证城市供水最基本的因素。水源水量可利用性的分析直接影响着该水源是否能够作为城市供水水源的第一因素。一方面，水源的来水量应满足城市需水要求；另一方面，要求再截留利用一部分水资源的同时不影响下游取水构筑物或用水的正常运作。

如果水源地过量开采，就会直接影响下游取水工程，造成水资源失衡，严重破坏生态环境，因此，水源地的水量分析非常重要。地表水状况分析一般用供水保证率以及水量来供比两个指标确定。所谓水量来供比为水源地来水量与城市供水量的比值。其指标分为三个等级，来供比值越大，说明水资源的可利用性越强，但其指标也应控制在一定的安全供水水量指标的基础上。供水保证率分为五个等级，一级供水保证率最高，水资源的可利用性高。

五、调节构筑物在管网运行中的重要性

在给水系统中，调蓄构筑物具有贮水、调节管网流量和水压的重要作用。在用水需求较低的情况下蓄水，用水需求高的情况下作为水源防水，可以有效地保证用户水压的稳定和水量的满足。尤其是在高差较大的山地城市，由于地形的原因，管网成环的难度加大，使用供水管网的可靠性降低，在枯水期水量较低的情况下要达到较高的供水保证率，就必须保证水源具有充足的来水量。城市水库的建造不仅可以满足这一要求，还能起到防洪排涝的重要作用。因此，在水源地建设水库对于达到调蓄作用保障供水安全起到重要的作用。

第二节　供水管网的设计

近年来，我国城市化的水平不断提高，为了全面改善城市居民的生活水平，市政需要大量建造供水管网，以满足城市居民不断提升的供水需求。城市管网的建设有着不可估量的地位，供水系统作为城市的生命线和基础设施的存在，在城市的生产和生活中起着不可估量的作用。

供水管网的建设，要考虑到近期和远期的规划发展，考虑供水管网流量的分配，以确保城市居民可以正常用水。除保证正常供水，管网的设计还应考虑供水安全，尤其是水质的安全。保障城市供水安全，维护管网水质，从分析供水管网水质安全影响因素入手，研究管网水质安全保障技术，旨在指导管网运行管理，同时为构建新时期饮用水安全保障体系提供技术支持。

布置形式：供水管网的布置有枝状和环状两种基本形式。前者干管和支管分明，形成树枝状；后者管道纵横相互接通形成环状。供水管网由众多水管连接而成，水管材料可分为非金属管（钢筋混凝土管、塑料管、加强玻璃纤维管、钢塑复合管、钢套筒预应力钢筋混凝土管等）和金属管（铸铁管、球墨铸铁管、钢管等）。

管径确定：各管段的管径由流量及流速两者决定。在流量一定时，如选用的流速

大,则管径小、管路造价低。但流速大会导致水头损失大,又会增加水塔高度及水泵运行的经常费用;反之,如果选用的流速小,则管径大,虽然可以减小水头损失和经常运营费用,但增加了管路造价。所以在确定管径时应作经济比较使供水总成本最低。传统方法是应用经济流速,现代方法是用优化设计方法。

设计要求:为了保证供水管网的正常运行、消防需求和维护管理工作,管网上必须装设各种必要的附件,如在适当的位置安装阀门、消火栓,在管道高处装设排气阀,在管道低处设置排水阀等。管网上还有各种附属构筑物,如管道的基础、支墩、阀门井、倒虹吸管、管桥等。为调节供水管网内的流量,降低管网的造价和运行费用,常设置清水池、加压泵站、水塔、高地水池等调节构筑物。

供水工程总投资中,供水管网所占费用约70%以上,因此,必须进行多种方案的计算比较,以达到降低投资、节约能源和保证安全供水的目的。

一、管网设计的各项标准

(1)在城市总体规划要求指导下,统筹规划,合理安排;在保证安全供水的原则下,尽量做到节省投资,以充分体现工程的社会效益、环境效益、经济效益。

(2)充分考虑节能效益,根据输水管道所经过地形地貌的特点,合理布局,优化系统方案。

(3)输水工程系统设计力求管线布置科学合理,尽量减少管线的长度,在保证工程造价最低的同时,力求运行电费最省,并尽量减少中途提升泵站的数量。

(4)学习借鉴国内外相关工程的经验,根据水厂设备实际运行情况,做到设计造价合理、运行经济。

(5)在确定输水系统和管网系统存在方式和安全性的同时,要靠提高自动化的控制水准来保证供水的安全可靠。

(6)积极慎重采用新技术、新材料和新设备,做到技术先进、安全可靠、保证水质、经济合理、可操作性强、易于维护和管理,达到目前国内先进水平。

二、供水管网系统管材的选择

(一)管材选择的原则

该工程属于单线铺设工程,具有输水安全性要求高、流量大的特点。因此,在管材选择上有着极高的要求,要在满足输水安全的前提要求下,本着施工方便、供货快捷、资金节约的原则,并结合与其相似的输水工程的管材使用情况,根据该地区的气候特点、地区地形和地质条件等选择适合的管材。另外,由于该工程多次穿越障碍,对管道强度要求也较高，应对各种管材综合比较后作出合理选择。

（二）各种管材的优缺点比较

城市供水管道线路复杂，供水管路传输水源距离长，管道材质的合理选择是很重要的。当今，供水工程普遍采用的输水管材大致有如下几种：PE管、UPVC管、预应力混凝土管、玻璃钢夹砂管、球墨铸铁管、钢管、钢塑复合管和PCCP管。

PE管材质为高密度聚乙烯，使用寿命50年以上，卫生性能良好，管材不含任何有毒的助剂。PE管内壁光滑，不易滋生细菌，化学稳定性能好，不易结垢，可靠性能高、维修率低，有很高的韧性和强度，是一种新型管材。其连接方式为热熔连接，价格相对偏高，尤其是大口径的管材价格更高。

UPVC给水管材具有很高的耐酸碱性，不易被腐蚀，更不会生锈。其施工工艺简单、机械强度大。UPVC管道内壁也足够光滑，不会附着水垢，其产品是无毒无害的，符合国家卫生标准和水质标准。但目前UPVC管材最大口径DN600，只能用于配水管网，还不能满足大型给水工程和输水管道的要求。

预应力混凝土管，不会使输水水质发生变化，内壁也不易结垢。其接口为胶圈接口，过水能力保持不变。缺点是管材的重量较大，并且有一定的脆性，故而怕摔怕砸，导致其运费高、破损率大，因此其价格相对于其他管材较低。

玻璃钢夹砂管是近些年发展起来的新型管材。主要优点为无须进行内外防腐，使用寿命长；重量低，下管方便；管件可灵活制作，连接方便。但该管材的刚度较低，价格较贵，管材的生产运输、管沟回填时需要严格的施工技术要求，必须制作符合标准的管道基础，回填时要进行分层夯实并对管道两侧进行回填。口径较大的管道在铺设时，其两侧都要有砂垫层，回填时，回填土中不应存在坚硬的物体，以免对玻璃钢管外层造成损害。由于质量不好掌控，导致其供水安全无法保证。

离心球墨铸铁管是供水系统比较喜欢使用的管材，无论是国内还是国外使用比例都在80%以上，在国外甚至可以达到85%以上。离心球墨铸铁管的铸造方式比较新颖，不同于传统的铸造方法，其铸造缺陷更少、组织更密集。早在20世纪50年代，球化处理工艺问世，造就了球墨铸铁的出现，而离心球墨铸铁管将这两种新兴的工艺有机地结合起来，它有着可以同钢管相媲美的机械新能，进而得到迅速推广，并广泛地应用在各种管网行业的施工中。其主要优点在于具有钢管的性能、铁管的本质，其延伸率大于10，抗拉强度大于420MPa，硬度小于等于23HB。其抗拉、抗弯强度和弹性系数完全可以与钢管相媲美。球墨铸铁管内衬各种树脂材料和水泥，外喷锌涂沥青的内外防腐工艺，使得其防腐性能好，可以从根本上解决铁管和钢管所无法解决的防腐问题，在施工过程中，球墨铸铁管无须采取防腐措施便可从根本上杜绝水质的二次污染。球墨铸铁管在连接时采用压兰式机械接口+胶圈密封或干脆采用承插式接口，其接口处密封性好，具有延伸性，有较大的偏转角度，可以更好地吸收由于地基沉降而产生的应力，可以避免管道爆管破裂。在安装过程中，该管材的安装也十分方便，它不受天气的影响，更不需要多么复杂的工艺，其土方量相对较小，不需要技术工人的专业技术，安装省时又省力，大大节省了安装费用。

钢管可承受的内外压力较高，机械强度较好，其管件制作灵活，易于连接。其优点是不易漏水更不易爆管。其连接方式为焊接或法兰连接，施工工艺简单。但其易腐蚀，对供水的水质有一定的影响，所以在供水管道铺设前要做好其内外的防腐工作。一般防腐方式为三油两布或者四油三布。在内外防腐的同时，钢管还应采取一定的电化学防腐措施，只有这样才能保证其更高的安全可靠性，但这样一来其造价便会增加，小口径钢管本身的价格也比其他管材的价格相对较高。防腐施工质量不容易控制，除非在特殊情况下，否则小管径（DN800以下）钢管不建议使用；大管径时，钢管本身价格与其他管材造价相当，适合使用。

聚乙烯涂塑钢管简称钢塑管，是涂塑钢管的一种，也是传统镀锌管的升级型产品，它以钢管为基材，涂覆塑性材料，因而不但保持了钢管的高强韧性，还具有较高的耐压、耐冲击、抗破裂等特性，有较强的土壤静荷载及地面动荷载承载能力。和传统的镀锌管、铸铁管相比，更为安全可靠、环保。钢塑管的安装复杂，生产成本偏高，适用于对管道安全性要求较高及穿越障碍，如铁路、公路、河流等时使用。

PCCP采用的是一种更为先进的、应用范围逐步推广的管材，主要靠压力输送介质。PCCP作为一种复合管，不仅经久耐腐，而且具有混凝土压力管的刚性，还具备钢管的承压能力，其安全性能好，这也是能够代表大口径管材发展方向的原因。PCCP可与其他各种管型接口，如钢管、混凝土管及各种法兰和堵头；接头用钢制接口环和橡胶圈，密封性能好，无漏水现象；正常运行下，管内不会结瘤，水流畅通；其缺点是管道重量大，运输费用较高，施工安装不方便等，且小口径管材较少。

（三）各种管材的经济技术比较

根据上述管材性能的比较，结合本工程的水质、供水特点、泵站出口压力和长距离输水的特点，确保电厂生产用水安全可靠，初步选用PE管、玻璃钢夹砂管、钢管、球墨铸铁管、聚乙烯涂塑钢管进行经济技术比较。

（四）供水管网系统管材的确定

通过上述技术分析比较，PE管n值低、水力条件好、防腐好，但造价略高；钢管虽然输水保障率较高，但采用钢管将提高内防腐的标准，实际防腐施工时的质量也不易控制，若内防腐采用水泥砂浆喷涂，可以满足供水要求，但施工麻烦、投资大；玻璃钢夹砂管n

值低、造价低，但供水安全性相对较低；球墨铸铁管承压高、防腐性好、造价适中；钢塑管n值低、水力条件好、防腐好、造价高。

高密度聚乙烯（PE）管较多应用于中小口径管道，球墨铸铁管较多应用于大口径管道，钢管的使用地点相对较少，通常情况下在水压高处和管径大的地方会因地制宜地选择钢管，或者在地形限制或穿越铁路、河流等处会使用到钢管。玻璃钢夹砂管的耐腐蚀性能好，安全性高，质量轻便，但是抗压能力较差而且价格偏高，所以不宜选用。

（五）供水管网系统管道附属设施

设计时考虑输水的安全性，在输水管道上的隆起点以及倒虹管路上、下游两侧，需要设置排气阀和进气阀，这样可以将管道内的空气及时排除，使管道内不发生气阻现象，同时在发生水锤效应和放空管道时及时引入空气，进而防止管道内负压的产生，保证管道可以正常运行。平直管段平均1km设置1个进气阀和排气阀。

泄水阀应设置在管道的低凹地带，并直接接入低洼或者河沟处。当水流不能自然排出时应设置集水井，并用提水器具将集水井处多余的水排出。泄水管也应设置在低凹地带，其管径要求一般为其输水管道的1/3。

阀门是用来调度输水管道中水流的流向和流量的，是输水管道的重要组成设备之一。事故发生时，阀门起到紧急抢修、迅速隔离事故管段的作用。

三、输水管道方案的确定

（一）输水管道定线原则

输水管道定线就是选择并确定输水管线路的走向和具体位置。输水管道定线时，必须考虑供水安全、施工安全、节约劳动力，选线时采取就近原则，要符合城市规划并沿街定线，这样便于施工和检查维修。输水管线的铺设应少占农田，并减少与公路、铁路、河流的交会。其管线要避免穿越高地下水位、河水淹没与冲刷地区，还应避免穿越滑坡、岩层、沼泽和沉陷区，这样便于管理并降低成本。对方案进行经济技术分析，进而确定管道的管径、长度和走向。

（二）输水管道单双管确定

输水管道可选择单管铺设，也可以选择双管铺设，为保证供水安全可靠，一般要设置两条或两条以上的输水管。如果输水管线较长且较复杂，就应该选择两条或两条以上的输水管线。相反，如果输水管线较短且比较简单，就可以选择单管铺设。

1.输水管道埋深设计

综合考虑输水管道的防冻深度和安全的各项要求,管道的覆土厚度是随着其穿越障碍的要求、管道的局部水头损失和地形变化、冻深度而进行相应变化的。

2.输水管道附属设施设计

(1)分段阀门。管路上安装分段阀门是为保证充足的充水时间而设置的,除此之外还可以在事故发生时保证在抢修过程中缩短泄水时间,减少弃水现象的发生。

(2)松套传力接头。传力接头是通过螺栓将分段阀门与管道连接在一起使其成为一个完整的整体,是分段阀门与管道相连接的必要手段。其有一定的位移,可根据实际情况进行部分调整,使其在工作时可以将沿管道轴线的推力送达整个供水管道中,进而对管道上所安装的阀门起到一定的保护作用。

(3)排(泄)水阀。为了保证在管路进行事故抢修时能将管道中的水迅速排出,在管道的适当低处设置必要的排(泄)水阀门。阀门口径根据排水量和排水压力,采用DN200闸阀,间隔2~3km设置1个泄水阀。设计时尽量考虑泄水管直接接至道路排水井中,泄水时自流排出。

(4)进、排气阀设计。管道内气体多产生于管道充水前和管道事故维修后,而进、排气阀就是为了排出管道内的气体而设置的,其作用是保证管道可以正常使用,防止爆管。因此,在管道的适当位置必须设置排气阀门。

(5)防水锤设计。水锤也称为水击,是供水管网在输送水的过程中,因为水泵的突然停止、阀门的突然关闭或开启、导叶的骤然启闭而导致水流的流速发生突变,进而使管道压强产生大幅度波动的一种现象。由于管壁光滑,后续水流在惯性的作用下水力的速度达到最大并且产生一定的破坏作用,这就是水力学当中的水锤效应,也就是正水锤;相反则称为负水锤。由于水锤所产生的影响,因此在输水系统设计时应考虑水锤压力的影响。在输水管道中通常发生的多为瞬间关闭管道末端阀门而引起的水锤压力,如线路阀门、排污阀门等关闭均能引起管道水锤。如不采取消除水锤措施,管路系统中水锤压力过高,超过管道及附件的实验压力时则会引起管道及附件的破坏。同时,管道中一些高点由于距供水压力线较近,平时压力较小,一旦出现供水中断很可能会出现"水柱拉断"现象,此时管线可能会受到负压及随后高压的影响,从而导致管道失稳造成破坏。

(三)输水管道巡查和维护

为了维持输水管道的正常输水能力,保证安全供水,降低运行管理费用,必须在管道投产后做好日常养护管理工作,精心维护、科学管理,根据生产用水的需要及时调整,最大限度地发挥输水能力,经济合理地完成供水任务。管道巡查是加强输水管道运行管理的一项日常工作,是预防管道故障的积极措施,这项工作应由专人周期性检查。工作要点如下。

（1）掌握管道现状及长期运行状况。培训职工掌握检修操作规程，避免由于操作不当引发事故。

（2）沿输水管道应设桩点，标上明显标记，查看输水管道、阀门井、排气阀、泄水阀等有无被埋压、被挖损的情况，特别对道路翻修、基本建设施工的区域应密切配合。

（3）安装于套管内的管道是否完好，有无漏水现象。

（4）通过管道的巡查可以对输水管资料进行校核、修补，这也是完善输水管道资料的重要途径。

（5）由于地貌的变迁，埋于地下的管道不易找到，可借助电子探管设备寻找管位，确定埋深。

四、配水管网方案的确定

配水管网是给水系统中将自来水输送给用户的设施，由水管、水塔、加压泵站和附属设施等组成。

（一）配水管网设计原则

配水管网是城市建设的基础设施，无论是在国内还是在国外都是一定的，配水管网在城市中发挥着重要作用，是城市重要的基础设施之一。配水管网兼顾发展、投资适宜、供水可靠的原则，其供水系统主要采用环状管网，部分地段采用支状管网，这样环状与支状相结合的设计足以保证供水系统的完整。

供水管网应沿着现有管网及规划的道路布置，采用环状管网向用户供水，当任何一段管道发生故障时，仍能通过70%的设计水量，保证安全供水。在此基础上，配水管网设计应遵循以下原则。

（1）充分结合城市总体规划，合理设计生活用水水量。

（2）系统的设计应从实际出发，通过对其进行经济技术的综合考虑来进行规划，并考虑其地形、水源、用水需求等。

（3）结合城市给水管道现状及城市总体规划，分近远期设计给水管网。

（4）生活给水管道干管布置在两侧均有较大用水的道路上，以减小配水支管的数量。

（5）结合规划道路布置给水管道，尽量与道路同期施工。

（二）配水管网设计

管线布置合理，采用较短的距离来铺设管线以降低成本，也可提升供水的可靠性和安全性。对于给水干管采用环状布置,当任意管道产生漏损时,可就近关闭阀门使其与其他管线隔离,这样便于检修,水可以从另一管段输送至用户,避免对用户用水造成影响,进而缩小断水面积,加大供水的可靠性。环状管网也可以减少水锤效应产生的影响。在干管与支管分接处设置阀门,在干管上一般每隔400~600m设置一个阀门,阀门间距不应隔断5个以上消火栓。管线最高处易积存空气,安装排气阀,管道最低处设置泄水阀,泄水入雨水管道,以便检修时放空存水,同时增设测流和测压井等设施。消防与生活给水共享一条管道,采用消防进行校核,经计算满足消防时流量的同时能保证最高日最高时有70%用水量通过。为满足消防要求,在该管道上每隔90~120m会加设一个地下式消火栓,其管径不应小于DN200并且要满足消防的要求,在与消火栓相连接的管道上设置蝶阀。消火栓的设计宜在人行道上,距离机动车道应不大于2m,距离建筑物应达到5m以上,使消防车易于驶近。管径大于DN400的给水管道,每个管件及管道转弯处均做管道支墩。

给水管道过河:如果河底标高低于管道,给水管道需做下弯处理。供水管线在穿越繁忙的交通道路时,应设置混凝土套管,套管的直径根据实际情况而定,其具体要求是:大开挖施工的情况下其套管管径应该比给水管管径大300mm,在顶管施工的情况下套管管径应比给水管管径大600mm。穿越公路时应采取满撼砂处理,水管的灌顶应在公路的结构层以下1.5m左右的位置。

五、管网平差

供水管网设计的好坏,决定着城区未来的发展,这就意味着管网设计是否合理对城市未来的发展起着决定性作用。管网设计的合理化可以通过平差来计算。管道平差是对每个管段的流量进行重新分配,直到可满足两个方程组的水力计算过程。管网平差为管道的设计规划、扩建、改造提供最合理化的方案,可以科学地指导管网测流、测压和水质监测点,可以优化各监测点的位置。经过对管道的平差计算,可以模拟管道运行的工作状况,进而制定更为合理、经济和科学的调度方案,找到阀门季节性开度的经济状况。

六、管网压力的确定

管网压力是在保障供水正常的前提下,通过对管道加装部分调压设备,根据各个时段用水量的变化来调节管道压力,使其可以在最好的条件下运行。管网压力管理是减少供水管网漏损最为快速、有效的主动控漏方法,必须选择合适的管网压力并做好压力管理。

目前城区给水管网的压力虽然在一般情况下能够满足用水需求,但到夏季用水高峰时,随着用水量的增加,再加上工业区部分管网为支状管网,压力稍有增高,便容易发生管道破裂、跑水的现象,造成水量减少,从而影响居民正常生活用水和企业生产用水。随着城市供水管网规模的扩大,漏损管理越来越受到重视。由于管道压力的增大而造成的管道漏损情况逐渐显现出来，因此在配水管网设计的时候，应长远考虑，选择适合的管道压力值，确保管道的使用寿命，进而减少未来管道漏损情况的发生。

第三节　下穿立交道路地表排水系统设计

一、城市道路下穿立交桥概述及特点

下穿式立交，是当两条道路交会时，为避免相互干扰，将其中一条道路的高度降低2~8m，从而可以穿过另一条道路的下方，实现空间上的多维化，充分利用空间上的维度，大幅度节约占地面积。城市下穿式立交可以分为互通式和非互通式，一般城区道路与道路的交叉为互通式，而铁路与城区的交叉为非互通式。因下穿式立交占地面积小，具有对周围环境影响较小且不影响城市美观等优点，故主要建设在城市车辆交会流量大、用地紧张的交通要道，从而实现现代化道路设施建设。

此外，下穿式立交桥引道部分长度仅占上跨式立交的2/3，使工程的造价降低，在建设过程中对噪声的控制也相对容易。另外，在下穿式立交桥上过往车辆交叉而行，增大车流量的同时也增加了交通安全度。就目前统计，在我国，下穿式立交桥的数量在已建成的立交桥中占比高达75%，这也充分说明下穿式立交桥符合当代社会的发展需求。但是在暴雨时期，下穿式立交道路最低点极易迅速形成积水，这一重大弊端制约着下穿式立交道路的发展。

二、城市道路下穿立交排水系统特点

立交排水系统是道路立体交通不可或缺的一部分，是立体交通能否高效运行的决定性因素之一。立交排水系统主要包括上跨桥面排水、道路路面排水、下穿式道路地表排水、下穿式道路下排水及立交绿化区域排水五大方面。根据往年暴雨发生时的城市内涝状况分析，下穿式道路排水是整个立交排水系统中至关重要同时也是最复杂的环节。

在理想状态下，下穿式立交排水系统的作用是在降雨甚至是暴雨时，有能力将立交区域服务范围内收集的雨水排除，保障城市道路安全、顺畅、高效地运行。但是一般来说，城市下穿式立交道路两边的引道纵坡坡度很大，下穿段标高比正常路面低7~8m，在下雨天，引道处的雨水快速汇集，所以最低点几乎是逢水就涝。而现阶段立交排水的设计标准虽然普遍高于常规排水设计，但是已经难以满足下穿道排水的需求。

由于下穿式立交通常设置在城市道路咽喉部位，道路上车辆多、速度快，加大了对后期排水系统设施养护和管理的困难及成本。此外，下穿式立交周边的道路标高往往高于下穿式立交道路本身，容易造成地势相对较高的雨水流入地势低的区域，导致低区的雨水还未排除，高区的雨水相继涌入，增大排水难度，所以采取防止高区的雨水流入低区的措施很有必要。

当下穿式立交路段最低点在地下水位以下时，地下水就会渗进下穿地道。若不及时采取措施，长期在水中浸泡的路基则会软化，路面遭到破坏。因此，地道结构设计应有可靠的防水排水措施，避免路基和路面遭到破坏。

三、城市下穿道路立交排水系统设计方法及原则

（一）下穿立交排水方式

在选择排水方式前，应优先考虑排水的安全性、可靠性、施工是否方便，在满足质量的前提下造价是否低廉等因素，最后综合考虑以上因素来确定下穿立交排水的方式。

下穿式立交排水方式可分为重力排水、调蓄排水及泵站强制抽排，也可以采取两两组合的方式或三种组合的方式。在设计过程中，应根据工程的实际需要，多方面考虑后选择最适合的方式。

（二）下穿立交排水的适用范围

下穿道路的地面径流能够通过重力排出，则采取重力排出；若无法自流排出，需要增设泵站。

1.重力排水

当下穿立交道路的最低点标高高于市政排水管网或高于附近的河流、自然水体或沟渠时，则优先采用重力（自流）排水将雨水排除。这种排水方式不使用电力，也无须专门的人员监管，是三种方式当中最经济可靠的一种排水方式。因此，在下穿立交排水系统设计过程中，一般优先考虑重力排水（自流排水）的方式。

在设计时，应当充分考虑市政管道的排水能力进行计算。若不能满足不利情况下的雨水量，应增大管道直径、增大排水能力，严格核准市政管道标高等，防止暴雨时出现雨水倒灌的现象。

2.调蓄排水

从功能上区分，调蓄池可分为两种类型：一种是拦截存留污水管道溢流出来的污废水和污染性较大的初始雨水。这个时期的雨水由于囊括空气中的酸性气体，如二氧化硫、三氧化硫等气体，还有燃油交通工具等排出的污染性气体，而且雨水落地后直接携带地面

上的杂质，使得初始雨水掺杂着许多有机物、病菌和固体杂质等，所以对于进入下穿立交道路的初期雨水的收集是不可避免的。另一种是当雨水量超过设计重现期时，暂时留存径流的高峰流量，待停雨或雨量减小时，再将存留的雨水进行利用。这样既可以减小下游管道和河道的排水压力，也可以保障排水系统的安全和高效运行，在此基础上，还能节约水资源。

当下穿桥下路面的地形为较深的盆地、管道或水位高于桥下最低点、雨水量较大重力排水无法全部及时排出时，可以先将雨水流量引进雨水调蓄池暂时贮存，避开雨水洪峰时期，待雨水量降低或停雨后，即水体高度回落后，再通过重力排水的方式将雨水排出。但下穿式立交道路一般位于城市道路中重要的交通线路，必须核验调蓄池容积的大小，且最大不宜超过1000m^3。另外，根据实际工程选择合适的位置布置蓄水池，使下穿立交道路雨水管道的雨水流入蓄水池，并且蓄水池能够接入市政干管或附近河道排出。由于用地受限且日常管理费用较高等原因，所以在我国前期使用的范围较小。而在德国、丹麦、日本等国家，雨水调蓄池已经被广泛地实践。近年来，我国对于雨水调蓄池的应用也日趋成熟。

3. 泵站强制抽排

当城市下穿立交道路的雨水不能通过重力排水或重力排水能力不足，并且附近也无适合修建调蓄池的地方或排水效率不高时，可以通过泵站强制抽升排水。雨水泵站通常被置于给排水管道系统以及一些无法自流排水的城市道路，从而将城市雨水顺利排除，因此立交雨水泵站在排出雨水当中显得尤为重要。虽然立交雨水泵站的规模相对于城市雨水系统泵站较小，但这并不意味着对其技术要求不高。相反，我们需要结合实际工程精准地确定泵站的位置、泵房形式、泵的类型，并且完善运行维护管理。

泵站能否最优运行、能否将雨水顺畅地排出、能否减少工作人员的投入达到高程度的自动化、能否降低管理成本将是本书需要着重研究分析的问题。综上所列的排水方式中，我们应根据安全、可靠、经济等原则来选择最优的排水方式，设计出最优的排水系统。

（三）设计规范原则

城市立交雨水排水系统的主要任务是排出雨天形成的地表径流和影响立交道路的地表水。一般情况下，不考虑降雪的影响，但针对少数有特别大量的降雪情况，应就其雪融流量进行校核。

虽然下穿立交雨水排水系统设计与城市雨水排水系统设计原理相同，但是由于下穿立交雨水排水的特殊性，即保证下穿式立交范围内的雨水能够快速排出，防止下穿道最低点形成积水的现象发生，在设计过程中应遵循以下原则。

（1）对雨水进行分区排水，下穿式立交桥应分区排水，也就是应采取方法措施阻止高区雨水进入低区并尽可能降低低处的排水压力。各排水系统之间应保持隔离，不应相互连通。

（2）应综合考虑道路路面材质、粗糙度、道路坡长、坡度等因素，并且通过计算确定地面集水时间，一般在2~10min。

（3）下穿道路内的雨水尽可能用重力排水，不能重力排除的，则设置泵站抽升，但应尽量减小泵站的汇水面积。由于泵站在下穿道最低点，容易在暴雨时被淹没，因此在设计时，还需要着重注意其安全性。

四、城市下穿道路排水系统关键参数设计

（一）雨水量计算方法

1.重现期

设计重现期是雨水管渠设计的关键指标，在某个特定的统计期内，等于或大于某暴雨强度的降雨每发生一次的平均间隔时间。规定雨水管渠设计重现期的选择应根据汇水地区性质、地形特点、城镇类型、气候等因素经技术经济比较后确定。

强调设计重现期应根据汇水地区性质等因素确定，而汇水地区性质是指各个使用功能不一样的区域，如大型广场、主次干道、工业区和居住区。这就意味着设计重现期的设定主要由雨水管渠地面上的建筑物的性质决定，并不取决于雨水管渠的自然属性和等级。由于过去我国社会经济发展较为落后，重现期的设计标准较低，并且近年来，极端天气频发导致城市内涝、山体滑坡也是频频发生，重现期的设计标准明显已经不能满足现今社会经济的发展。

虽然我国目前的重现期设计标准相较于发达国家与地区还相对落后，但重现期设计标准的提高要符合我国社会经济的发展。重现期设计得越大，雨水设计流量就越大，雨水管渠断面越大，排水能力越强，发生内涝的可能性就越小，与此同时，所需的工程造价也会越多，不符合经济效益；反之，如果为了削减工程造价的投入，而一味降低设计重现期的标准，很可能造成排水系统排水不畅，地面形成积水。因此，重现期设计标准的提高是逐渐提升的过程。

2.径流系数

径流系数是表征降雨和径流关系的重要参数。同济大学严煦世和刘遂庆教授主编的第二版《给水排水管网系统教材》对径流系数的定义是：地面径流量与总降雨量的比值称为径流系数ψ，也就是同一时段内径流深度与降水深度的比值径流系数小于1。地面径流的定义是：降落在地面上的雨水在地面流动的过程中，一部分雨水被土壤、地上灌木、植被、洼地或地面间隙拦截，剩余的雨水继续沿地面坡度流行，这一部分没有被拦截下来继续流动的雨水称为地面径流。雨量径流系数反映的是：降雨时，某一区域内径流量与雨水

量的比值，通常用于估测某一水面单位面积产生的平均径流量。流量径流系数表征的是：同一水面积内，某一时刻实际径流量与该时刻理论径流量的比值。而据唐宁远、车伍及潘国庆等人的研究，雨水径流量系数又分为瞬时雨量径流系数、场（此）次雨量径流系数以及年均雨量径流系数。

3.场（次）余量径流系数

场（次）雨量径流系数表征的是某一场降雨中地表径流量与全部降雨量之比。

年均雨量径流系数表征的是一年中所有雨水形成的降雨径流厚度与年降雨厚度的比值，是一个渐进累计的结果。

刚开始降雨时，有部分雨水会被植物拦截，而且由于地面比较干燥，雨水的渗水量大，初期降雨量小于地面渗水量，剩下部分的雨水将全部渗入地面。随着降雨时间的累积，降雨强度增大，降雨量渐渐大于地面渗水量，在地面开始积水并产生地面径流。当降雨强度到达顶峰时，地面径流量增长速度最快。降雨强度渐渐削弱后，地面径流量会随着降雨强度的减小而减小，降雨强度与入渗率相等时，不再产生多余径流，此时地面仍有积水，即仍存在地面径流，直到地面积水蒸发或流入雨水收集设施中，径流才结束。地表汇流在整个降雨过程中呈现的规律是：随着降雨量的损失先减小，后增大，然后逐渐减小。

现今，伴随着气候变化，国家气象部门有关降雨量的纪录一次次地被刷新。加之城市化的快速前进，林立的高楼大厦的屋顶、沥青混凝土路面、小区广场等不透水面积大幅增加，导致径流总量增多、雨水蒸发量少，城市径流效应随之而来。城市径流效体现在以下几方面：大面积的不透水材料取代了透水材料，导致地面径流系数增大、初期产流时间变短、径流时间延长、径流峰值增长以及径流总量增大。

由于径流系数的取值受降雨过程、地面覆盖物透水性质、地面坡度、建（构）筑物密集程度以及地面先前湿润状况等综合因素的影响，所以径流系数精确取值是一个比较复杂的过程。通常对于径流系数的取值，采用经验取值的方法，一般根据城市具体位置的降雨量记录、道路硬化面积的数量、地面覆盖种类等确定，但是城市中汇水区域地面覆盖物种类是多样化的，各覆盖物种类所占比例不同，结果就是径流系数取值不同。

在城市下穿立交道路路面，其汇水面积一般选用的是沥青或者混凝土路面，所以其径流系数取值较大，排数系统设计标准要相应提高。

4.汇水面积

利用泵站排水，必须确定合适的汇水面积，在能够自流排水时，将自流排水的范围最大化。遵循"低水低排，高水高排"原则和就近原则，并且在雨水能有效及时排出的情况下，尽可能地缩小汇水面积的范围。城市下穿立交道路的汇水面积通常包括引道、坡道、绿地等，但是由于过去的经济社会发展较为落后，汇水面积的划分往往是通过目测估计和人工粗略划分。此类划分方法得出的汇水面积粗略不精确，汇水面积过大，造成资源经济的浪费；汇水面积过小，汇水能力不足，不能及时将雨水汇流到泵站，导致积水，城市下穿道路尤为严重。

（二）地表雨水收集系统

城市下穿立交道路雨水排水系统分为雨水收集系统和雨水泵站。地面雨水收集设施主要是用来收集流至其服务范围内的雨水然后引流到集水池中。在设计过程中要确定汇水面积和设计参数，注意雨水口的布置和雨水管道的布置。在汇水面积方面，宜遵循"高水高排，低水低排"的原则，尽量在保证能充分收集雨水的同时减小汇水面积，从而减轻雨水泵站的压力。由于城市下穿立交道路的引道纵坡比一般道路大，以至于雨水经过纵坡时流速迅速增大，与管道排水速度几乎一致，甚至超过其流速。在引道上设置横向篦子或竖向篦子的雨水井，效果都不理想，但是在立交两侧设置集水井收集雨水作为辅助手段，配合在下穿路段最低点设置来收集雨水，可以达到更理想的效果。

在遵循"高水高排，低水低排"的前提下，应当进行高水拦截的设计，即在下穿式立交道路引道两端的高水和低水分界处设置道路反坡，防止高水进入低水处。尽量在下穿引道挡土墙上方设置混凝土结构防护撞栏，这样可以合理有效地控制高区地面雨水流至低区，减小低区的排水压力。

由于雨水口在遭遇暴雨时，极易受到路面塑料、落叶等垃圾堵塞，因此要考虑一定的堵塞系数，一般在1.2～1.5范围内。暴雨时雨水径流速度较快，其排水能力大大减弱。如果仅在下穿道路最低点的雨水口收集雨水，会对最低点的雨水口造成巨大的压力，很可能达不到排水的效果。因此，可以考虑用盖板式雨水沟代替雨水口，但是由于盖板式排水沟本身结构的问题，会对行驶的车辆造成较大影响，所以在车流量很大的下穿立交路面不宜使用。

雨水泵站及时高效地排出收集的雨水是整个下穿立交道路的排水系统最关键的一步。当下穿立交道路的雨水不能通过重力排水或不适宜使用雨水调蓄池时，就需设置立交雨水泵站，将雨水排出。一般立交泵站的选址在下穿道最低点附近。由于早期的排水规范中，对泵站是否设置格栅不作要求，早期泵站多数不配备格栅，污水和雨水在进入集水池之前，应先通过格栅将大直径杂质截留，因此，当代泵站一般由格栅、集水池、机器间等组成。在实际工程应用中表明，城市下穿道路雨水泵站采用潜水泵在实际应用中取得了良好的效果，可节省一半左右的工程成本且工期可减少至一半左右。而且潜水泵易于安装修理，不易发生安全事故，所需辅助设备数量少，其发生故障的可能性相比其他类型泵站更小。另外，潜水泵泵房与控制室相互分离，噪声小，自动化程度高，减少了工人的投入。

五、雨水调蓄池

雨水调蓄是雨水调节和雨水储存两者结合的总称。一般来说，雨水调节的主要目的是降低洪峰雨水流量；而雨水存储则是为了能更好地利用雨水，节约水资源的一种方法。即在暴雨过程中给雨水提供一个暂时存储的空间，在暴雨停歇后，将存储空间内的雨水通过净化措施，达到各种类型用途所需的水质，如城市景观用水、道路用水、城市绿化用水等。雨水调蓄池不仅能在暴雨时为城市排水防涝发挥其自身削弱洪峰流量的作用，还能将雨水利用起来。

现今，由于大暴雨以及大容量的生活污水和雨水无法全部通过联合下水道系统进入污水厂，所以在下水道中设置雨水调蓄池是很有必要的。雨水调蓄池按空间维度可分为三类：地下封闭式调蓄池、地上封闭式调蓄池和地上开敞式调蓄池。地下封闭式雨水调蓄池适用于用地紧张且对水质要求高的地方，但是这种调蓄池施工难度大、工程所需费用高。地上封闭式雨水调蓄池安装简易、施工速度快，但因设置在地面上，占地面积大，水质安全难度高，通常需要具备防冻的功能。地上开敞式雨水调蓄池可以调蓄的容积较大，且需费用不高，与地面封闭式调蓄池一样，其所需道路地表面积较大；又由于是开敞式，蒸发量较大，这种调蓄池在设计和后期维护中，要着重考虑其防渗漏设施，否则对于后期维护和修复都会造成巨大影响，维修成本也会大大增加。

随着我国社会经济的发展，城市土地资源利用也越发紧张。在寸土寸金的城市中，在资金到位、技术条件成熟的情况下，建议使用不占用道路路面的地下封闭式雨水调蓄池。若工程只能在地上建雨水调蓄池时，需要通过合理的计算设计出雨水调蓄池的容积。此时调蓄池通常会建在广场、绿地或停车场等区域的下面。

第四节　排水泵站设计

一、排水泵站

排水泵站的主要组成部分是泵房和集水池，泵房中设置由水泵和动力设备组成的机组。动力设备通常是电动机，设有配电盘。泵房顶部设起重设备，供安装和检修时起吊机组之用。集水池中设置机械或人工清除垃圾的格栅，拦挡粗大的和容易截住的悬浮物，以防水泵阻塞。集水池有一定的储水容积以利于水泵的启动。

泵房和集水池通常建在一起；当集水池深度较大、地质条件又差、只宜采用竖井式构造时，也有分建的。为了便于检修及运转，大多数泵站设有检修闸门及岔道闸门。大型泵站常附设变电间和值班室。

按照废水的性质，排水泵站有污水泵站、雨水泵站和合流泵站之分。污水泵站常采用离心式污水泵。雨水泵站常采用轴流泵。合流泵站配泵时要顾及雨天流量和晴天流量的巨大变化，可采用不同类型及不同流量的泵组组合以利运转，但泵组的品种宜少些。当地面较宽畅时，也可采用螺旋泵。螺旋泵效率较高、能耗较少、不易阻塞、易于维修，最宜用于扬水量较大、扬程较小的场合。小流量的泵房一般采用自动操作，大流量泵房则采用自动或兼用人工操作。

排水泵站必须及时把水送走。应有备用电源和备用机组。雨水泵站不经常启用，一般可以不设备用泵。但平坦而易积水地区的雨水泵房中的水泵配置，其总容量可较设计频率流量大20%~30%，以利地区积水时，加快积水的排出。污水泵站需设事故排出口时，应取得当地卫生主管部门的同意。

二、排水泵站的设计

用关于雨水量的计算方法求出雨水量后，根据对雨水量的分析选择下穿立交道路排水泵站的设计规模和标准。这样既可以防止在降雨时下穿立交道路排水不畅，也可通过优化、节省泵站运营成本，从而减少工程投资。

城市下穿立交道路排水系统的设立应不依赖于其他排水系统，其排水口需确保不淤塞，使得雨水能顺利排出。在无法采用自流排水时，可增设排水泵站来处理下穿式立交道路易于积水的问题。因此，排水泵站工程设计是城市下穿立交道路排水系统设计至关重要的一环，需要从泵站的选址、泵的类型和型号、泵房的布置、水泵的数量和水泵组合方式等方面再结合实际工程导出最优化的泵站设计。

（一）泵站选址

对于城市下穿立交道路泵站的位置的选择，需在经济技术条件上进行深入研究。所以，需要我们到实地去现场勘测，整合下穿立交周边整体规划状况，既要考虑附近的卫生要求、原始地质状况、电力供应安全以及保护泵站安全的相关安全措施，也要对雨水排出河水流域的水质进行调查，收集其水文资料，分析下穿立交道路排水泵站排水进入河道后对河道的影响。除此之外，还要对下穿立交道路的泵站防洪状况做深入了解。这是因为泵站的位置一般应设置于城市下穿立交道路的标高最低点，若遭遇洪水淹没，会造成排水失控和严重的经济损失。同时，应尽量选择泵站挖深浅、管线短以及交会少的位置，这样可以减少泵站的工程投资。

（二）泵房的设计

泵房是泵站最主要的构筑物，泵房的设计有以下四点原则。

（1）机房间的设备和尺寸应尽可能紧凑布置，以便于工人前期设备的安装和后期的维护运营，从而减少工程投资和运营成本。

（2）泵房应布置在下穿立交道路最低点的稳定地基上，不可设置在斜坡或滑坡地段上，且泵房应满足在各种工作条件下都稳定的要求，其构件的刚度和强度满足相关规定，防洪抗震性能要良好。

（3）泵房浸水部分的构件要进行防渗处理和抗压抗裂的检验。

（4）在经济技术条件允许的情况下，力求建筑具有艺术性且整齐美观。

常用的泵房形式及其特征如下。

（1）干式泵房机械设备与集水池分离可营造干燥的工作环境，各种机器构配件不受雨污水腐蚀，有利于机器的维修保养。

（2）湿式泵房结构简单，但水泵受雨污水腐蚀严重，工作环境差，使用寿命较短。

（3）圆形泵房及上圆下方形泵房使用的水泵数应不多于4台，直径范围7~15m，适用于沉井法施工，相对于矩形泵房造价更低。

（4）矩形泵房或组合泵房适用于大中型泵房，流量范围1~3m/s，泵房占地面积大，工程投资较大。

（5）自灌式（半自灌式）运行操作方便，启动迅速可靠，无须借助饮水设备。需要挖掘较深的深度安置泵房，造成地下工程施工成本增加。

（6）非自灌式安置泵房需要的下挖深度较浅，造价也较自灌式低，结构简单，通风良好且室内干燥，但需要饮水设备辅助启动。

（7）半地下式结合自灌式与非自灌式的特点。

（8）全地下式几乎无地面结构，泵房环境潮湿，泵机组易受腐蚀，通常采用潜水泵。

（9）合建式结构紧凑结合，占地面积小，一般与自灌式结合使用。

（10）分建式结构处理方便简单，仅适合于自灌式泵房，无渗漏问题，水泵维修检查方便。但吸水管长，水头损失大。

在实际运用中，通常不止选用一种泵房的类型，而是几种泵房形式的结合，城市立交雨水泵站通常采用矩形、合建、全地下式、自灌式和组合型。

（三）泵的选型

作为下穿立交道路的雨水立交泵站的核心，水泵的选择尤为重要，会对泵站的运行效率产生直接影响。因此，必须保证在降雨（暴雨）过程中水泵能够及时高效地将下穿道路积水排出。以下是常用的水泵类型。

1. 潜水泵

潜水泵整个水泵机组可以放在水中运行，防腐措施和防水绝缘性能在不断优化。其占地面积小，管路较简单，配套设备少，易于安装，便于后期维护管理，更重要的是潜水泵运行安全可靠，故障频率小。

使用潜水泵的注意事项如下。

（1）尽量避免短时间内多次启停潜水泵，因为启动时，泵机组的电流很大，若是频繁启动，潜水泵机组极易烧坏。

（2）为了保障工作人员以及泵机组本身的安全，漏电保护器是必须安装的。

（3）安装潜水泵时，电缆线需要悬空而挂，电源线不宜太长。在泵机组下水或提升的过程中，要避免电缆受到外力，以防电缆受力断裂。

（4）确认电机的旋转方向，虽然多数潜水泵正向和反向旋转都可以出水，但反向旋转出水量较小，电流偏大，长期反向旋转易损坏电机绕组。

（5）勤于检查，及时发现问题并进行有效维护。

2. 螺杆泵

螺杆泵可以输送所有流动介质甚至非流动物料，因其具有可不均量输送且自吸能力强等优点，使用范围非常广泛。

3. 轴流泵

轴流泵可输送清水和轻度的污水，泵站规模相对较小，建筑结构相对简单，工程造价较低，泵机组一体化，便于安装和维修。其中，立式轴流泵依靠叶片的升力将流体引到出口，同样是轴向进水和出水，有着流量的特点。

4. 离心泵

离心泵可以分为卧式泵和立式泵两种形式，而城市排水中通常采用立式泵，因为立式泵占地面积小，节省工程投资，且水泵和电动机可以分开布置，易于寻找到更合适的位置。但立式泵也存在一些缺陷，它的轴向推力很大，各部分零件容易遭到磨损，且需要较高的安装技术，检修维护都不如卧式泵方便。

5. 混流泵

混流泵主要用于传送清洁污染介质和中性或偏酸性的化学介质。混流泵的构造基本与离心泵相同，不同点在于叶轮的设计不一样，泵内的主流方向在轴向与辐射之间。

6. 螺旋泵

螺旋泵主要应用于排涝、灌溉、提升污水和污泥。其特点是流量大、耗电少、节约能源，可以自行控制出水量，减少水头损失。设备装置简易，后期维修养护方便，无须特设集水井和密封的管道。但是它的扬程较小，范围在6~8m，且螺旋泵是斜接式，所需面积大，使得螺旋泵的使用范围受限。使用螺旋泵应注意以下事项：长时间不使用螺旋泵时，应在固定的间隔时段内，将螺旋转动一定的角度来抵消挠曲所导致的影响。在北方冬季使用螺旋泵前，应该先去除冰雪，避免驱动装置等受到积冰损坏等。

7.空气提升泵

空气提升泵主要用于提升回流活性污泥，其结构简单，易于管理，有现成的压缩空气来源时，可以采用空气提升泵。

水泵作为城市下穿立交道路雨水泵站至关重要的一环，直接影响雨水泵站的运行效果，所以针对这一点，应选用易于安装维护、工期短、投资省、安全可靠的水泵。目前，潜水泵是最适于下穿立交道路的泵型。潜水电机与泵机一体化，直接安置在流道内，结构紧凑，节省用地，其水力性能好，装置效率高，且在运行过程中产生的噪声相对较小，投资省，只占其他水泵投资总额的2/3左右，可在水中运行安全可靠。对于道路标高低于一般城市道路的下穿立交道路，水泵运行安全可靠尤为重要。潜水泵前期不仅易于安装，后期的维护修养也较为方便，而潜水泵的自动化控制也日趋成熟。

（四）集水池

雨水排水泵站对于提升城市下穿立交道路的雨水，保证在降雨时汇水面积范围内的雨污水能够及时排出有着重要的意义。

泵站安全有效地工作对于整个排水系统的安全运行起着重要的作用，尤其是城市下穿立交道路的泵站。为了保障泵站安全正常地运行，集水池布置要合理，且必须有合理有效容积来留存暴雨时的部分雨量。不同的泵站对应集水池的有效容积定义方式不同，对于城市下穿立交道路的泵站，有效容积即集水池最高设计水位与最低设计水位之间的容积。随着日益精进的技术发展，水泵机组的可靠性有了较大的提高，但水泵的频繁启停依旧会影响机组的使用寿命。在实际工程应用中以及现场条件和经济条件允许的情况下，应扩大集水池的容积，采取有效的措施来控制水泵的启动，尽可能控制水泵频繁启停。

据国内外学者对泵站集水池的研究表明，集水池中水泵的型号、台数、布置的位置、形式以及集水池本身的形状都会直接影响集水池中水流的流态，从而造成不利的水力现象。

常见的不利水力现象主要有以下三种。

（1）进水流道预旋过量。水流经过进水流道进入泵站集水池时，合速度方向分解为轴向分速度和切向分速度。由于两个分向对速度分布不对称，从而产生预旋，造成气蚀现象。气蚀现象是指在水泵的运行过程中，不可避免地会产生杂音，还有流量和扬程损失，水泵工作效率降低，致使水泵性能下降，且会破坏过流部件，甚至致使水泵不能工作的现象。通常预旋的角度应不超过5°，否则会对水泵的运行造成较大的影响。

（2）水泵吸入口流速不恒定。由于水泵在抽水时，吸入口的流速不均匀，当流速达到较大的变化幅度时，会造成水泵叶轮和轴承负载不平衡，导致振动产生噪声。在实际运用中，吸入口流速不均是无法避免的，我们需要做的是减小流速变化幅度，控制水泵吸入口轴向分速度的均值偏差不超过1/10。

（3）集水池水体产生旋涡。集水池内的水流流动速度是不均衡的，这是因为水在水泵的过程中，受到了水泵台数、集水池形状以及其位置和布置形式的影响。由于水流流速的不均匀，当空气进入水体中时，使泵站多处产生旋涡，造成气蚀现象。泵机组随之引起大分贝的噪声、振动等，使其工作能力大打折扣。

城市下穿立交道路多数位于城市的交通要道，对于降低集水池的不利水力现象的影响有着重要的意义。在着重寻找降低其不利影响的方法过程中，应该系统地从排水系统的布置、集水池位置以及形式的布置、泵站选址以及泵的类型方面综合考虑。例如，在雨水流入集水池前，尽量使雨水能够朝着泵站正向进水；当条件受限制，有多个方向的来水时，应在它们进入泵站前汇集，再沿着直线段匀速流入集水池；而为了保证水流能匀速流动，在经济技术条件允许的情况下，应尽可能延长直线段的距离，直线段距离通常为5~10d（d为进水管直径）。

由于我国雨水泵站集水池的设计通常只为了减小水泵的工作压力，使水泵能够有效地运行并且确保吸水口等设施所需要的容积，导致在暴雨时集水池的雨水量会超过其设计水位，水泵频繁启停，造成水泵使用性能下降。而城市下穿立交道路又属于易发生积水路段，因此在选择集水池计算容积公式时，建议采用国外的计算方法或者用于大中型雨水泵站的秒换系数法，确保整个排水系统的排水安全。

第五节 道路大排水系统设计

一、地表径流行泄通道设计

对于地表径流行泄通道，主要有地表漫流（竖向控制）道路路面及带状生态沟渠等形式。其中，地表漫流主要通过竖向规划、设计实现，良好的竖向条件作为"非设计地表径流行泄通道"，有利于排水防涝。此外，还应重视道路低点渐变下凹的人行道、小区低洼处底部打通的围墙等的设计，以便于地表径流顺畅汇入设计径流行泄通道及调蓄设施。

对于道路径流行泄通道、沟渠，其设计应根据当地内涝防治设计标准要求，计算该设计标准对应的汇水区域径流总量和排水管渠系统的最大排水量，由此得出需要地表行泄通道排除的径流量，并计算得出该道路最大汇水面积，与实际汇水面积进行比较，由此进行反复的校核与设计调整，直至满足设计标准要求。道路路面的排水能力可根据路面积水深度、积水延伸宽度、道路构造形式、横纵坡度等多种因素综合分析计算确定。生态沟渠设计与道路路面排水设计类似，其排水能力计算可采用明渠均匀流计算公式。高重现期降雨条件下（超过沟渠自身设计标准）可能是生态沟渠与道路路面组合方式成为地表径流行泄通道，这时在计算排水能力时需将二者的过流流量进行叠加计算，然后对最大可服务面积进行计算校核。

当汇水面积较大时，建议采用模型模拟分析，模拟城市管网、地表径流行泄通道与周边调蓄空间、末端河道的综合耦合作用。

（一）确定地表行泄通道

地表行泄通道的选择应依据当地水文条件、地形地貌分析及不同降雨条件下的内涝风险评估等因素综合确定。

（二）汇水区水文分析

汇水区水文分析应包括下列内容：区域降雨资料调研分析；汇水区域总边界、整体竖向、用地构成分析；分析确定汇水区道路路网布局与竖向分析；分析道路作为排水通道时的径流区域范围及其水力特性；分析区域内道路周边可用于设计生态沟渠的绿地布局；分析雨水管道的设计重现期及雨水管道和雨水口淤堵情况；分析其他相关的水问题，如内涝、污染等；明确地表排水方向；明确汇水区关键节点竖向、断面控制要求，如汇流路径交叉点、道路交叉口等。

（三）确定径流行泄通道设计重现期与暴雨强度

地表行泄通道承担超过地下管渠系统的超标径流的排放，因此，较高的排水防涝标准是由小排水系统（地下管渠系统）和大排水系统（地表路面/沟渠、调蓄水体等）共同承担、综合作用达到的。

径流行泄通道的设计降雨选择有以下四个步骤。

（1）选择适合的内涝防治设计重现期；
（2）确定超过小排水系统的流量；
（3）确定合适的设计降雨历时；
（4）确定设计降雨的暴雨强度，结合管网重现期确定行泄通道排水设计重现期。

二、排水分区划分

我国传统排水规划中排水分区划分一般有流域排水分区、城市排水分区和雨水管段分区，其划分遵循"自大到小，逐步推进"的原则。

这种划分方法虽针对不同重现期目标进行划分，但对于高重现降雨情境下，降雨径流超过管网排水能力，形成地表漫流，雨水径流会漫流划定的排水分区界线，这种情况下排水分区界线的重现划分对于大排水系统构建至关重要。

（一）划分方法

1. GIS数字高程模型DEM划分

目前DEM是用于流域地形分析的主要数据，主要用于根据流域中河流水系、地形地貌提取分水线和汇水路径，实现地形的自然分割。基于以上分析研究，也被应用于城市环境下的水文特征分析。

2. 实际踏勘人为划分

通过收集城市水系、管网、地形及道路等资料，结合现场目测和人为估计，在CAD图或地图上人工勾画出城市排水分区，这种划分方法存在较大误差，不能准确判断雨水汇流路径，精度较差。

3. 模型模拟汇流路径划分

在排水模型中建立1D与2D模型耦合，分析汇水区时结合管网排水与道路汇流排水路线。在DEM数据分析的基础上，分析高重现降雨时径流漫过分水岭的情形，体现雨水管段分区合并的过程，得出超标径流情境下以管网和地表汇流为基础的汇水分区。

（二）不同控制目标对应的汇水区划分

1. 雨水管渠设计标准的排水分区

管网设计重现期对应的汇水区划分，主要以雨水出水口为终点，以雨水管网系统和地形坡度为基础，排水分区相对独立，不互相重叠。地势平坦的地区，按就近排放原则采用等分角线法或梯形法进行划分，地形坡度较大的地区，按地面雨水径流水流方向进行划分。主要采用泰森多边形工具自动划分管段或检查井的服务范围，再根据雨水系统出水口进行合并得到。

2. 防洪设计标准的排水分区

此排水分区为流域排水分区，以地形和河湖水系为主要依据，以河道、行政区界以及分水线等为界线划定，汇水区之间没有公共边，一般情况下是不变的。

三、蓄排组合设施设计

蓄排组合设施在内涝防治系统中至关重要。蓄排组合设施应以城市总体规划、城市排水防涝规划及海绵城市专项规划为依据,结合降雨规律和暴雨内涝风险等因素,统筹规划,合理确定布局规模。在一个系统中,究竟是采用地下/地面调蓄设施,还是蓄排设施的组合布局,需要通过具体项目具体分析。根据调蓄设施与排水管渠、径流行泄通道位置关系及运行工况的不同,分为在线式和离线式两种,可根据实际条件选用。

关于调蓄设施的设计,应根据项目条件,考虑兼顾峰值控制、径流污染控制及休闲娱乐功能,其规模可根据调蓄设施水面水文计算、设施调蓄水位变化对应的出流口水力计算,得到设施的入流和出流过程线后确定。总结国内外调蓄设施相关计算方法,调蓄设施计算方法主要采用对降雨历时内进出调蓄设施的径流流量与时间积分值的最大值,即在计算径流流量的基础上,通过积分求得不同历时内进出调节设施径流总量差值的最大值。目前较为精确的计算方法为基于质量守恒定律的有限差分法,分析计算一系列时间步长内入流和出流过程线的差值,从而确定蓄水体积和水面高程变化的过程。

调蓄设施的进水方式一般为排水管渠、地表径流行泄通道等,主要提出一种地表行泄通道与调蓄塘组合的设计方法。其主要核心概念为超过小排水系统排水能力的超标径流流量,采用基于暴雨强度公式的芝加哥雨型长历时降雨时程分配计算地表径流行泄通道的流量过程线,地表径流行泄通道与调蓄塘顺接,其排放通道末端出口流量过程线即调蓄设施进水流量过程线行泄通道流量过程线通过地表汇流计算方法获得。调蓄设施设计根据调蓄设施形式、构型和出口结构通过有线差分法演进分析计算获得出流过程线,最大外排流量与开发前相应重现期降雨事件下的峰值流量校核,不满足的话可重新调整出水口尺寸或调蓄设施容积,最终满足区域内涝防治标准。

第六节 城市道路交叉口排水路面系统设计

排水沥青路面空隙率大、排水性能良好,能够迅速排出路表水分,防止路面形成积水,从而提高行车安全性及舒适度。然而,在雨水下渗、排出的过程中,需要设置相应的排水设施,以达到及时排出水分的目的。高效的排水设施可以及时收集、排出雨水,减少路面结构内部湿度的上升,从而避免路面结构内部水分导致的水损害,提高道路的耐久性。而当排水设施堵塞或设计不合理引起排水不畅时,从路表渗入路面结构的水分则会留滞在路面结构中，引起一系列病害。

一、道路排水性沥青路面结构设计

透水性沥青路面结构类型分为Ⅰ型、Ⅱ型、Ⅲ型三种。

（一）Ⅰ型结构

Ⅰ型结构包括：透水沥青上面层；中、下面层；基层；垫层；路基；封层。

（二）Ⅱ型结构

Ⅱ型结构包括：透水沥青面层；透水基层；垫层；路基；封层。

（三）Ⅲ型结构

Ⅲ型结构包括：透水沥青面层；透水基层；透水垫层；路基；封反滤隔离层。

其中，Ⅰ型路面结构常见于各类新建、改建道路，在实际过程中的应用最为广泛。在Ⅰ型路面结构中，排水沥青面层和中面层之间设有防水黏结层，其存在一方面可以增加界面结合强度，另一方面阻止了雨水的下渗，防止中面层出现水损坏，从而提高路面结构的耐久性。在Ⅰ型路面结构中，路表的水分由表面层排入临近排水设施。Ⅱ型路面结构适用于需要缓解暴雨时城市排水系统负担的各类新建、改建道路，路边水分通过面层流入基层或垫层后排除；而Ⅲ型路面结构不设防水层，仅适用于公园、小区道路、停车场、广场、中轻型荷载道路。

二、城市道路排水系统

除了路面结构设计，还需要对道路的排水系统进行设计。合理的排水系统，能够将雨水快速地收集并汇出，缓解城市内涝，并帮助城市内部水资源的蓄积。

在我国，城市道路排水系统通常采用如下三种类型。

（一）明式系统

明式系统通常为城郊道路和公路采用，采用道路两边或一边设置明沟的方式排出水分，在出入口、人行横道处需增设盖板、涵管等构造物。这种排水系统的设置较为方便，但并不适用于市内道路。

（二）暗式系统

暗式系统主要由主干管、连接支管、检查井、出水口、雨水口、街沟等部分组成，通常埋置在地下。路边的水分可通过道路纵横坡度汇集至雨水口，再途经与雨水井相接的连接支管汇入主干管，通过主干管排入河流或其他水体。这种排水系统常常被市内道路采用。

（三）混合式系统

混合式系统即明式系统与暗式系统相结合的一种排水系统。由于明沟容易汇集污水、影响环境卫生，且易引起交通和生活上的不便，因此这种形式较少被采用。

三、城市道路路面排水结构设计

对于暗式排水系统，还应设置相应的排水设施。透水沥青路面边缘应设置纵向排水设施。常见的排水设施Ⅰ型、Ⅱ型、Ⅲ型排水设施横断面如下。

（一）Ⅰ型结构

Ⅰ型结构包括：透水沥青上面层；中、下面层；基层；路缘石；人行道；透水盖板；排水沟；封层。

（二）Ⅱ型结构

Ⅱ型结构包括：透水沥青面层；封层；中、下面层；基层；防水材料；透水沥青混凝土；普通沥青混凝土；绿地。

（三）Ⅲ型结构

Ⅲ型结构：透水面层；透水基层；封层；不透水基层（底基层）或土基；排水管；排水沟；透水盖板；路缘石；人行道。

对Ⅰ型、Ⅱ型路面排水结构，路表水分经由透水面层汇入道路两侧的排水沟后流向附近的水系，或透过透水水泥混凝土汇入绿地。上面层底部设置的封层阻隔水分向下渗透，而排水沟或透水性混凝土则能够帮助水分迅速排出路面结构。对Ⅲ型路面排水结构，雨水则同时从透水面层、透水基层汇入排水沟，再通过排水沟排出至附近水系。根据路面结构中封层的设置位置不同，其相应的排水设施也存在差异。

四、关于排水体制

在城市排水工程规划中，可以根据城市的实际情况选择排水体制。

分流制排水系统：当生活污水、工业废水和雨水、融雪水及其他废水用两个或两个以上排水管渠来收集和输送时，称为分流制排水系统。其中，收集和输送生活污水和工业废水（或生活污水）的系统称为污水排水系统；收集和输送雨水、融雪水、生产废水和其他废水的称为雨水排水系统；只排出工业废水的称为工业废水排水系统。

（一）排水体制选择的依据

在城市的不同发展阶段和经济条件下，同一城市的不同地区，可采用不同的排水体制。经济条件好的城市，可采用分流制；经济条件差而自身条件好的可采用部分分流制、部分合流制，待有条件时再建完全分流制；新建城市、扩建新区、新开发区或旧城改造地区的排水系统宜采用分流制的要求；同时也提出了在有条件的城市可布设截流初期雨水的分流制排水系统的合理性，以适应城市发展的更高要求。

（二）合流制排水系统的适用条件

在旧城改造中宜将原合流制直泄式排水系统改造成截流式合流制。采用合流制排水系统在基建投资维护管理等方面可显示出其优越性，但其最大的缺点是增加了污水处理厂规模和污水处理的难度。因此，只有在具备以下条件的地区和城市方可采用合流制排水系统。

（1）雨水稀少的地区。

（2）排水区域内有一处或多处水量充沛的水体，环境容量大，一定量的混合污水溢入水体后，对水体污染危害程度在允许范围内。

（3）街道狭窄，两侧建设比较完善，地下管线多，且施工复杂，没有条件修建分流制排水系统。

（4）在经济发达地区的城市，水体环境要求很高，雨污水均需处理。

在旧城改造中，宜将原合流制排水系统改造为分流制。但是，由于将原直泄式合流制改为分流制并非易事，建设投资大、影响面广，往往短期内很难实现。而将原合流制排水系统保留，沿河修建截流干管和溢流井，将污水和部分雨水送往污水处理厂，经处理达标后排入受纳水体。这样改造，不但投资小，而且较容易实现。

五、排水方案设计

（一）机动车道的设计方法

机动车道是道路的重要组成部分，它的宽度超过非机动车道和人行道的综合。本次对机动车道进行改造升级设计时，为减少后续工作量，使原机动车道的宽度保持不变，将绿化带设置在机动车道两侧。在道路适宜的位置处设置路缘石开口，设计立式雨水篦子。在降雨初期阶段，雨水落入路面后，会经雨水篦子进入绿化带内，当土壤达到饱和状态时，溢出的雨水会流入雨水管，并排出路面，避免积水。对机动车道的机构采用三层设计，上层设计为透水沥青砼，中层和下层均为不透水层，降雨后，雨水透水沥青砼下渗后，从设置在中下层中的排水盲沟流入分隔带内积蓄。

（二）人行道的设计方法

在地下设置排水管道和蓄水池，使雨水通过人行道能够下渗，实现调节路面积水量的目标，依据道宽加装储水模块。

（三）绿化带的设计方法

经改造升级后的道路路面，全部铺设透水性材料，由此能够确保路面积水顺利从雨水口排至绿化带内。为发挥出绿化带积蓄和过滤雨水的作用，可在设计时，铺设一层厚度适宜的栽培土，与透水管配合可达到过滤雨水的效果。导流系统可结合实际设计，强降雨引起路面大量积水时，通过导流系统能够蓄积雨水。

设计绿化带内的植物景观时，要充分考虑循环问题，可将降雨量和蒸发量作为主要参考依据，设计与之相应的具有渗透性功能的绿化带，并保证宽度适宜。为增强绿化带的渗水和蓄水效果，可以选用透水性能较好的材料，如新型透水砖等，并在道路两侧种植耐旱植物，在辅助排水的前提下，美化道路。

（四）路缘石与边沟的设计方法

在设计道路路缘石时，可将道路面积作为主要依据，选择比地面略高的路缘石，并采用打孔的方式，解决水流缓慢的问题。雨水口位置处的路缘石，必须加装拦污箅子，防止杂物过多造成排水口堵塞，影响雨水排出。设计边沟时，可以采用植草沟，在确保道路美观性的基础上净化雨水；按照道路所在地的地势条件，对植草沟的长度和宽度进行合理设定，当植草沟设置在低洼区域时，可适当增加边高。

第四章 市政工程给排水工程规划施工

第一节 市政工程给排水规划设计

在城市化进程不断加快的背景下，人们对市政工程有较大需求，但许多城市在市政工程给排水规划方面存在较大问题，使城市存在严重的内涝问题。内涝是制约城市发展的一个重要因素，所以城市市政工程规划单位一定要提高给排水规划的设计水平，解决内涝问题，提高水资源利用率。

一、市政工程给排水规划的意义

市政工程给排水规划设计同城市中每个人的具体生活息息相关，给排水规划直接关系到水资源利用、城市道路排水、城市生活污水排放、工业用水排放等问题。相关单位要根据具体单位的情况规划设计不同的给排水管道，只有这样才能让城市的给排水工程更为完善。

二、市政工程给排水规划的设计原则

市政工程给排水规划需遵循如下设计原则。

（一）科学利用水资源

我国水资源短缺，因此市政工程给排水规划要遵循科学利用水资源的原则。第一，提高原有水资源利用率。对原有水资源调整利用，成本低，见效也较快。第二，大力开发水资源。当前我国水资源现状同城市快速发展需求不相适应，因此市政工程给排水规划需对水资源进行大力开发，对径流进行合理调节，实现蓄丰补枯，只有这样才能让水资源尽可能得到合理利用。第三，加强水资源管理保护。市政工程给排水规划在设计时需要加强对水资源的保护，避免可用水资源被浪费。

（二）近远期结合设计给水系统

城市中每天供水量变化大，高峰期供水量大幅增加，所以给水系统设计需坚持近远期结合的原则，为未来规模化发展预留一定空间，如预留出给水管位，预留出足够管径余量等，这样可避免未来的重复投资。

（三）合理设计污水系统

在设计城市污水系统时，雨水排涝需采取截流制，下水道需采取合流制，污水厂尾水需遵循水资源循环利用原则，只有这样才能实现合理分流，才能让污水得到再利用，才能让城市水生态系统不断修复。

三、加强市政工程给排水规划设计的措施

按照上述设计原则，市政工程给排水规划设计应参照下列措施进行。

（一）给水系统设计

给排水系统规划设计需考虑水系统面临的两个现实问题（水资源短缺及水系统运行稳定性），确保设计的给水系统能够让城市的水资源得到更加高效的利用。具体设计中应注意如下问题。

（1）充分利用计算机信息技术对给水系统进行分析，尤其是对供水渠道做好三维空间模拟分析，这样供水渠道的运行才更加可视化，才能确保水资源的有效利用，避免浪费。

（2）注重收集自然降水，让收集到的雨水、雪水得到再利用，确保城市供水充足。

（3）如果给水系统自身对水资源的损耗较多，则需及时进行调整，以免造成水资源的浪费。

（二）雨水系统设计

当前城市道路工程内涝问题比较严重，因此给排水规划设计需正视这个问题，合理设计雨水系统，避免内涝的发生。具体设计时应注意下列问题。

（1）结合给排水工程需要服务的具体区域情况，根据区域内气候、地理位置等具体因素，对雨水系统进行科学设计。

（2）雨水系统规划设计中排水管道质量必须可靠，只有管道质量可靠才能确保不会出现拥堵、渗漏等问题，才能让城市排水系统发挥良好的排洪、排涝效果。

（3）雨水系统规划设计还要考虑到整个城市的具体运行情况，做好对排水系统细节

问题的处理，这样才能使城市具有较强的排水能力。

（三）污水系统设计

水资源稀缺已经成为一个世界性的问题，要解决这个问题，在做到合理利用水资源的同时，也要做好对污水的优化处理，优化给排水系统服务的功能，增强污水处理效果，让污水得到循环利用。具体做法如下：结合所处城市的具体建设情况，将分流制、合流制两种设计原则结合使用，实现对各类污水的有效处理，用科学发展理念合理规划各类污水去向，让污水得到回收再利用。比如说，当前新规划城区多采取分流制设计，雨水管线和污水管线完全分离，这样不仅减小了污水厂的污水处理压力，也能更好地对雨水进行收集再利用。这样，城市生态环境的质量能够大大提高，城市水质也得到了明显改善。

尽管市政给排水系统常年深埋地下，但是它对城市发展的巨大作用却不容忽视。一个城市要快速发展必须重视水资源问题，并基于保护水资源的角度对给排水系统进行科学规划设计，只有做好给排水系统的设计工作，有效利用水资源，让水资源循环再利用，才能让城市生态环境更加美好，实现城市的快速发展。

第二节 城市大排水系统的规划

大排水系统构建是城市建设和城市排水防涝综合规划的重要工作，规划阶段考虑大排水系统是综合规划体系构建的关键，但由于我国长期城市规划建设过程中对于超标降雨情境应对策略缺乏考虑，因此，如何合理构建大排水系统，是当前我国内涝防治综合体系中急需解决的问题。

一、大排水系统概念

已有研究对大排水系统的概念、组成、形式及其与源头减排系统、小排水系统的衔接关系进行了梳理，在此基础上，进一步梳理大排水系统的构成及其与城市相关子系统的衔接关系。城市大排水系统与微排水系统（也称源头减排系统）、小排水系统（排水管渠系统）、防洪系统协同作用，通过内涝风险分析与评估，合理构建蓄、排设施，做好周边竖向控制并预留可接入径流通道，合理构建和衔接四套系统，统筹达到城市内涝防治标准。

二、大排水系统规划

（一）大排水系统规划方法

城市大排水系统规划应贯穿于城市总体规划与专项规划、控制性详细规划、修建性详细规划各个环节，在城市规划过程中，蓄排系统构建应结合当地降雨规律、地形特点及内涝风险等分析，统筹规划，合理布局。

总体规划阶段，应明确大排水系统控制目标，预留和保护自然雨水径流通道及河流、湿地、沟渠等天然蓄排空间，提出用地布局及竖向相关要求。

控制性详细规划层面应细化竖向控制，落实蓄排设施调蓄容积、内涝防治重现期等控制指标，保障蓄排空间及其与周边的竖向衔接。为落实总体规划的要求，弥补控制性详细规划在用地之间、子系统之间指标、竖向衔接性方面的不足，在控制性详细规划编制的全过程，应协调城市专项规划、排水防涝规划、绿地系统规划等专项规划，保障以汇水分区为基本单元，落实和细化竖向及空间布局，保障各子系统的完整性和衔接性，具体来说，应对道路、绿地、水系蓄排设施的蓄排能力、上下游竖向衔接等进行重点分析。

在修建性详细规划阶段及设计阶段，应进一步落实和细化蓄排设施的规模、平面位置及场地高程，保障大排水系统各蓄排设施之间及其与防洪系统之间衔接顺畅。

城市大排水系统构建依赖城市整体竖向、用地规划。在规划阶段，地表蓄排系统应结合当地水文、地形条件及内涝风险等因素，统筹规划、合理布局。设计阶段根据内涝风险分析，评估区域现状排水能力、地表滞蓄及径流路径，确定内涝防治标准，依据场地现状条件选择大排水系统的形式等，然后利用水力计算、模型模拟等手段确定地表行泄通道或大型调蓄设施的规模、竖向关系。

（二）用地、竖向规划衔接

大排水系统构建需要对城市整体竖向、用地进行分析，对不同地区的用地特征和竖向需求进行优化调整。海绵城市专项规划编制要求中提出分析自然生态空间格局，明确保护与修复要求。大排水系统规划也需要明确不同用地的保护、修复、调整。在此基础上，将城市规划用地以竖向规划类型划定三种类型：保护型、控制型和引导型。保护型的大排水系统竖向规划是结合现状地貌进行特征识别和整体保护，对于须作为城市排涝水系的沟渠、水塘、河道等加以保留和保护，禁止城市开发建设等行为影响水系防涝功能的正常发挥；控制型的大排水系统竖向规划是利用GIS分析现状高程，分析其竖向控制框架和薄弱环节，结合地形、径流汇集路径、道路行泄通道、内涝积水点改造等多种因素进行竖向、用地控制，同时根据城市绿线、蓝线、紫线等的控制要求，优化和完善大排水系统蓄排设施的布局、形式等；引导型的大排水系统竖向规划是为了识别城市的低洼区、潜在湿地区域，结合控制目标和建设需求，通过地形的合理利用和高程控制，以减少土方量和保护生态环境为原则，确定大排水系统规划方案和设施，引导城市规划建设。

（三）专项规划衔接

专项规划阶段应根据城市总体规划确定的目标，为详细规划阶段提出更明确的控制要求。城市大排水系统应与城市总体规划、绿地、竖向、水系、道路与交通系统专项规划、排水防涝综合规划等相关规划协调，针对城市专项规划提出规划衔接要点。

1.排水防涝综合规划

（1）不同降雨情境下城市排水系统总体评估、内涝风险评估等，普查城市现状排水分区；

（2）城市雨水管渠系统拓扑根据大排水系统方案调整；

（3）确定城市防涝标准，落实大小排水系统建设目标；

（4）开展地形GIS分析，明确地表漫流路径，优化径流行泄通道。

2.绿地系统规划

（1）提出不同类型绿地的规划建设目标、控制目标，如用于调蓄周边客水的绿地调蓄容积等；

（2）分析绿地类型、特点、空间布局，合理确定调蓄设施的规模和布局；

（3）城市绿地与周边集水区有效衔接，明确汇水区域汇入水量，满足可调蓄周边雨水的要求。

3.水系规划

（1）充分利用城市天然及人工水体作为超标雨水径流的调蓄设施；

（2）满足总规蓝线和水面率要求，保证水体调蓄容量；

（3）根据河湖水系汇水范围，注意滨水区的调蓄功能，与湖泊、湿地等水体的布局与衔接，与内涝防治标准、防洪标准相协调。

4.道路交通规划

（1）现状调研和模型模拟等方式确定城市积水点的位置、范围；

（2）明确城市易积水路段径流控制目标；

（3）道路断面、竖向设计满足地表径流行泄通道的排水要求；

（4）在保证道路通行和安全的前提下充分利用道路自身和周边绿地设置地表行泄通道。

5.城市用地规划

（1）城市用地适用性评价，大排水系统蓄排设施布局合理及用地调整；

（2）保留天然水体、沟渠等蓄排空间；

（3）内涝风险严重区域调整用地。

三、道路用于大排水系统规划

道路路面是大排水系统排放通道的一种重要形式，参照发达国家经验，将道路路面为明渠，在保证交通安全的前提下将其作为超标径流行泄通道。我国传统排水模式是将道路雨水通过地下管网排出，并未考虑道路路面作为大排水系统的相关设计规定，但由于道路本身有一定的横纵坡，在暴雨发生时，未进入地下管道的地表径流仍会沿着道路本身的坡度排走，发挥了"非设计通道"的作用。但为保证道路交通功能和雨水汇流入雨水口的需要；道路纵断面通常设计为"波浪形"，易形成局部低洼点，不利于大暴雨时地表径流的排放。

通过归纳和借鉴国外道路路面排水的经验，总结我国道路路面作为大排水系统的规划方法，即依据控制目标，结合现状地形，综合考虑场地限制性因素、现有雨水排出系统等，通过内涝风险分析及竖向分析进行合理的道路径流行泄通道规划。

（一）现状调研及基础资料分析

在工程目标确定之后，下一步工作就是分析现状条件及限制性因素。在调研水文、地质、河湖、沟渠、集中绿地空间及人类活动等影响因素之后，依据水文条件、地形地貌、排水管网等进行内涝风险分析，分析道路与城市排水防涝、水系、绿地、用地等的竖向平面关系，可以初步确定合理可行的方案。场地特征评估主要针对影响道路大排水系统方案选择的限制性因素，包括汇水面积、竖向条件、水文地质条件、受纳水体状况和周边环境、历史街区保护等，同时也应注意道路行泄通道尽量选择在排水系统下游，尽量不在人口密集区规划设计。

历史街区、地段与建筑的用地竖向是其历史文化环境的构成要素之一，是需要保护修复的历史文化。结合现状地貌进行特征识别和整体保护，在维持原貌的基础上整体竖向高程控制，满足相应的排水防涝要求，有必要的情况下周边道路老城区排水管渠设施已基本形成，如果在短期内进行大规模的管网翻新、蓄排设施建设影响较大，部分老城区也难以一次性达到内涝防治要求。因此，可结合地区的整体改造和城镇易涝点的治理，从源头控制、过程蓄排结合、优化汇水路径、提高排水管渠排水能力、建设超标雨水控制设施等多方面入手，分阶段达到标准。

（二）针对新建城区

新建城区应充分利用城市的现状地形条件，评估地表径流通道，为超标径流预留排放通路，识别保护现状坑塘、湿地、河道等天然蓄排空间，选择内涝风险较小区域进行开发。新区道路建设过程需衔接道路与排水专业，评估道路的排水能力及下游受纳体调蓄能力，考虑大排水系统的相关要求。

第三节 市政给排水施工技术

城市市政工程建设水平直接影响城市正常运转。在我国部分城市中，市政给排水工程建设质量不良。在夏季暴雨时节，由于部分城市市政排水系统设计落后，排水能力有限，路面出现大面积积水，给城市居民日常出行带来了严重的影响。并且在实际施工过程中，由于没有把握施工技术要点，施工区域地下管线受到损坏，周边建筑物出现不均匀沉降。这一现状也在表明我国城市市政给排水工程施工建设中存在许多需要解决的问题，城市市政给排水施工技术应用效果不佳。因此，研究城市市政给排水施工技术要点和难点有利于提升我国城市市政给排水工程施工整体水平。

一、市政工程给排水施工前期技术要点

（一）市政道路施工要点分析

城市市政给排水工程属于地下工程，施工环境较为复杂，受到外界温度环境、城市交通等多方面因素的影响。市政道路施工建设需要对市政道路进行开挖，而市政道路路面开挖工作是一项非常复杂的工作。如果在开挖的过程中施工质量不佳，将会导致公共交通受限、道路下部管线受到损坏，给施工活动带来一定的危险。所以，市政道路路面开挖施工活动需要严格按照施工方案开展，以减少对市政路面的影响。市政道路路面开挖完成之后需要进行路面回填。路面回填工作需要依据工程实际情况而定，除了要保证回填质量之外，还要确保回填土的压实系数，以提升回填后路面的稳定性。因此，在市政道路施工之前，应提前对施工区域周边环境进行勘察，全面细致地了解施工环境特点，然后进行施工方案的制定。

（二）道路两侧建筑物防护要点分析

城市市政给排水工程施工建设不仅会对市政道路路面产生影响，还会对施工区域周边的建筑物产生一定的影响。原因在于在路面开挖的过程中机械设备的震动会引发周边建

筑物地基土的振动，一些既有建筑物由于建设年限较长，地基土的承载力出现了一定的变化，容易导致整个建筑发生不均匀沉降。所以在进行市政道路路面开挖之前，应提前对道路两侧的建筑物进行防护，对建筑物的地基情况进行勘察。如果发现施工活动容易对建筑物的稳定性产生不利影响，应更改施工方案来避开建筑物。另外，如果施工过程中遇到软土地基，应采用地基加固技术对这一地段的地基进行有效的加固。

（三）施工材料质量控制要点分析

城市市政给排水工程整体质量受施工材料质量影响较大。提升施工材料的质量可以提升市政给排水工程的施工质量，可以切实保障人民群众的生命安全。为此，需要在施工之前对施工材料的质量进行严格的审查。在采购工程施工材料之前，应对建材市场进行全面调查，然后选择供货能力强、市场信誉度好、具备相关资质的材料供应商，并且还要要求该单位出具材料出厂合格证明。材料进场之前，应进行随机抽样质检，质检不合格的材料不能使用。在材料保存与管理方面，应委派专业人员进行材料管理，可以在工作制度中明确目标责任制度，将材料保管工作责任落实到个人，由此来提升工作人员的工作积极性，并确保材料在使用之前不会出现质量降低的情况。

二、市政工程给排水管道安装技术要点

（一）管道沟槽开挖及支护要点分析

在城市市政给排水管道安装之前，需要进行管道沟槽的开挖及支护工作。在管道沟槽开挖的过程中，施工队伍一般采用人机结合的方式，先用机械设备开挖土体，在距离标定开挖标高50cm处采用人工开挖的方式，并且应时刻注意沟槽周边土体是否出现塌方。为此，技术人员需要先对开挖土质进行检测，确定土壤的力学性质，然后选择合理的支护方式进行基坑支护。如果沟槽开挖较深，为了保障施工人员生命安全，需要进行打密支撑来提升支护的稳定性。另外还要注意，在沟槽开挖的过程中，应防止对地下管线产生破坏。

（二）管道下管技术要点分析

施工管理人员在市政管道下管工作开展之前应做好对沟槽积水、杂物的清理工作。清理管道完毕之后，需要采用自上而下的方式进行排管，确保每一个管道的连接更加自然顺畅，确保水流在管道内部的流通。管理人员还要对管道之间的衔接处理质量进行把控，防止管道连接处出现漏水问题。在敷设管道的过程中，应注意严格按照施工图纸的具体要求进行施工作业，把握施工要点。在完成市政给排水管道下管工作之后，立即进行覆土填充，回填土不得含有生活垃圾、腐蚀性物质等。在对管道覆土进行压实时，应注意严格按

照施工标准进行。如果覆土深度小于50cm，则使用人工压实的方式，超过50cm应依据覆土深度选择合适的压实机械。

（三）管道基础施工与管道防腐要点分析

管道基础施工质量与管道防腐质量对市政给排水工程整体施工质量有着极为重大的影响，两者是决定市政给排水工程施工建设活动是否安全的决定因素。在进行管道基础施工的过程中，将混凝土摊铺到基础部位可以提升管道基础施工的安全性，防止地下水侵蚀施工环境。在对管道进行防腐处理时，首先应选择具备一定抗腐蚀性能的管材，如球墨铸铁管或焊接钢管等。在进行防腐处理时，可以在焊接钢管的内壁焊接结束并冷却之后涂抹水泥砂浆，在管道的外壁涂抹玻璃纤维等防腐蚀材料。

（四）竣工验收阶段施工技术要点分析

在城市市政给排水工程竣工验收阶段，最重要的就是进行闭水检查工作。闭水检查工作的主要目的是检测给排水管道焊接处是否漏水、管道内部是否存在堵塞情况、管道中间是否需要加强或加固等。给排水管闭水检查工作应使用自上而下的方式，在对管道上游部分检查完毕之后再将水倒入管道下游进行闭水检查。这样不仅可以节约水资源，还可以降低检查工作强度。闭水检查应采取分区段检查的方式，将管道分为几个检查区域，对每一个检查区域内的井段同时注水，注水时间控制在30min以上，检测人员查看所管区域是否存在漏水或堵塞问题。如果发现任何问题，应立即解决，尽快消除安全隐患。

随着城市的不断发展，城市生活用水和排水工作强度逐渐增大，市政给排水工程施工质量将直接影响城市正常运转，直接影响人民群众的生活质量。在进行城市市政给排水工程施工过程中，施工单位应重视给排水工程施工质量的把控，在施工现场全面分析施工活动对城市交通及周边建筑物的影响，然后积极探讨施工技术要点。

第四节　市政给排水工程施工管理

一、市政给排水工程施工管理的必要性

在整个市政工程建设中，给排水工程建设是非常重要的一部分，给排水工程不仅影响着城市日常生产及居民的日常生活，还直接关系到城市经济发展。一个高质量的给排水系统，能够为城市的经济发展提供很大的帮助，且会使城市居民的生活水平得到进一步提高。在进行市政给排水工程建设的时候，施工质量是非常重要的，其直接影响着市政给排水系统的运转情况。为了确保市政给排水系统在实际运转的时候能够保持良好的运行状态，必须加强对市政给排水工程施工的管理。

二、当前市政给排水工程施工管理中的缺陷

（一）给排水工程现场管理不足

在进行给排水工程施工的时候，一些施工企业没有对施工现场进行实时的监督与管理，而出现这一问题的主要原因就在于，很多施工企业没有形成一个完善的监督管理体系，在实际施工的时候，很容易出现施工环节混乱的现象，这就给工程施工带来了极大的质量隐患。此外，很多施工企业在进行给排水工程现场施工管理的时候，还存在调度不足的情况，而出现调度不足的主要原因就是施工企业的规模太小、建设资金比较缺乏、给排水施工技术比较落后、施工现场管理系统不够完善，这大大增加了市政给排水工程施工管理的难度，很容易出现施工质量问题。

（二）管理意识薄弱

相较于其他工程项目来说，市政给排水工程的复杂性比较高，建设所需的资金比较多，且建设资金一般都是由地方政府或者国家调拨的。因此，很多施工企业为了取得更高的经济效益，就没有做好工程施工管理，管理意识非常薄弱。管理意识薄弱主要体现在：在实际施工过程中采用质量不达标的施工材料，并且为了节省施工材料，擅自对先前的管道方案进行变更，以偷工减料的方式谋取利益；施工企业自身规模比较小，面对大型的给排水工程能力不足明显，因此很可能出现违规分包以及转包问题，使给排水工程施工质量

得不到有效的保障。以上问题的出现，必然会直接影响市政给排水工程的施工质量，且会大大增加施工管理难度。

（三）给排水工程施工单位技术不过关

如今，随着我国建筑行业发展速度的不断加快，城市给排水工程的发展速度也在逐渐提升，工程建设模式也从传统的多分包单位转变成当下的总包单位，那些还处于起步阶段的企业一般都没有较高的施工技术水平，因此在进行分包控制的时候，很容易出现施工质量问题。

三、加强市政给排水工程施工管理的措施

（一）重视安全管理工作

所有的工程在施工建设阶段都离不开安全保障体系的支持。因此，在进行市政给排水工程施工的时候，施工企业必须加强对施工安全管理的重视，应当对全体施工人员进行定期的安全培训与教育，并对他们进行考核，使他们的施工安全意识得到有效提高。此外，还应当根据工程实际情况，制定完善的安全管理制度，制度中应要求施工人员定期检查设备仪器，对危化品进行隔离存储，远离办公和生活区域，对危险性较大的施工作业进行专项施工组织设计，并请专家对施工方案进行评估，同时做好应急预案。对存在的一些安全问题进行分析，并及时予以改正，防止因施工人员操作失误而导致安全事故的发生。始终坚持安全第一的基本原则，确保市政工程给排水工程施工质量及施工效率。

（二）施工质量管理

在实际施工的时候，应当采取"一停二检"的施工质量管理方式，"一停"指的就是施工到每一个质量点的时候，都应当停止施工。"二检"指的就是由施工企业质量检验部门以及承包单位质量检验部门对施工质量进行检验，检验合格之后，才能进入下一施工环节。

承包单位应当对施工质量保证体系的运行情况进行实时监督，确保施工质量保证体系能够充分发挥自身作用。

在实际施工之前，应当对施工过程中的重点、难点进行标注，并采取相应的保护措施，防止出现施工质量问题。

（三）提高相应的排水工程管理技术

在进行技术人员选择的时候，必须选择专业化水平较高、综合能力较高的专业技术人

员，且要求其具备丰富的实践经验，确保其能够满足市政给排水工程的施工需求。因为给排水工程的施工难度比较大，专业技术的种类比较多，所以在对给排水工程进行施工管理的时候，必须重视施工技术的管理。应当要求相关技术人员不断学习新技术、新方法，并引进最先进的机械设备，加大工程资金投入力度，防止工程技术方面出现问题。

（四）做好施工现场管理工作

在整个市政给排水工程施工管理中，现场施工管理是至关重要的一部分，只有做好现场施工管理，才能使现场施工过程变得更加有序，以防止施工混乱现象的发生，为工程施工质量及施工效率提供有效的保障。在进行现场施工管理的时候，管理人员必须对工程施工现场有一个充分的了解，根据工程现场的实际情况作出合理的管理部署。在实际管理过程中，如果发现施工质量问题，应当及时制定切实有效的解决方案，确保问题能够及时得到解决，为工程施工质量提供有效的保障。

当下，随着我国经济发展速度的不断提高，城市化建设也在逐步推进，而给排水工程在城市中的重要性也越来越突出，对给排水工程提出了更高的要求。施工单位在对市政给排水工程进行施工的时候，必须加强施工现场管理，确保工程的施工质量，使市政给排水工程整体质量得到有效保障，进一步促进城市经济的健康稳定发展。

第五章　污水预处理技术

第一节　格栅

城市污水中含有相当数量的漂浮物和悬浮物质，通过物理方法去除这些污染物的方法称为一级处理，又称为物理处理或预处理。

城市污水预处理在实际工作中应根据不同的情况，采取不同的截留方法，可将格栅、沉砂池、沉淀池等进行组合，以适应城市污水处理需求。近年来，又发展了强化一级处理工艺，通过投加混凝剂以强化一级处理效果，提高处理水平。下面对一级处理的各个单元进行介绍。

格栅是由一组平行的金属或非金属材料的栅条制成的框架，倾斜或垂直置于污水流经的渠道上，用以截阻大块呈悬浮或漂浮状的污染物（垃圾）。

按形状划分，格栅可分为平面格栅和曲面格栅。按栅条净间隙划分，格栅可分为粗格栅（50~100mm）、中格栅（10~40mm）、细格栅（3~10mm）。按清渣方式划分，格栅可分为人工清渣格栅和机械清渣格栅。

格栅设计过程中的注意事项如下。

1.栅条间距：水泵前格栅栅条间距按污水泵型号选定。

2.若在处理系统前，格栅栅条净间隙还应符合下列要求。

（1）人工清渣：25~100mm。

（2）机械清渣：16~100mm。

（3）最大间距：100mm。

3.清渣方式：大型格栅（每日栅渣量大于0.2m³）应用机械清渣。

4.含水率、容重：栅渣的含水率按80%计算，容重约为960kg/m³。

5.过栅流速：一般采用0.6~1.0m/s。

6.栅前渠内流速：一般采用0.4~0.9m/s。

7.过栅水头损失：一般采用0.08~0.15m。
8.格栅倾角：一般采用45°~75°。
9.机械格栅：不宜少于2台。
10.格栅间需设置工作台，台面应高出栅前最高设计水位0.5m。工作台两侧过道宽度不小于0.7m。工作台面的宽度为：人工清渣不小于1.2m，机械清渣不小于1.5m。

第二节 水量水质调节技术

调节的目的是减小和控制污水水量、水质的波动，为后续处理（特别是生物处理）提供最佳运行条件。调节池的大小和形式随污水水量及来水变化情况而不同。调节池池容应足够大，以便能消除因厂内生产过程的变化而引起的污水增减，并能容纳间歇生产中的定期集中排水。水质和水量的调节技术主要用于工业污水处理流程。

工业污水处理进行调节的目的如下。
1.适当缓冲有机物的波动以避免生物处理系统的冲击负荷。
2.适当控制pH值或减小中和需要的化学药剂投加量。
3.当工厂间断排水时还能保证生物处理系统的连续进水。
4.控制工业污水均匀向城市下水道的排放。
5.避免高浓度有毒物质进入生物处理工艺。

一、水量调节

污水处理中单纯的水量调节有两种方式：一种为线内调节，进水一般采用重力流，出水用泵提升。另一种为线外调节，调节池设在旁路上，当污水流量过高时，多余污水用泵打入调节池，当流量低于设计流量时，再从调节池回流至集水井，并送去后续处理。

二、水质调节

水质调节的任务是对不同时间或不同来源的污水进行混合，使流出水质较均匀，水质调节池也称为均和池或匀质池。

水质调节的基本方法有两种：一种是利用外加动力（如叶轮搅拌、空气搅拌、水泵循环）而进行的强制调节，此方法设备较简单、效果较好，但运行费用高。另一种是利用差流方式使不同时间和不同浓度的污水进行自身混合，基本没有运行费，但设备结构复杂。

空气搅拌调节池为一种外加动力的水质调节池，采用空气搅拌，在池底设有曝气管，在空气搅拌作用下，使不同时间进入池内的污水得以混合。这种调节池构造简单、效果较好，并可预防悬浮物沉积于池内，最适宜在污水流量不大、处理工艺中需要预曝气以及有现成空气系统的情况下使用。如污水中存在易挥发的有害物质，则不宜使用空气搅拌调节池，可改用叶轮搅拌。差流方式的调节池类型很多。

折流调节池为一种差流调节池。配水槽设在调节池上部，池内设有许多折流板，污水通过配水槽上的孔口溢流至调节池的不同折流板间，从而使某一时刻的出水包含不同时刻流入的污水，起到了水质调节的作用。

第三节 沉砂池

城市污水中含有一定数量的无机物，如砂粒，砂粒随污水进入处理构筑物后，在流速比较慢的地方会沉下来，如曝气池的底部、沉淀池底部等，还会随污泥进入污泥处理系统，砂粒会造成管道和机构的损坏，因此城市污水处理系统中一般都设有沉砂池。

沉砂池的形式，按池内水流方向的不同，可分为平流式、竖流式和旋流式三种。按池形可分为平流式沉砂池、竖流式沉砂池、曝气沉砂池和旋流式沉砂池。

对于沉砂池的一般规定如下。

1.沉砂池设计时，按相对密度为2.65、粒径为0.2mm以上的砂粒考虑。

2.对于设计流量的考虑：当城市污水自流进入沉砂池时，按每期的最大设计流量考虑。当城市污水提升进入沉砂池时，按每期工作水泵的最大组合流量考虑。

3.沉砂池的个数或分格数不应小于2，并应按并联设计。当污水量较少时，可考虑一用一备。

4.城市污水的沉砂量可按3m³砂/10m³污水考虑，含水率为60%，密度为1500kg/m³。

5.砂斗的容积按不大于2d的沉砂量计算，砂斗倾角不小于55°。

6.沉砂池一般采用泵吸式或气提式机械除砂，排砂管径不应小于200mm。

7.当采用重力排砂时，沉砂池应与储砂池尽量靠近，以缩短管线。

8.沉砂池超高不应小于300mm。

一、平流式沉砂池

平流式沉砂池是常用的形式，污水在池内沿水平方向流动，靠无机颗粒与水的密度不同实现无机颗粒与污水的分离，具有构造简单、无须动力、截留无机颗粒效果好的优点。其设计过程应注意以下问题。

1. 最大流速为0.3m/s，最小流速为0.15m/s。
2. 最大流量时停留时间不小于30s，一般采用30~60s。
3. 有效水深不大于1.2m，一般采用0.25~1m，每格的宽度不宜小于0.6m。
4. 进水头部应采取消能和整流措施。
5. 池底坡度一般为0.01~0.02。

平流式沉砂池是污水处理工艺中物理方法沉砂池的一种，主要作用是去除污水中粒径大于0.2mm、密度大于$2.65t/m^3$的砂粒，以保护管道、阀门等设施免受磨损和阻塞，其工作原理是以重力分离为基础。平流沉砂池构造简单、处理效果较好、工作稳定，但沉砂中夹杂一些有机物，易于腐化发臭。

二、竖流式沉砂池

竖流式沉砂池是污水自下而上经中心管流入沉砂池内，根据无机颗粒比水密度大的特点，实现无机颗粒与污水的分离。该沉砂池占地面积小、操作简单，但处理效果一般较差。其设计过程应注意以下问题。

1. 最大流速为0.1m/s，最小流速为0.02m/s。
2. 最大流量时停留时间不小于20s，一般采用30~60s。
3. 进水中心管最大流速为0.3m/s。

三、曝气沉砂池

曝气沉砂池是长方形的池体，在沿池壁一侧距池底60~90cm高度处设曝气装置，而在其下部设集砂斗。在曝气的作用下，使污水中的无机颗粒经常处于悬浮状态，砂粒互相摩擦并受曝气的剪切力，能够去除砂粒上附着的有机污染物，有利于取得较为纯净的砂粒。该沉砂池的优点是通过调节曝气量，可以控制水的旋流速度，使除砂效率稳定，受流量的变化影响较小。其设计过程应注意以下问题。

1. 旋流速度应保持0.25~0.3m/s。
2. 水平流速为0.06~0.12m/s。
3. 最大流量时停留时间为1~3min。
4. 有效水深为2~3m，宽深比一般采用1~2m。

5.长宽比可达5m,当池长比池宽大得多时,应考虑设置横向挡板。

6.1m³污水的曝气量为0.1~0.2m³空气。

7.空气扩散装置设在池的一侧,距池底为0.6~0.9m,送气管应设置调节气量的阀门。

8.池子的形状应尽可能不产生偏流或死角,在集砂槽附近可安装纵向挡板。

9.池子的进口和出口布置,应防止发生短路,进水方向应与池中旋流方向一致,出水方向应与进水方向垂直,并应考虑设置挡板。

10.池内应考虑设消泡装置。

四、旋流式沉砂池

旋流式沉砂池是利用机械力控制污水的流态和流速,加速无机颗粒的沉淀,有机物则被留在污水中,具有沉砂效果好、占地面积小的优点。旋流式沉砂池可分为旋流式沉砂池Ⅰ和旋流式沉砂池Ⅱ两种。

(一)旋流式沉砂池Ⅰ

该沉砂池由进水口、出水口、沉砂分选区、集砂区、砂提升管、排砂管、电动机和变速箱组成。城市污水由入口沿切线方向流入沉砂区,在机械离心力的作用下,污水中的砂粒被甩向池壁,然后掉入集砂斗,经砂提升管、排砂管清洗后排出,以达到无机砂粒与污水的分离。

(二)旋流式沉砂池Ⅱ

该沉砂池由进水口、出水口、沉砂分选区、集砂区、砂抽吸管、排砂管、砂泵及电动机组成。该沉砂池的工作原理是:在进水渠的末端设有能产生池壁效应的斜坡,令砂粒下沉,沿斜坡流入池底,并设有阻流板,以防止紊流。轴向螺旋桨将水流带向池心,然后向上,由此形成了涡旋水流,平底的沉砂分选区能有效保持涡流形态,较重的砂粒在靠近池心的一个环形孔口落入集砂区,而较轻的有机物在螺旋桨的作用下随污水流向出水渠,实现污水与砂粒的有效分离。

(三)结构

沉砂池由流入口、流出口、沉砂区、砂斗、涡轮驱动装置以及排砂系统等组成。污水由流入口切线方向流入沉砂区,进水渠道设一跌水堰,使可能沉积在渠道底部的沙子向下滑入沉砂池。还设有一挡板,使水流及砂子进入沉砂池时向池底流动,并加强附壁效应。在沉砂池中间设有可调速的桨板,使池内的水流保持环流。桨板、挡板和进水水流组合在一起,旋转的涡轮叶片使砂粒呈螺旋形流动,促进有机物和砂粒的分离,由于所受离心力不同，相对密度较大的砂粒被甩向池壁，在重力作用下沉入砂斗。而较轻的有机物，则在沉砂池中间部分与砂子分离，有机物随出水旋流带出池外。通过调整转速，可以达到最佳沉砂效果。砂斗内沉砂可以采用空气提升、排沙泵排砂等方式排除，再经过砂水分离达到清洁排沙的标准。

（四）特点

旋流式沉砂池（钟氏及比氏）具有占地面积小、除砂效率高、操作环境好、设备运行可靠等特点，但对水量的变化有较严格的适用范围，对细格栅的运行效果要求较高。其关键设备为国外产品，价格很高，故该池型在国内普及为时尚早。

其优缺点如下。

1.优点

（1）适应流量变化能力强。

（2）水头损失小，典型的损失值仅6mm。

（3）细砂粒去除率高，140（0.104mm）目的细砂也可达73%。

（4）动能效率高。

2.缺点

（1）国外公司的专有产品和设计技术。

（2）搅拌桨上会缠绕纤维状物体。

（3）砂斗内砂子因被压实而抽排困难，往往需高压水泵或空气搅动，空气提升泵往往不能有效抽排砂粒。

（4）池子本身虽占地面积小，但由于要求切线方向进水和进水渠直线较长，在池子数多于两个时，配水困难，占地面积也大。

第四节　沉淀池

沉淀池是将污水中的可沉降固体物质，在重力作用下沉降，从而达到与水分离的目的。在各种污水处理系统中，沉淀池是必不可少的处理设施。

在一级处理系统中，污水经过格栅和沉砂池处理后，进入沉淀池，使污水中的可沉降悬浮固体在重力的作用下与污水分离，这种构筑物称为初沉池。而在二级处理中，在生物反应池的后面设沉淀池，将活性污泥沉淀与水分离，使处理后的污水尽量不带有悬浮物，这种构筑物称为二沉池。

沉淀池一般分为平流式、竖流式、辐流式和斜板（管）式四种形式，每种沉淀池均包含进水区、沉淀区、缓冲区、污泥区和出水区。沉淀池各种池型的优缺点和适用条件如表5-1所示。

表5-1　各种沉淀池比较

池型	优点	缺点	适用条件
平流式	1. 沉淀效果好 2. 对冲击负荷和温度变化的适应能力较强 3. 施工简易，造价较低 4. 排泥设备已趋定型	1. 池水配置不易均匀 2. 采用多斗排泥时，每个泥斗需要单独设排泥管，操作量大 3. 采用链带式刮泥机排泥时，链带的支撑件和驱动件都浸在水中，易锈蚀	1. 适用于地下水位高及地质较差地区 2. 适用于大、中、小型污水处理厂
竖流式	1. 排泥方便，管理简单 2. 占地面积较小	1. 池子深度大，施工困难 2. 对冲击负荷和温度变化的适应能力较差 3. 造价较高 4. 池径不宜过大，否则布水不匀	适用于处理水量不大的小型污水处理厂
辐流式	1. 多用机械排泥，运行较好，管理较简单 2. 排泥设备已趋定型	机械排泥设备复杂，对施工质量要求高	1. 适用于地下水位较高的地区 2. 适用于大、中型污水处理厂
斜板（管）式	1. 水力负荷高，为其他沉淀池的一倍以上 2. 占地面积小，节省土建的投资	斜板和斜管容易堵塞	1. 适用于室内或池顶加盖 2. 适用于小型污水处理厂

一、沉淀池设计的一般规定

1. 设计流量应按分期建设考虑：当城市污水为自流进入沉淀池时，设计流量取每期的最大设计流量。当城市污水用泵提升进入沉淀池时，设计流量取每期工作泵的最大组合流量。对于合流制的排水系统，应按降雨时的设计流量来考虑，而且沉淀时间不宜少于30min。

2. 当无城市污水沉淀资料时，沉淀池的设计参数可按表5-2的设计数据选取。

表5-2　城市污水沉淀池设计数据

沉淀池类别	位置	沉淀时间（h）	表面负荷[m³/（m²·h）]	污泥含水率（%）	固体负荷[kg/（m²·d）]	堰口负荷[L/（s·m）]
初沉池	预处理段	1.0~2.0	1.5~3.0	95~97	—	≤2.9
二沉池	活性污泥法后	1.5~2.5	1.0~1.5	99.2~99.6	≤150	≤1.7
淀池	生物膜法后	1.5~2.5	1.0~2.0	96~98	≤150	≤1.7

3.沉淀池的个数和分格数不应少于两个，并宜按并联考虑。

4.池子的超高至少采用0.3m。缓冲层高度，一般采用0.3~0.5m。

5.污泥部分的设计：污泥斗倾角：方斗不宜小于60°，圆斗不宜小于55°。污泥区的容积：初次沉淀池一般按不大于2d的污泥量考虑，采用机械排泥时，可按4h污泥量考虑。二次沉淀池可按不小于2h的污泥量考虑，泥斗污泥浓度按混合浓度和底流浓度的平均浓度计算。排泥管直径不应小于200mm。一般采用静压排泥，初次沉淀池的静压不小于1.5mH_2O，二次沉淀池的静压，生物膜法后的不小于1.2mH_2O，活性污泥法后的不小于1.5mH_2O。采用多斗排泥时，污泥斗平面呈方形或近似方形的矩形，排数一般不宜多于两排，每个泥斗均应设单独闸阀和排泥管。刮泥机的行进速度不大于1.2m/min，一般采用0.6~0.9m/min。

6.初次沉淀池应设撇渣设施，出口和入口均应设置整流设施。

7.为减轻堰口负荷或改善出水水质，可采用多槽沿程出水布置。

8.当每组沉淀池有两个池以上时，为使每个池的流入量均等，应在入流口设置调节阀门，以调整流量。

二、不同类型的沉淀池介绍

（一）平流式沉淀池

平流式沉淀池，污水从沉淀池的一端流入，沿水平方向流动，在重力作用下悬浮物沉到池底，水从池体的另一端溢出，池体呈长方形，污泥通过泥斗收集排走或采用机械设备进行排泥。平流沉淀池具有处理效果稳定，对冲击负荷和温度的变化有较强的适应能力，操作管理简单的优点，因此在大、中、小型的污水处理厂都适用。当用地比较紧张时平流沉淀池可以合建，池与池之间共用池壁。

1.平流式沉淀池的设计

（1）池的长宽比以4~5为宜，长深比一般采用8~12。

（2）沉淀池的入口要有整流设施，常用的有淹没孔与孔整流墙的组合，有孔整流墙上的开孔总面积为过水断面的6%~20%。也有底孔式入流装置，底部设挡板。出水的整流可采用溢流式的集水渠，渠两边设堰板（常用三角堰），堰上的水力负荷必须满足规定的要求，堰负荷过高时会将悬浮物带走。

（3）按表面负荷设计时，应对水平流速进行校核，最大水平流速：初次沉淀池为7mm/s，二次沉淀池为5mm/s。

（4）采用刮泥机排泥时，池底纵坡一般为0.01~0.02，刮泥机速度一般为0.6~0.9m/min。

（5）沉淀出水浊度，当作化学水处理进水水质时应不大于5NTU，当作冷却水水质时应不大于20NTU。

（6）池数或分格数一般不少于2座。

（7）沉淀时间一般采用1.0~3.0h。当处理低温、低浊度水或高浊度水时，沉淀时间应适当增长。

（8）沉淀池内平均水平流速一般为10~25mm/s。

（9）有效水深一般为3.0~3.5m，超高一般为0.3~0.5m。

（10）池的长宽比应不小于4:1，每格宽度或导流墙间距一般采用3~9m，最大为15m。

（11）池的长深比应不小于10:1。采用吸泥机排泥时，池底为平坡。

（12）平流式沉淀池进出口形式及布置，对沉淀池出水效果有较大的影响。一般情况下，当进水端用穿孔墙配水时，穿孔墙在池底积泥面以上0.3~0.5m处至池底部分不设孔眼，以免冲动沉泥。当沉淀池出口处流速较大时，可考虑在出水槽前增加指形槽的措施，以降低出口槽堰口的负荷。

（13）防冻可利用冰盖（适用于斜坡式池子）或加盖板（应有入孔、取样孔），有条件时亦可利用废热防冻。

（14）泄空时间一般不超过6h。

（15）弗劳德数一般控制在$1 \times 10^{-4} \sim 1 \times 10^{-5}$。

（16）水平沉淀池内雷诺数一般为4000~15000，多属紊流。设计时应注意隔墙设置，减少水力半径R，以降低雷诺数。

（17）为节约用地，大型水平沉淀池也可叠建于清水池之上，但沉淀池必须严格保证不漏。

（18）平流沉淀池一般采用直流式布置，避免水流转折。但是，为满足沉淀时间和水平流速的要求，往往池长较长，一般在80~100m。当地形条件受限制或处理规模较小（如3×10m/d）时，也可采用转折布置。

2.特点

（1）平流式沉淀池的构造及工作特点。为使入流污水均匀与稳定地进入沉淀池，进水区应有整流措施。入流处的挡板，一般高出池水水面0.1~0.15m，挡板的浸没深度应不少于0.25m，一般用0.5~1.0m，挡板距进水口0.5~1.0m。

（2）平流式沉淀池的出流装置。出水堰不仅可控制沉淀池内的水面高度，而且对沉淀池内水流的均匀分布有直接影响。沉淀池应沿整个出流堰的单位长度溢流量相等，对于初沉池一般为250m³/m·d，二沉池为130~250m³/m·d。锯齿形三角堰应用最普遍，水面宜位于齿高的1/2处。为适应水流变化或构筑物的不均匀沉降，在堰口处需要设置能使堰板上下移动的调节装置，使出口堰口尽可能水平。

堰前应设置挡板，以阻拦漂浮物，或设置浮渣收集和排除装置。挡板应当高出水面0.1~0.15m，浸没在水面下0.3~0.4m，距出水口处0.25~0.5m。

多斗式沉淀池，可以不设置机械刮泥设备。每个贮泥斗单独设置排泥管，各自独立排泥，互不干扰，保证沉泥的浓度。在池的宽度方向污泥斗一般不多于两排。

3.原理

平流式沉淀池由进出水口水流部分和污泥斗三个部分组成。池体平面为矩形，进出口分别设在池子的两端，进口一般采用淹没进水孔，水由进水渠通过均匀分布的进水孔流入池体，进水孔后设有挡板，使水流均匀地分布在整个池宽的横断面；出口多采用溢流堰，以保证沉淀后的澄清水可沿池宽均匀地流入出水渠。堰前设浮渣槽和挡板以截留水面浮渣。水流部分是池的主体，池宽和池深要保证水流沿池的过水断面布水均匀，依设计流速缓慢而稳定地流过。污泥斗用来积聚沉淀下来的污泥，多设在池前部的池底以下，斗底有排泥管，定期排泥。

（二）竖流式沉淀池

竖流式沉淀池表面为圆形，但也有方形和多角形。污水从池中央下部进入，由下向上流动，澄清污水由池面和池边溢出。

竖流式沉淀池的工作原理与平流式不同，污水以一定的速度上升，此时污水中的悬浮物颗粒受到向上的浮力和向下的重力作用，当重力下沉的速度大于上升速度时，颗粒才能下沉而被去除，否则颗粒就不能下沉，所以在负荷相同的条件下，竖流式沉淀池的去除率低于其他类型的沉淀池。但其优点是只有一个泥斗，排泥和管理都比较容易，因此竖流式沉淀池只适用于小型污水处理厂。

竖流式沉淀池设计数据如下如下。

(1) 池子直径（或正方形的边长）与有效水深之比不大于3.0, 池径一般采用4~7m, 最大为10m。

(2) 中心管内流速不大于30mm/s, 中心管下口应设有喇叭口和反射板, 喇叭口下端至反射板表面之间的缝隙距离一般为0.25~0.5m, 缝隙内污水流速, 初次沉淀池为20mm/s, 二次沉淀池不大于15mm/s, 反射板离底泥面至少0.3m。

(3) 当池子直径（或正方形的一边）小于7.0m时, 澄清污水沿周边流出。当直径大于7.0m时应增设辐射集水支渠。

(4) 排泥管下端距池底不大于0.2m, 管上端超出水面不小于0.4m。

(5) 浮渣挡板距集水槽0.25~0.5m, 高出水面0.1~0.15m, 淹没深度0.3~0.4m。

（三）辐流式沉淀池

辐流式沉淀池外形为圆形, 进出水的布置方式分为中心进水周边出水、周边进水中心出水和周边进水周边出水三种形式。对于中心进水周边出水的辐流式沉淀池, 污水（混合液）从池底进入中心管, 中心管周围为入流区, 中心管周围均匀地开有配水孔, 中心管外有整流套筒, 使污水在池内分布均匀, 在池的周边设出水集水渠, 渠的两边有三角堰板, 为保证出水堰的负荷, 一般采用双边进水, 集水渠外还有挡板, 防止浮泥流入集水渠, 池内有浮渣收集斗。辐流式沉淀池一般采用机械刮泥机或吸泥机收集和排出污泥, 处理效果也比较稳定, 因此广泛应用于大型污水处理厂。

设计中, 辐流式沉淀池池径宜小于16m。池子直径（或正形的一边）与有效水深之比, 一般采用6~12。当池径小于20m时, 一般采用中心传动的刮泥机。池径大于20m时, 一般采用周边传动的刮泥机, 其驱动装置设在桁架的外缘, 刮泥机旋转速度一般为1~3r/h, 外周刮泥板的线速度不超过3m/min, 一般采用1.5m/min。

1.原理

辐流式沉淀池半桥式周边传动刮泥活性污泥法处理污水工艺过程中沉淀池的理想配套设备适用于一沉池或二沉池, 主要功能是为去除沉淀池中沉淀的污泥以及水面表层的漂浮物。一般适用于大中池径沉淀池。周边传动, 传动力矩大, 而且相对节能; 中心支座与旋转桁架以铰接的形式连接, 刮泥时产生的扭矩作用于中心支座时即转化为中心旋转轴承的圆周摩擦力, 因而受力条件较好; 中心进水、排泥, 周边出水, 对水体的搅动力小, 有利于污泥的去除。

2.优点

采用机械排泥、运行较好、设备较简单, 排泥设备已有定型产品。沉淀性效果好, 日处理量大, 对水体搅动小, 有利于悬浮物的去除。

3.缺点

池水水流速度不稳定,受进水影响较大;底部刮泥、排泥设备复杂,对施工单位的要求高;占地面积较其他沉淀池大,一般适用于大、中型污水处理厂。

(四)斜板(管)沉淀池

斜板(管)沉淀池是根据"浅层沉淀"原理,在沉淀池中加设斜板或蜂窝斜管,以提高沉淀效率的一种沉淀池。具有沉淀效率高、停留时间短、占地少等优点,可应用于城市污水的初次沉淀和二次沉淀池中。但是当固体负荷过大时,其处理效果不太稳定,耐冲击负荷能力差,在一定条件下也会滋生藻类等微生物,使日常维护和管理存在一定的困难。

斜板或斜管沉淀池一般可分为异向流、同向流和侧向流三种形式,在城市污水处理厂一般采用升流异向流斜板或斜管沉淀池。

升流斜板或斜管沉淀池设计时应注意以下问题。

(1)升流异向流斜板或斜管沉淀池的设计表面负荷一般可比普通沉淀池提高一倍左右。对于二次沉淀池应以固体负荷核算。

(2)斜板间距一般采用80~100mm,斜管孔径一般采用50~80mm,斜板(管)斜长一般为1.0~1.2m,倾角一般为60°。

(3)斜板(管)区的下部为缓冲层,高度一般为0.5~1.0m,上部澄清区水深一般为0.5~1.0m。

(4)斜板(管)沉淀池进水方式一般为穿孔墙整流布水,采用多槽出水,斜板与池壁的间隙处应设阻流板,以防止短流。

(5)池内水力停留时间一般为初次沉淀池不超过30min,二次沉淀池不超过60min。

(6)排泥采用重力排泥,排泥次数每天至少1~2次,或者可连续排泥。

三、注意事项

沉淀池池体平面为矩形,进口设在池长的一端,一般采用淹没进水孔,水由进水渠通过均匀分布的进水孔流入池体,进水孔后设有挡板,使水流均匀地分布在整个池宽的横断面。沉淀池的出口设在池长的另一端,多采用溢流堰,以保证沉淀后的澄清水可沿池宽均匀地流入出水渠。堰前设浮渣槽和挡板以截留水面浮渣。水流部分是池的主体。池宽和池深要保证水流沿池的过水断面布水均匀,依设计流速缓慢而稳定地流过。池的长宽比一般不小于4,池的有效水深一般不超过3m。污泥斗用来积聚沉淀下来的污泥,多设在池前部的池底以下,斗底有排泥管,定期排泥。

为避免短流,一是在设计中尽量采取一些措施(如采用适宜的进水分配装置,以消除进口射流,使水流均匀分布在沉淀池的过水断面上,降低紊流并防止污泥区附近的流速过大，采用指形出水槽以延长出流堰的长度。沉淀池加盖或设置隔墙，以降低池水受风力和光照升温的影响。高浓度水经过预沉，以减少进水悬浮固体浓度高产生的异重流等）。二是加强运行管理，在沉淀池投产前应严格检查出水堰是否平直，发现问题要及时修理。在运行中，浮渣可能堵塞部分溢流堰口，致使整个出流堰的单位长度溢流量不等而产生水流抽吸，操作人员应及时清理堰口上的浮渣。用塑料加工的锯齿形三角堰因时间关系可能发生变形，管理人员应及时维修或更换，以保证出流均匀、减少短流。通过采取上述措施，可使沉淀池的短流现象降低到最低限度。

对于已经在斜板和斜管上生长的藻类，可用高压力水冲洗，往往一经冲洗即可去除附着的藻类。活性污泥处理系统的二次沉淀池是该系统的重要组成部分。二次沉淀池的运转是否正常，直接关系到处理系统的出水水质和回流污泥的浓度，对整个系统的净化效果产生重大影响。

四、作用

沉淀池一般是在生化前或生化后泥水分离的构筑物，多为分离颗粒较细的污泥。在生化之前的称为初沉池，沉淀的污泥无机成分较多，污泥含水率相对于二沉池污泥低些。位于生化之后的沉淀池一般称为二沉池，多为有机污泥，污泥含水率较高。

五、使用管理

沉淀池运行管理的基本要求是保证各项设备安全完好，及时调控各项运行控制参数，保证出水水质达到规定的指标。为此，应着重做好以下几个方面工作。

（一）避免短流

进入沉淀池的水流，在池中停留的时间通常并不相同，一部分水的停留时间小于设计停留时间，很快流出池外。另一部分停留时间则大于设计停留时间，这种停留时间不相同的现象叫短流。短流使一部分水的停留时间缩短，得不到充分沉淀，降低了沉淀效率。另一部分水的停留时间可能很长，甚至出现水流基本停滞不动的死水区，减少了沉淀池的有效容积。总之，短流是影响沉淀池出水水质的主要原因之一。形成短流现象的原因很多，如进入沉淀池的流速过高，出水堰的单位堰长流量过大，沉淀池进水区和出水区距离过近。沉淀池水面受大风影响，池水受阳光照射引起水温变化，进水和池内水的密度差，以及沉淀池内存在的柱子、导流壁和刮泥设施等。

（二）加混凝剂

当沉淀池用于混凝工艺的液固分离时，正确投加混凝剂是沉淀池运行管理的关键之一。要做到正确投加混凝剂,必须掌握进水质和水量的变化。以饮用水净化为例,一般要求2~4h测定一次原水的浊度、pH值、水温、碱度。在水质频繁季节,要求1~2h进行一次测定,以了解进水泵房开停状况,根据水质水量的变化及时调整投药量。特别要防止断药事故的发生,因为即使短时期停止加药也会导致出水水质的恶化。

(三)及时排泥

及时排泥是沉淀池运行管理中极为重要的工作。污水处理中的沉淀池中所含污泥量较多,绝大部分为有机物,如不及时排泥,就会产生厌氧发酵,致使污泥上浮,不仅破坏沉淀池的正常工作,而且使出水质恶化,如出水中溶解性BOD值上升、pH值下降等。初次沉淀池排泥周期一般不宜超过2d,二次沉淀池排泥周期一般不宜超过2h,当排泥不彻底时应停池(放空)采用人工冲洗的方法清泥。机械排泥的沉淀池要加强排泥设备的维护管理,一旦机械排泥设备发生故障,应及时修理,以避免池底积泥过度,影响出水水质。

(四)防止藻类

在给水处理中的沉淀池,当原水藻类含量较高时,会导致藻类在池中滋生,尤其是在气温较高的地区,沉淀池中加装斜管时,这种现象可能更为突出。藻类滋生虽不会严重影响沉淀池的运转,但对出水的水质不利。预防措施是:在原水中加氯,以抑止藻类生长。采用三氯化铁混凝剂亦对藻类有抑制作用。

第五节　强化一级预处理技术

一、概述

城市污水处理中,以沉淀为主的一级处理对有机物的去除率较低,仅采用一级处理,难以有效控制水污染。然而,建设大批城市污水二级处理厂需要大量的投资和高额的运行费用,这是广大发展中地区难以承受的。因而,各种类型投资较低而对污染物去除率较高的城市污水强化一级预处理技术应运而生。

强化一级预处理技术的优越性在于:在一级处理的基础上,通过增加较少的投资建设强化处理措施,可以较大程度地提高污染物的去除率,削减总污染负荷,降低去除单位污染物的费用。强化一级处理技术大致可分为三种:化学一级强化、生物一级强化和复合一级强化，下面将详细介绍这三种强化一级处理技术。

二、化学一级强化处理工艺

在城市污水化学一级强化处理中，通常会向废水中加入混凝剂和絮凝剂，以去除污水中的悬浮物和胶态有机物，实现污水的净化。

混凝剂指主要起脱稳作用而投加的药剂，而絮凝剂主要指通过架桥作用把颗粒连接起来所投加的药剂。城市污水采用的混凝剂主要有铝盐和铁盐。絮凝剂分为无机絮凝剂和有机絮凝剂。

三、生物一级强化处理工艺

（一）生物絮凝一级强化处理工艺

生物絮凝法不同于化学絮凝沉淀，此法无须投加化学絮凝剂，二次污染低，环境效益较好。它是在污水一级处理中引入大粒径的污泥絮体，直接利用污泥絮体中的微生物及其代谢产物作为吸附剂和絮凝剂，通过对污染物质的物理吸附、化学吸附和生物吸附及吸收作用，以及吸附架桥、电性中和、沉淀网捕等絮凝作用，将污水中较小的颗粒物质和一部分胶体物质转化为生物絮体的组成部分，并通过絮体沉降作用将其快速去除。

蒋展鹏等人提出的絮凝—沉淀—活化工艺即是一种生物强化，污水在絮凝吸附池与活化污泥进行混合，在絮凝吸附池中污泥絮体可吸附大量污染物质，其处理出水排入沉淀池，沉淀污泥进入污泥活化池进行短时间曝气活化，改善污泥性能后，再回到絮凝吸附池，进行下一轮作用。由于曝气时间短，其能耗远低于二级生物处理工艺。

这种污泥活化池与活性污泥法中的污泥再生池是有区别的。首先控制参数不同，确定的实验工艺参数为：絮凝吸附池水力停留时间为30min，沉淀池的沉淀时间为60min，污泥活化池内溶解氧保持在2mg/L，活化时间为120min。而吸附再生法的活性污泥吸附性能依靠再生池来保持，活性污泥将吸附的有机物氧化分解后又恢复了吸附活性，所需的污泥再生时间较长。所得到的污泥的性质也不同。活化污泥的氧化程度相对较低，活性微生物含量较少，污泥吸附性能不如活性污泥，但沉淀性能良好。它对溶解性物质的去除效果较差，主要处理对象是小颗粒悬浮物质和胶体颗粒。

（二）水解酸化一级强化处理工艺

水解酸化也是一种生物一级强化处理的技术。水解酸化工艺就是将厌氧发酵过程控制在水解与酸化阶段。在水解产酸菌的作用下，污水中的非溶解性有机物被水解为溶解性有机物，大分子物质被降解为小分子物质。因此，经过水解酸化后，污水的可生化性得到较大提高。

在水解酸化一级强化处理工艺中，用水解池代替初沉池，污水从池底进入，水解池内形成悬浮厌氧活性污泥层，当污水自下而上通过污泥层时，进水中悬浮物质和胶体物质被厌氧生物絮凝体絮凝，截留在厌氧污泥絮体中。经过水解工艺后，污水BOD_5的去除率为30%~40%，COD_{Cr}的去除率为35%~45%，SS的去除率为70%~90%。

四、复合一级强化处理工艺

（一）化学—生物联合絮凝强化一级处理

化学—生物联合絮凝强化一级处理是将化学强化一级处理与生物絮凝强化一级处理相结合，达到既对SS和TP有较高的去除率，又能较好地去除COD_{Cr}和BOD_5的目的。

此方法是以化学强化絮凝沉淀为主，生物絮凝沉淀为辅，在处理过程中取长补短，既可以减少投药量、降低处理成本，又可以减少污泥产生量。在采用空气混合絮凝反应的情况下，处理系统可灵活多变，根据具体情况既可采用化学强化一级处理、生物絮凝吸附强化一级处理，又可采用化学生物联合絮凝强化一级处理，以适应不同时期水质水量的变化。郑兴灿等采用化学—生物絮凝强化一级处理技术对城市污水进行处理研究，研究结果表明：COD_{Cr}和BOD_5去除率高达80%，SS去除率为90%，TP去除率为90%，TN去除率为25%。显然，联合强化一级处理比单一强化一级处理去除效果好得多。

（二）微生物—无机絮凝剂强化一级处理

微生物絮凝剂是具有高效絮凝活性的微生物代谢产物，其化学本质主要是糖蛋白、多糖、蛋白质、纤维素和DNA等，如GS7、普鲁兰等都是微生物絮凝剂。微生物—无机絮凝剂强化一级处理技术采用微生物絮凝剂和无机絮凝剂共同作用处理污水。一般该类型微生物絮凝剂多呈负电荷，因此单独作用对城市污水中带负电荷的悬浮物无絮凝效果，其与无机絮凝剂复配使用处理城市污水效果很好。

第六章　污水深度处理技术

第一节　混凝沉淀

一、混凝

混凝是向水中投加化学药剂，通过快速混合，使药剂均匀分散在污水中，然后慢速混合形成大的可沉絮体。胶体颗粒脱稳碰撞形成微粒的过程称为凝聚，微粒在外力扰动下相互碰撞、聚集而形成较大絮体的过程称为絮凝，絮凝过程一般称为反应。混合、凝聚、絮凝合起来称为混凝，它是污水深度处理的重要环节。混凝产生的较大絮体通过后续的沉淀或澄清、气浮等从水中分离出去。

二、混凝剂的投加

（一）混凝剂的投加方法

混凝剂的投加分干投法和湿投法两种。

干投法是将经过破碎易于溶解的固体药剂直接投放到被处理的水中。其优点是占地面积少，但对药剂的粒度要求较高，投配量控制较难，对机械设备要求较高，而且劳动条件也较差，故这种方法现在使用较少。

干投的流程是：药剂输送→粉碎→提升→计量→混合池。

目前用得较多的是湿投法，即先把药剂溶解并配成一定浓度的溶液后，再投入被处理的水中。

湿投法的流程是：溶解池→溶液池→定量控制→投加设备→混合池（混合器）。

（二）混凝工艺流程

混凝剂投加的工艺过程包括混凝剂配制及投加、混合和絮凝三个步骤。

（三）药液配制设备

1.溶解池设计要点

（1）溶解池数量一般不少于两个，以便交替使用，容积为溶液池的20%~30%。

（2）溶解池设有搅拌装置，目的是加速药剂溶解速度及保持均匀的浓度。搅拌可采用水力、机械或压缩空气等方式，具体由用药量大小及药剂性质决定，一般用药量大时用机械搅拌，用药量小时用水力搅拌。

（3）为便于投加药剂，溶解池一般为地下式，通常设置在加药间的底层，池顶高出地面0.2m，投药量少采用水力淋溶时，池顶宜高出地面1m左右，以减轻劳动强度，改善操作条件。

（4）溶解池的底坡不小于0.02，池底应有直径不小于100mm的排渣管，池壁必须设超高，防止搅拌溶液时溢出。

（5）溶解池一般采用钢筋混凝土池体，若其容量较小，可用耐酸陶土缸做溶解池。当投药量较小时，也可在溶液池上部设置淋溶斗以代替溶解池。

（6）凡与混凝剂溶液接触的池壁、设备、管道等，应根据药剂的腐蚀性采取相应的防腐措施或采用防腐材料，使用三氯化铁时尤需注意。

2.溶液池设计要点

（1）溶液池一般为高架式或放在加药间的楼层，以便能重力投加药剂。池周围应有宽度为1.0~1.5m的工作台，池底坡度不小于0.02，底部应设置放空管。必要时设溢流装置，将多余溶液回流到溶解池。

（2）混凝剂溶液浓度低时易于水解，造成加药管管壁结垢和堵塞，溶液浓度高时则投加量较难准确，一般以10%~15%（按商品固体质量计）较合适。

（四）投药设备

投药设备包括计量和投加两个部分。

1.计量设备

计量设备多种多样，应根据具体情况选用。目前常用的计量设备有转子流量计、电磁流量计、苗嘴、计量泵等。采用苗嘴计量仅适用于人工控制，其他计量设备既可人工控制，也可自动控制。

2.投加方式

根据溶液池液面高度,一般有重力投加和压力投加两种方式。

三、混合设施

原水中投加混凝剂后,应立即瞬时强烈搅动,在很短的时间(10~20s)内,将药剂均匀分散到水中,这一过程称为混合。在投加高分子絮凝剂时,只要求混合均匀,不要求快速、强烈地搅拌。

混合设备应靠近絮凝池,连接管道内的流速为0.8~1.0m/s,主要混合设备有水泵叶轮、压力水管、静态混合器或混合池等。

利用水力的混合设备,如压力水管、静态混合器等,虽然比较简单,但混合强度随着流量的增减而变化,因而不能经常达到预期效果。利用机械进行混合效果较好,但必须有相应设备,并增加维修工作量。

四、絮凝设施

絮凝设施主要设计参数为搅拌强度和絮凝时间。搅拌强度用絮凝池内水流的速度梯度G表示,絮凝时间以T表示。GT值间接表示整个絮凝时间内颗粒碰撞的总次数,可用来控制絮凝效果,根据生产运行经验,其值一般应控制在10^4~10^5为宜(T的单位是s)。在设计计算完成后,应校核GT值,若不符合要求,应调整水头损失或絮凝时间T重新进行设计。

絮凝池(室)应和沉淀池连接起来建造,这样布置紧凑,可节省造价。如果采用管渠连接不仅增加造价,由于管道流速大而易使已结大的絮凝体破碎。

絮凝设备也可分为水力和机械两大类。前者简单,但不能适应流量的变化。后者能进行调节,可适应流量变化,但机械维修工作量较大。絮凝池形式的选择,应根据水质、水量、处理工艺高程布置、沉淀池形式及维修条件等因素确定。

五、混凝药剂

(一)硫酸铝

硫酸铝易溶于水,水溶液呈酸性,室温时溶解度大致是50%,pH值在2.5以下。沸水中溶解度提高至90%以上。硫酸铝使用便利,混凝效果较好,不会给处理后的水质带来不良影响。当水温低时硫酸铝水解困难,形成的絮体较松散。

（二）三氯化铁

三氯化铁是一种常用的混凝剂，是黑褐色的结晶体，有强烈吸水性，极易溶于水，其溶解度随温度上升而增加，形成的矾花，沉淀性能好，处理低温水或低浊水效果比铝盐好。我国供应的三氯化铁有无水物、结晶水物和液体。液体、晶体物或受潮的无水物腐蚀性极大，调制和加药设备必须考虑用耐腐蚀器材（不锈钢的泵轴运转几星期也即腐蚀，用钛制泵轴有较好的耐腐性能）。三氯化铁加入水后与天然水中碱度起反应，形成氢氧化铁胶体。三氯化铁的优点是形成的矾花比重大，易沉降，低温、低浊时仍有较好效果，适宜的pH值范围也较宽，缺点是溶液具有强腐蚀性，处理后水的色度比用铝盐高。

（三）硫酸亚铁

硫酸亚铁是半透明绿色结晶体，俗称绿矾，易溶于水，在水温20℃时溶解度为21%。硫酸亚铁通常是生产其他化工产品的副产品，价格低廉，但应检测其重金属含量，保证其在最大投量时处理后的水中重金属含量不超过国家有关水质标准的限量。

固体硫酸亚铁需溶解投加，一般配置成10%左右的重量百分比浓度使用。

当硫酸亚铁投加到水中时，离解出的二价铁离子只能生成简单的单核络合物，因此，如三价铁盐那样有良好的混凝效果。残留于水中的Fe^{2+}会使处理后的水带色，当水中色度较高时，Fe^{2+}与水中有色物质反应，将生成颜色更深的不易沉淀的物质（但可用三价铁盐除色）。根据以上所述，使用硫酸亚铁时应将二价铁先氧化为三价铁，然后起混凝作用。通常情况下，可采用调节pH值，加入氯、曝气等方法使二价铁快速氧化。

当水的pH值在8.0以上时，加入的亚铁盐的Fe^{2+}易被水中溶解氧氧化成Fe^{3+}，当原水的pH值较低时，可将硫酸亚铁与石灰、碱性条件下活化的活化硅酸等碱性药剂一起使用，可以促进二价铁离子氧化。

（四）碳酸镁

铝盐与铁盐作为混凝剂加入水中形成絮体随水中杂质一起沉淀于池底，作为污泥要进行适当处理以免造成污染。大水厂产生的污泥量甚大，因此不少人曾尝试用硫酸回收污泥中的有效铝、铁，但回收物中常有大量铁、锰和有机色度，以致不适宜再作混凝剂。

碳酸镁在水中产生的$Mg(OH)_2$胶体和铝盐、铁盐产生的$Al(OH)_3$与$Fe(OH)_3$胶体类似，可以起到澄清水的作用。石灰苏打法软化水站的污泥中除碳酸钙外，尚有氢氧化镁，利用二氧化碳气体可以溶解污泥中的氢氧化镁，从而回收碳酸镁。

第二节 过滤

过滤是使污水通过颗粒滤料或其他多孔介质（如布、网、纤维束等），利用机械筛滤作用、沉淀作用和接触絮凝作用截留水中的悬浮杂质，从而改善水质的方法。根据过滤材料不同，过滤可分为颗粒材料过滤和多孔材料过滤两类。本节主要简单介绍以颗粒材料为介质的滤池过滤，在城市排水处理中常用的多孔材料过滤主要以膜过滤为主，将在本章第六节中介绍。

一、常用滤池

滤池种类很多，但其过滤过程均基于砂床过滤原理而进行，所不同的仅是滤料设置方法、进水方式、操作手段和冲洗设施等。

滤池的池型，可根据具体条件通过比较确定。

二、滤池设计要求

在污水深度处理工艺中，滤池的设计宜符合9项要求。

1. 滤池的进水浊度宜小于10度。
2. 滤池应采用双层滤料滤池、单层滤料滤池、均质滤料滤池。
3. 双层滤池滤料可采用无烟煤和石英砂。滤料厚度为无烟煤300～400mm、石英砂400～500mm，滤速宜为5～10m/h。
4. 单层石英砂滤料滤池，滤料厚度可采用700～1000mm，滤速宜为4～6m/h。
5. 均质滤料滤池的厚度可采用1.0～1.2m，粒径0.9～1.2mm，滤速宜为4～5m/h。
6. 滤池宜设气水冲洗或表面冲洗辅助系统。
7. 滤池的工作周期宜采用12～24h。
8. 滤池的构造形式，可根据具体条件通过比较确定。
9. 滤池应备有冲洗水管，以备冲洗滤池表面污垢和泡沫。滤池设在室内时，应安装通风装置。

三、过滤作用机理

滤池的过滤作用机理如下。

1.机械隔滤作用

滤料层由大小不同的滤料颗粒组成,滤料颗粒之间的孔隙像一面筛子,当废水流经滤料层时,比孔隙大的悬浮颗粒会被截留在孔隙中,与水分离。在整个过滤过程中,滤料颗粒间的孔隙会越来越小,因此滤料对细小的悬浮物质也有隔滤作用。

2.吸附、接触凝聚作用

滤料的表面积非常大,具有较强的吸附能力。废水通过滤料层的过程要经过弯弯曲曲的水流孔道,悬浮颗粒与滤料的接触机会很多,在接触时,由于相互分子间作用力的结果,易发生吸附和接触凝聚,尤其在过滤前投加絮凝剂时,接触凝聚作用更为突出。滤料颗粒越小,吸附和接触凝聚的效果也越好。

3.沉淀作用

滤层中的每个小孔隙起着一个浅层沉淀池的作用,当废水流过时,废水中的部分悬浮颗粒会沉淀到滤料颗粒表面上。

过滤过程:当废水进入滤料层时,较大的悬浮物颗粒被截留下来,而较微细的悬浮颗粒则通过与滤料颗粒或已附着的悬浮颗粒接触,出现吸附和接触凝聚而被截留下来。一些附着不牢的被截留物质在水流作用下随水流到下一层滤料中;或者由于滤料颗粒表面吸附量过大,孔隙变得更小,于是水流流速增大,在水流的冲刷下,被截留物也能被带到下一层。因此,随着过滤时间的延长,滤层深处被截留的物质也多起来,甚至随水带出滤层,使出水水质变坏。

由于滤层经反冲洗水水力分选后上层滤料颗粒小,接触凝聚和吸附效率也高,加上部分机械截留作用使得大部分悬浮物质的截留是在滤料表面一个厚度不大的滤层内进行的,下层截留的悬浮物量较少,形成滤层中所截留悬浮物的不均匀分布。

滤料截留悬浮物的能力可用截污能力表示。截污能力是指每个工作周期内,单位体积或单位质量的滤料所截留的污染物质的质量,单位为kg/m^3。

四、分类及特点

滤池种类较多,按照滤速的大小可分为快滤池和慢滤池。目前实际应用中,大部分是快滤池。快滤池处理能力较大、出水水质好。快滤池也有很多种:按滤料层形式,可分为单层滤料滤池(包括均质滤层、实际的分级滤层和理想滤层)、双层滤料滤池和多层滤料滤池;按照进水流动方式,可分为重力式滤池和压力式滤池;按照控制方式,可分为普通快滤池、虹吸滤池、移动罩式滤池及无阀滤池等。

(一)快滤池

集中式给水常用的一种滤速在5m/h以上的净水设备。这种滤池的砂层厚度为

60~70cm，砂的粒径为0.45~0.75mm，不均匀系数在1.7以下。快滤池一般在工作1~2昼夜后砂层可堵塞，用清水反复冲洗清砂，除去砂层中的浮游物后仍能继续使用。快滤池的优点是面积小、滤速大，约为慢滤池滤速的50倍，清除水中浑浊度的效果可达80%~90%，除去细菌的效果可达80%~95%。目前集中式给水的水质净化，多用这种快滤池设备。

（二）慢滤池

集中式给水设施中的一种过滤净化设备。其过滤速度较慢，为0.1~0.3m/h。滤池厚度为70~80cm，粒径0.3~0.45mm，不均匀系数为1.75。过滤经过1~2月，砂滤层上的生物膜逐渐积累变厚，有碍过滤效果，便需要刮砂、洗砂，或重新铺砂后再用。使用慢滤池净水时，滤前不必进行混凝沉淀处理。慢砂滤可除去水中悬浮物99%以上，除去细菌约99%，滤过效果好，但缺点是滤过速度缓慢、面积大、洗砂费时费力，故目前较少使用，多被快砂滤所代替。

（三）生物滤池

一种"粗"的生物处理装置，有接触滤池和洒滴滤池两种。滤池为一个不漏水的大池子。塔式生物滤池，池内用碎岩石（6.4~10.2cm）、矿渣或合成塑料做填料，高度为2.7~13.3m。借过滤物通过填料表面形成一层薄的生物滤膜来阻流和吸附泥沙、微生物及有机物质等，并在好气菌与空气作用下完成好气分解，最终达到无机化。接触滤池是将污水导入滤池，与填料上面接触。为了更好地氧化，应间歇地滤过污水。

第三节 消毒

消毒方法大体上可分为物理法和化学法两大类。物理法主要有加热、冷冻、辐射、紫外线和微波消毒等方法，化学法是利用各种化学药剂进行消毒。

一、液氯消毒

液氯消毒的效果与水温、pH值、接触时间、混合程度、污水浊度及所含干扰物质、有效氯含量有关。加氯量应根据试验确定，对于生活污水，可参用下列数值：一级处理水排放时，加氯量为20~30mg/L；不完全二级处理水排放时，加氯量为10~15mg/L；二级处理水排放时，加氯量为5~10mg/L。混合反应时间为5~15s。当采用鼓风混合，鼓风强度为0.2m³/（m³·min）。用隔板式混合池时，池内平均流速不应小于0.6m/s。加氯消毒的接触时间应不小于30min，处理水中游离性余氯量不低于0.5mg/L，液氯的固定储备量一般按最大用量的30d计算。

二、二氧化氯消毒

二氧化氯消毒也是氯消毒法中的一种，但它又与通常的氯消毒法有不同之处。二氧化氯一般只起氧化作用，不起氯化作用，因此它与水中杂质形成的三氯甲烷等要比氯消毒少得多。与氯不同，二氧化氯的一个重要特点是在碱性条件下仍具有很好的杀菌能力。实践证明，在pH=6~10范围内二氧化氯的杀菌效率几乎不受pH值影响。二氧化氯与氨也不起作用，因此在高pH值的含氨系统中可发挥极好的杀菌作用。二氧化氯的消毒能力次于臭氧而高于氯胺。

与臭氧相比，其优越之处在于它有剩余消毒效果，但无氯臭味。通常情况下，二氧化氯也不能储存，一般只能现场制作使用。近年来二氧化氯在水处理工程中的运用有所发展，国内也有了一些定型设备产品可供工程设计选用。

在城市污水深度处理工艺中，二氧化氯投加量与原水水质有关，为2~8mg/L，实际投加量应由试验确定，必须保证管网末端有0.05mg/L的剩余氯。

二氧化氯的制备方法主要分为两大类：化学法和电解法。化学法主要以氯酸盐、亚氯酸盐、盐酸等为原料。电解法常以工业食盐和水为原料。

（一）二氧化氯的优缺点

二氧化氯消毒有其独特的优点，包括：可减少水中三卤甲烷等氯化副产物的形成。当水中含有氨时不与氨反应，其氧化和消毒作用不受影响。能杀灭水中的病原微生物。消毒作用不受水质酸碱度的影响。消毒后水中余氯稳定持久，防止再污染的能力强。可除去水中的色和味，不与苯酚形成氯苯酚臭。对铁、锰的除去效果比氯强。其水溶液可以安全生产和使用。其缺点在于：二氧化氯具有爆炸性，必须在现场制备，立即使用。制备含氯低的二氧化氯较复杂，其成本较其他消毒方法高。制备二氧化氯的原料为氯酸钠和盐酸，为氧化性或腐蚀性物质，同样存在储运的安全性问题。二氧化氯的歧化产物对动物可引起溶血性贫血和变性血红蛋白症等中毒反应。

（二）适用范围

二氧化氯是美国20世纪80年代开发的强力杀菌消毒剂，经美国食品药物管理局（FDA）和美国环境保护署（EPA）的长期科学试验被确认为是医疗卫生、食品加工、食品保鲜、环境、饮水和工业循环水等方面杀菌消毒、除臭的理想消毒剂，也是被世界卫生组织（WHO）所确认的一种安全、高效、广谱的强力杀菌剂。我国已批准二氧化氯作为消毒剂，应用于食品饮料加工设备、管道、食品饮料加工用水、餐具、饮用水处理等方面的消毒。而在生产生活中，二氧化氯对水和空气的消毒备受关注。

三、臭氧消毒

臭氧在水中的溶解度为10mg/L左右，因此通入污水中的臭氧往往不可能全部被利用，为了提高臭氧的利用率，接触反应池最好建成水深为5～6m的深水池，或建成封闭的几格串联的接触池，设管式或板式微孔扩散器散布臭氧。扩散器用陶瓷、聚氯乙烯微孔塑料或不锈钢制成。臭氧消毒迅速，接触时间可采用15min，能够维持的剩余臭氧量为0.4mg/L。接触池排出的剩余臭氧具有腐蚀性，因此需做消除处理。臭氧不能贮存，需现场边制备边使用。

（一）灭菌原理

臭氧是一种强氧化剂，灭菌过程属生物化学氧化反应。臭氧灭菌有以下三种形式。

1.臭氧能氧化分解细菌内部葡萄糖所需的酶，使细菌灭活死亡。

2.直接与细菌、病毒作用，破坏它们的细胞器和DNA、RNA，使细菌的新陈代谢受到破坏，导致细菌死亡。

3.透过细胞膜组织，侵入细胞内，作用于外膜的脂蛋白和内部的脂多糖，使细菌发生通透性畸变而溶解死亡。

（二）优点

臭氧灭菌为溶菌级方法，杀菌彻底，无残留，杀菌广谱，可杀灭细菌繁殖体和芽孢、病毒、真菌等，并可破坏肉毒杆菌毒素。另外，臭氧对霉菌也有杀灭作用。臭氧由于稳定性差，很快会自行分解为氧气或单个氧原子，而单个氧原子能自行结合成氧分子，不存在任何有毒残留物，所以，臭氧是一种无污染的消毒剂。臭氧为气体，能迅速弥漫到整个灭菌空间，灭菌无死角。而传统的灭菌消毒方法，无论是紫外线，还是化学熏蒸法，都有不彻底、有死角、工作量大、有残留污染或有异味等缺点，并有可能损害人体健康。如用紫外线消毒，在光线照射不到的地方没有效果，有衰退、穿透力弱、使用寿命不长等缺点。化学熏蒸法也存在不足之处，如对抗药性很强的细菌和病毒，则杀菌效果不明显。

臭氧（活性氧）的灭菌消毒作用体现在它的强氧化性上，是全球公认的绿色广谱高效的消毒灭菌剂，广泛用于饮用水消毒、医疗卫生机构空气消毒。臭氧会在30～40min后自动还原成氧气，没有化学残留、二次污染。其所应用的领域有消毒柜、果蔬解毒机、妇科治疗仪、食品加工、饮用水灌装消毒设备等。详情可以查阅科普图书资料或网上查询以验证。

(三) 缺点

投资大，费用较氯化消毒高。水中臭氧不稳定，控制和检测臭氧需一定的技术。消毒后对管道有腐蚀作用，故出厂水无剩余臭氧，因此需要第二消毒剂。与铁、锰、有机物等反应，可产生微絮凝，使水的浊度提高。臭氧氧化含有溴离子的原水时会产生溴酸根，溴酸根已被国际癌症研究机构定为2B级潜在致癌物，WHO建议饮用水的最大溴酸根含量为$25\mu g/L$，美国环保局饮水标准中规定溴酸根的最高允许浓度为$10\mu g/L$。臭氧氧化过程中溴酸盐的生成有臭氧氧化和臭氧/氢氧自由基氧化两种途径，控制溴酸盐可以从控制其形成和生成后去除两个方面进行。降低pH值添加氨气、氯-氨工艺和优化臭氧化条件是控制溴酸盐形成的方法，溴酸盐生成后则可以利用物理、化学和生物方法去除。因此，要实现臭氧、致病菌与溴酸盐三者的平衡，需进一步探讨臭氧灭菌机理及溴酸盐控制方法。

(四) 注意事项

1. 臭氧可能对人体呼吸道黏膜造成刺激，空气中臭氧浓度达0.15ppm时，即可嗅出。按照国际标准，达到0.5~1ppm时可引起口干等不适，达到1~4ppm时可引起咳嗽，达到4~10ppm时可引起强烈咳嗽。故用臭氧消毒空气，必须是在人不在的条件下，消毒后至少过30min才能进入。

2. 臭氧为强氧化剂，对多种物品有损坏，浓度越高对物品损坏越重，可使铜片出现绿色锈斑，橡胶老化、变色、弹性减低，以致变脆、断裂，使织物漂白褪色等。

(五) 特点

臭氧消毒灭菌方法与常规的灭菌方法相比具有以下特点。

1. 高效性

臭氧消毒灭菌以空气为媒质，不需要其他任何辅助材料和添加剂，所以包容性好，灭菌彻底，同进还有很强的除霉、腥、臭等异味的功能。

2. 高洁净性

臭氧快速分解为氧的特征，是臭氧作为消毒灭菌的独特优点。臭氧是利用空气中的氧气产生的，消毒过程中，多余的氧在30min后又结合成氧分子，不存在任何残留物，解决了消毒剂消毒方法产生的二次污染问题，同时省去了消毒结束后的再次清洁。

3. 方便性

臭氧灭菌器一般安装在洁净室、空气净化系统中或灭菌室内（如臭氧灭菌柜、传递窗等），可根据调试验证的灭菌浓度及时间，设置灭菌器的开启及运行时间，操作使用方便。

4.经济性

通过臭氧消毒灭菌在诸多制药行业及医疗卫生单位的使用及运行比较，臭氧消毒方法与其他方法相比具有很高的经济效益及社会效益。在当今工业快速发展中，环保问题特别重要，而臭氧消毒却避免了其他消毒方法产生的二次污染。

（六）应用领域

臭氧消毒技术已广泛用于空气净化、水果蔬菜保鲜、环境资源保护、医疗卫生、食品加工、禽类养殖、菌类种植等领域。国内的臭氧技术逐渐成熟，臭氧也慢慢被人们所熟知，由于它的消毒能力强从而代替了常规消毒被应用到各个领域。

1.空气净化

臭氧能杀灭空气中的细菌和病毒，有降尘的功能，可使空气清新自然，达到消除疲劳、提神醒脑的效果。

2.水果蔬菜保鲜

水果、蔬菜的运输、储存一直是急需解决的问题，处理不当将带来极大的损失。据悉，我国每年有30%~40%的蔬菜因储运不当和局部积压而成为垃圾。臭氧与负离子共同作用有着果蔬保鲜的功能，因此利用臭氧技术可以大大延长果蔬的保鲜、储存时间，扩大其外运范围。另外，臭氧技术还可以用于净菜处理中的杀菌消毒。

3.环境资源保护

产生水危机的主要原因是浪费、污染、用水分配不均和灌溉，其中约有5.5亿m^3/年的水体被污染。作为高效杀菌、解毒剂的臭氧自然吸引了众多科学家研究将其应用于水资源污染处理及节约工业用水领域的技术。

4.医疗卫生

医院是治疗疾病的地方，但是由于到医院就诊的人很大部分是危重患者，其炎症正处于高峰时期，来自患者身上的有害病菌极易散发于空气中。因此，医院又是容易感染疾病的场所。由于到医院就诊引起交叉感染的事已司空见惯。医院手术和护理操作前大夫或护士的双手及手术器具的消毒问题也是亟待解决的课题之一。具有高效、迅速杀菌作用的臭氧在医院环境消毒、术前消毒等方面大有用武之地。

例如，日本科学家就研究过用于医院的臭氧水消毒法。据其研究结果显示，用臭氧水对医院手术前医生、护士的双手消毒，可杀死细菌，不仅时间极短，而且其消毒效果也是其他碘类消毒剂无法比拟的。在医院中最易引起感染的黄色葡萄球菌和绿脓杆菌等在臭氧水中只需5s即可全部杀死，其杀菌力远远超过酒精和氯。而且臭氧水具有很高的安全性，经常使用不会伤及肌肤，即使误喝也不会中毒。

臭氧还可以用于治疗。例如，俄罗斯研究出一种特殊的液压液来治愈伤口，其基本方法就是在高压下用雾状富含臭氧的生理溶液冲洗伤口，水流就像手术刀一样将伤口中的脓血、坏死组织及细菌分解物清除，同时杀死伤口表面的致病微生物。然后变换"臭氧刀"的结构，继续增大液体的压力，使臭氧化的溶液渗进发炎组织几毫米至3cm深，并增加氧气，杀死更深层的致病细菌。据报道，用这种方法已治疗过200例患者，他们都是一些糖尿病、脓毒病、血管动脉硬化及不宜施行通常外科手术的患者，结果这些患者的伤口全都完全愈合。

5.食品加工

在饮料、果汁等生产过程中，臭氧水可用于管路、生产设备及盛装容器的浸泡和冲洗，从而达到消毒灭菌的目的。采用这种浸泡、冲洗的操作方法，一是管路、生产设备及盛装容器表面上的细菌、病毒大量被冲淋掉；二是残留在表面上的未被冲走的细菌、病毒被臭氧杀死，非常简单省事，而且在生产中不会产生死角，还完全避免了生产中使用化学消毒剂带来的化学毒害物质排放及残留等问题。另外，利用臭氧水对生产设备等的消毒灭菌技术结合膜分离工艺、无菌灌装系统等，在酿造工业中用于酱油、醋及酒类的生产，可提高产品的质量和档次。

在蔬菜加工中的应用，如小包装蔬菜像传统的榨菜、萝卜、小黄瓜等食品加工中，很多企业为延长产品的保质期，往往采用包装后高温杀菌的工艺，这样不仅对产品的色泽、质地等带来了不利的影响，而且还消耗了大量的能源。利用臭氧水冷杀菌新技术可避免传统加工工艺对产品质量带来的不利影响，并且可降低生产成本。

在水产制品加工中的应用、冷冻水产品的冻前处理中，通过臭氧水喷淋杀菌对水制产品的卫生指标可以起到良好的控制作用。

在冷库中的应用主要有三个方面：一是杀灭微生物——消毒杀菌；二是使各种有臭味的无机物或有机物氧化——除臭；三是使新陈代谢产物氧化，从而抑制新陈代谢过程。

6.禽类养殖

禽类现代工厂化养殖，尤其是养鸡生产已到了转型期，即从普及发展转为提高生产效率和产品质量阶段。在转型期常规的技术已暴露出明显的弱点，就以养鸡生产最关键的预防瘟疫和病害的措施来说，必须在技术上找到新的突破口，才能提高生产效益和产品质量。在常规的饲养过程中只是不断地给鸡喂食抗生素和注射疫苗，这些措施看起来无可非议，但是却忽视了饲养过程中无时无刻地对场内空气进行杀菌、消毒、净化的工作量。且过多地使用化学药物会损害蛋鸡的吸钙机能。蛋鸡的吸钙机能一旦受损即使增加含钙饲料也收效甚微，软壳蛋不可避免地还要产出。养鸡生产过程中不给鸡喂抗生素等药物难以避免瘟疫疾病带来的损失，喂了抗生素等药物又影响产品质量，实在处于两难状态。但臭氧充注到养殖棚内时,首先与禽类排泄物所散发的异臭进行分解反应去除异臭,当异臭去除到一定程度稍闻到臭氧味时,棚内空间的大肠杆菌、葡萄球菌及新城瘟疫、鸡霍乱、禽流感等病毒基本就会随之杀灭。另外,不可忽视禽类的排泄物散发的氨类气体给禽类造成的毒害,且农村养殖户冬天在养殖棚直接用煤炉取暖所产生的氧化硫等有毒气体给禽类造成的危害不可能靠化学药物来消除。但应用臭氧技术之后,可有效地达到净化作用,进入应用臭氧技术的养殖棚内很自然地就让人感觉到空气明显清新了。

利用臭氧消毒净化养殖场内空气的同时,利用臭氧泡制臭氧水供给禽类饮用也是重要的环节。禽类喝了臭氧水可改变肠道微生态、环境。臭氧在禽类肠道内减少了以宿主营养为生的细菌数量,减少了宿主营养消耗,还使分泌的淀粉酶的活性增强,提高了禽类尤其是幼禽对食物营养成分的利用率,增加了幼禽营养供应,促使禽类健康生长。让禽类喝臭氧水相对地改变了禽类的抗药性,能有效预防如小鸡白痢等肠道疾病。需要指明的是,臭氧在水中的半衰期是20min左右,边制边喝效果更好。但是臭氧会分解化学药物,供药与供臭氧水应相隔配套更先进。

通过大量的现场应用对比,臭氧有效地遏制了禽类瘟疫病害的发生,保证了禽类的成活率并促进其健康生长,养殖户非常满意,经济效益和社会效果显著提高。养肉鸡一般一个周期为50d,应用臭氧技术之后可提前一个礼拜,几乎无因病死亡,鸡仔长得特别有精神;蛋鸡能保持稳定的产蛋率。

7.食用菌种植

食用菌种植最头疼的就是接种环节,因为此环节一旦感染杂菌,就会造成极大的损失。近年来,一些食用菌机械生产企业,利用臭氧进行接种环节的消毒,取得了非常好的效果。

(1)可使接种空间达到百级无菌净化。臭氧杀菌能力是化学药剂的几十倍,且不产生抗药性,可从根本上解除菇农接种难、怕感染的烦恼。

(2)生产绿色、有机食用菌。臭氧是世界公认的高效杀菌而不造成农残的消毒物质。臭氧不是添加的化学药剂,而是由空气中的氧气激化形成的氧元素气体,瞬间完成杀菌后又很快还原为氧气。食用菌空气净化接种机,可创造无菌接种空间,不用药,无农药残留。

(3)化学药剂不仅造成农药残留,还损伤工作人员健康,挫伤菌种活力,对人员和菌种也是一次薰杀。而采用食用菌空气净化接种机,可让生产食用菌的人健康工作,让食用菌在健康环境下生长,让吃食用菌的人更加健康,从而达到"人菌共健康"。

(4)采用臭氧消毒,一次净化可在无菌净化的空间自如接种,和接种箱接种比较,省略了入箱、封箱、熏蒸、出箱等环节,而这些工序,占接种时间和劳动量的50%以上。

(5)节约成本、增加效益。

四、紫外（UV）消毒

紫外（UV）消毒技术是利用特殊设计制造的高强度、高效率和长寿命的C波段254nm紫外光发生装置产生的强紫外光照射水流，使水中的各种病原体细胞组织中的DNA结构受到破坏而失去活性，从而达到消毒杀菌的目的。

紫外线的最有效范围是UV-C波段，波长为200~280nm的紫外线正好与微生物失活的频谱曲线相重合，尤其是波长为254nm的紫外线，是微生物失活频谱曲线的峰值。

紫外灯与其镇流器（功率因数能大于0.98），再加上监测控制（校验调整UV强度）系统是UV消毒的核心。紫外灯的结构与日光灯相似，灯管内装有固体汞源，目前市场上较好的低压高强紫外灯，满负荷使用寿命可以达到12000h以上，而且可以通过监测控制系统将灯光强度在50%~100%之间无级调整，根据水量变化随时调整灯光强度，以便达到既节约能源又保证消毒效果的目的。紫外线剂量的大小是决定微生物失活的关键。

在接触池形状和尺寸已定即曝光时间已定的情况下，进入水中的紫外线剂量与紫外灯的功率、紫外灯石英套管的洁净程度和污水的透光率三个因素有关。

由于紫外灯直接与水接触，当水的硬度较大时，随着时间的延长，灯管表面必然会结垢，影响紫外光进入水中的强度，导致效率降低和能耗增加。化学清洗除了要消耗药剂外，还要将消毒装置停运，因此，实现自动清洗防止灯管表面结垢是UV消毒技术运行中最实际的问题。

接触水槽的水流状态必须处于紊流状态，一般要求水流速度不小于0.2m/s，如果水流处于层流状态，由于紫外灯在水中的分布不可能绝对均匀，所以水流平稳地流过紫外灯区，部分微生物就有可能在紫外线强度较弱的部位穿过，而紊流状态可以使水流充分接近紫外灯，达到较好的消毒效果。

（一）优点

通常紫外线消毒可用于氯气和次氯酸盐供应困难的地区和水处理后对氯的消毒副产物有严格限制的场合。一般认为当水温较低时用紫外线消毒比较经济。

紫外线消毒的优点如下。

（1）不在水中引进杂质，水的物化性质基本不变。

（2）水的化学组成（如氯含量）和温度变化一般不会影响消毒效果。

（3）不另增加水中的臭、味，不产生诸如三卤甲烷等消毒副产物。

（4）杀菌范围广而迅速，处理时间短，在一定的辐射强度下一般病原微生物仅需十几秒即可杀灭，能杀灭一些氯消毒法无法灭活的病菌，还能在一定程度上控制一些较高等的水生生物如藻类和红虫等。

（5）过度处理一般不会产生水质问题。

（6）一体化的设备构造简单、容易安装、小巧轻便、水头损失很小、占地少。

（7）容易操作和管理，容易实现自动化，设计良好的系统的设备运行维护工作量很少。

（8）运行管理比较安全，基本没有使用、运输和储存其他化学品可能带来的剧毒、易燃、爆炸和腐蚀性的安全隐患。

（9）消毒系统除必须运行的水泵外，没有其他噪声源。

（二）缺点

（1）孢子、孢囊和病毒比自养型细菌耐受性高。

（2）水必须进行前处理，因为紫外线会被水中的许多物质吸收，如酚类、芳香化合物等有机物、某些生物、无机物和浊度。

（3）没有持续消毒能力，并且可能存在微生物的光复活问题，最好用在处理水能立即使用的场合、管路没有二次污染和原水生物稳定性较好的情况（一般要求有机物含量低于$10\mu g/L$）。

（4）不易做到在整个处理空间内辐射均匀，有照射的阴影区。

（5）没有容易检测的残余性质，处理效果不易迅速确定，难以监测处理强度。

（6）较短波长的紫外线（低于200nm）照射可能会使硝酸盐转变成亚硝酸盐，为了避免该问题应采用特殊的灯管材料吸收上述范围的波长。

第四节　活性炭吸附技术

活性炭吸附工艺是水和废水处理中能去除大部分有机物和某些无机物最有效的处理工艺之一，因此，它被广泛地应用在污水回用深度处理工艺中。但是研究发现，在二级出水中有些有机物是活性炭吸附所去除不了的。能被活性炭吸附去除的有机物主要有苯基醚、正硝基氯苯、萘、苯乙烯、二甲苯、酚类、DDT、醛类、烷基苯磺酸以及多种脂肪族和芳香族的怪类物质。因此，活性炭对吸附有机物来说也不是万能的，仍然需要组合其他工艺，如反渗透、超滤、电渗析、离子交换等工艺手段，才能使污水回用深度处理达到预定目的。

进行活性炭吸附工艺设计时，必须注意：应当确定采用何种吸附剂，选择何种吸附操作方式和再生模式，对进入活性炭吸附前的水进行预处理和后处理措施等。这些一般均需要通过静态吸附试验和动态吸附试验来确定吸附剂、吸附容量、吸附装置、设计参数、处理效果和技术经济指标等。

一、活性炭的种类

污水深度处理中常用的活性炭材料有两种，即粒状活性炭（GAC）和粉状活性炭（PAC）。当进行吸附剂的选择设计时，产品的型号是首先要考虑的。

有些活性炭商品尽管型号相同，由于品牌不同、生产厂家不同，甚至批号不同，其性能指标也相差较大。因此，进行工艺设计，对活性炭吸附剂进行选择设计时，非常有必要对拟选活性炭吸附剂商品做性能指标试验，对活性炭吸附剂的选择进行评价。

活性炭吸附性能的简单试验常用四种方法：碘值法、ABS法、亚甲基蓝吸附值法和比表面积BET法（具体实验操作方法请参阅相关资料）。

二、影响吸附的因素

了解影响吸附的因素，是为了选择合适的活性炭和控制合适的操作条件。影响活性炭吸附的主要因素如下。

1.活性炭本身的性质。活性炭本身孔径的大小及排列结构会显著影响活性炭的吸附特性。活性炭的比表面积越大，其吸附量将越大。常用的活性炭比表面积一般在$500\sim1000m^2/g$，可近似地以其碘值（对碘的吸附量，mg/g）来表示。

2.废水的pH值。活性炭一般在酸性溶液中比在碱性溶液中有较高的吸附率。

3.温度。在其他条件不变的情况下，温度升高吸附量将会减少，反之吸附量增加。

4.接触时间。在进行吸附操作时，应保证吸附质与活性炭有一定的接触时间，使吸附接近平衡，以充分利用活性炭的吸附能力。吸附平衡所需的时间取决于吸附速度。一般应通过试验确定最佳接触时间，通常采用的接触时间在0.5~1h范围内。

5.生物协同作用。

三、活性炭吸附类型

在废水处理中，活性炭吸附操作分为静态、动态两种。在废水不流动的条件下进行的吸附操作称为静态吸附。静态吸附操作的工艺过程是把一定数量的活性炭投入要处理的废水中，不断地进行搅拌，达到吸附平衡后，再用沉淀或过滤的方法使废水和活性炭分开。如一次吸附后出水的水质达不到要求时，可以采取多次静态吸附操作。由于多次吸附操作麻烦，所以在废水处理中采用较少。静态吸附常用的处理设备有水池和反应槽等。

动态吸附是在废水流动条件下进行的吸附操作。废水处理中采用的动态吸附设备有固定床、移动床和流化床三种方式。

此外，从处理设备装置类型上考虑，活性炭吸附方式又可以分为四类，即接触吸附方式、固定床方式、移动床方式和流化床方式。

四、设备和装置

（一）固定床

固定床是水处理工艺中最常用的一种方式。固定床根据水流方向又分为升流式和降流式两种形式。降流式固定床的出水水质较好，但经过吸附层的水头损失较大。特别是处理含悬浮物较高的废水时，为了防止悬浮物堵塞吸附层，需定期进行反冲洗。有时需要在吸附层上部设反冲洗设备。

在升流式固定床中，当发现水头损失增大时，可适当提高水流流速，使填充层稍有膨胀（上下层不能互相混合）就可以达到自清的目的。这种方式由于层内水头损失增加较慢，所以运行时间较长，但对废水入口处（底层）吸附层的冲洗难于降流式。另外，由于流量变动或操作一时失误就会使吸附剂流失。

（二）移动床

原水从吸附塔底部流入和活性炭进行逆流接触，处理后的水从塔顶流出，再生后的活性炭从塔顶加入，接近吸附饱和的炭从塔底间歇地排出。

这种方式较固定床式能够充分利用吸附剂的吸附容量，水头损失小。由于采用升流式废水从塔底流入、塔顶流出，被截留的悬浮物随饱和的吸附剂间歇地从塔底排出，所以不需要反冲洗设备。但这种操作方式要求塔内吸附剂上、下层不能互相混合，操作管理要求严格。

（三）流化床

流化床不同于固定床和移动床的地方，是自下往上的水使吸附剂颗粒相互之间有相对运动，一般可以通过整个床层进行循环，起不到过滤作用，因此，适用于处理悬浮物含量较高的污水。

五、设计要点和参数

1.活性炭处理属于深度处理工艺，通常只在废水经过其他常规的工艺处理之后，出水的个别水质指标仍不能满足排放要求时才考虑采用。

2.确定选用活性炭工艺之前，应取前段处理工艺的出水或水质接近的水样进行炭柱试验，并对不同品牌规格的活性炭进行筛选，然后通过试验得出主要的设计参数，如水的滤速、出水水质、饱和周期、反冲洗最短周期等。

3.活性炭工艺进水一般应先经过过滤处理，以防止由于悬浮物较多造成炭层表面堵塞。同时进水有机物浓度不应过高，避免造成活性炭过快饱和，这样才能保证合理的再生周期和运行成本。当进水COD浓度超过50~80mg/L时，一般应该考虑采用生物活性炭工艺进行处理。

4.对于中水处理或某些超标污染物浓度经常变化的处理工艺，对活性炭处理单元应设跨越或旁通管路，当前段工艺来水在一段时间内不超标时，则可以及时停用活性炭单元，这样可以节省活性炭床的吸附容量，有效地延长再生或更换周期。

5.采用固定床应根据活性炭再生或更换周期情况，考虑设计备用的池子或炭塔。移动床在必要时也应考虑备用。

6.由于活性炭与普通钢材接触将产生严重的电化学腐蚀，所以设计活性炭处理装置及设备时应首先考虑钢筋混凝土结构或不锈钢、塑料等材料。如选用普通碳钢制作时，则装置内必须采用环氧树脂衬里，且衬里厚度应大于1.5mm。

7.使用粉末炭时，必须考虑防火防爆，所配用的所有电器设备也必须符合防爆要求。

六、活性炭的再生

活性炭的再生主要有以下几种方法。

（一）高温加热再生法

水处理粒状炭的高温加热再生过程分六步进行。

1.脱水使活性炭和输送液体进行分离。

2.干燥加温到100~150℃，将吸附在活性炭细孔中的水分蒸发出来，同时部分低沸点的有机物也能够挥发出来。

3.炭化加热到300~700℃，高沸点的有机物由于热分解，一部分成为低沸点的有机物进行挥发，另一部分被炭化留在活性炭的细孔中。

4.活化将炭化阶段留在活性炭细孔中的残留炭，用活化气体（如水蒸气、二氧化碳及氧）进行气化，达到重新造孔的目的，活化温度一般为700~1000℃。

5.冷却活化后的活性炭用水急剧冷却，防止氧化。上述干燥、炭化和活化三步在一个直接燃烧立式多段再生炉中进行。再生炉体为钢壳内衬耐火材料，内部分隔成4~9段炉床，中心轴转动时带动把柄使活性炭自上段向下段移动。

6.从再生炉排出的废气中含有甲烷、乙烷、乙烯、焦油蒸气、二氧化硫、二氧化碳、一氧化碳、氢以及过剩的氧等。为了防止废气污染大气，可将排出的废气先送入燃烧器燃烧后，再进入水洗塔除去粉尘和有臭味物质。

（二）化学氧化再生法

活性炭的化学氧化再生法又分为以下三种方法。

1.湿式氧化法

在某些处理工程中，为了提高曝气池的处理能力，向曝气池内投加粉状炭，吸附饱和后的粉状炭可采用湿式氧化法进行再生；饱和炭用高压泵经换热器和水蒸气加热后送入氧化反应塔；在塔内被活性炭吸附的有机物与空气中的氧反应，进行氧化分解，使活性炭得到再生；再生后的炭经热交换器冷却后，送入再生炭储槽；在反应器底积集的无机物（灰分）定期排出。

目前湿式氧化法在国外已广泛用于各类高浓度污水及污泥处理，尤其是毒性大，难以用生化方法处理的农药污水、染料污水、制药污水、煤气洗涤污水、造纸污水、合成纤维污水及其他有机合成工业污水的处理，也用于还原性无机物和放射性废物的处理。

污水和空气分别由高压泵和压缩机打入热交换器与已氧化液体换热，使温度上升到接近反应温度；进入反应器后，污水有机物与空气中氧气反应；反应热使温度升高并维持在较高的温度下反应；反应后，液相和气相经分离器分离；液相进热交换器预热进料，废气排放；在反应器中维持液相是该工艺的特征，因此需要控制合适的操作压力。湿式氧化系统的主体设备是反应器，除要求其耐压、防腐、保温和安全可靠外，同时要求器内气液接触充分，并有较高的反应速率。通常采用不锈钢鼓泡塔。反应器的尺寸及材质主要取决于污水性质，流量，反应温度、压力及时间。

湿式氧化过程大致可以分为两个速度段。前半小时内，因反应物浓度高，氧化速度快，去除率增加快。此后，因反应物浓度降低或中间产物更难以氧化，致使氧化速度趋缓，去除率增加不多。由此分析，若将湿式氧化作为生物氧化的预处理，则控制湿式氧化时间以半小时为宜。催化剂的运用大大提高了湿式氧化的速度和程度。有关湿式氧化催化剂的研究，对有机物湿式氧化、多种金属具有催化活性。其中贵金属系（如Pd、Pt、Ru）催化剂的活性高、寿命长、适应广，但价格昂贵，应用受到限制。目前多致力于非金属催化剂的开发，已获得应用的主要是过渡金属和稀土元素（如Cu、Mn、Co、Ce）的盐和氧化物。

湿式氧化可以作为完整的处理阶段，将污染物浓度一步处理到排放标准值以下。但是为了降低处理成本，也可以作为其他方法的预处理或辅助处理。常见的组合流程是湿式氧化后进行生物氧化。

2.电解氧化法

将碳作为阳极进行水的电解，在活性炭表面产生的氧气把吸附质氧化分解。

3.臭氧氧化法

利用强氧化剂臭氧,将吸附在活性炭上的有机物加以分解。

(三)溶剂再生法

用溶剂将被活性炭吸附的物质解吸下来,常用的溶剂有酸、碱及苯、丙酮、甲醇等。此方法在制药等行业常有应用,有时还可以进一步从再生液中回收有用物质。

(四)生物再生活性炭法

利用微生物的作用,将被活性炭吸附的有机物加以氧化分解。在再生周期较长、处理水量不大的情况下,可以将炭粒内的活性炭一次性卸出,然后放置在固定的容器内进行生物再生,待一段时间后活性炭内吸附的有机物基本上被氧化分解,炭的吸附能力基本恢复时即可重新使用。另外,也可以在活性炭吸附处理过程中,同时向炭床鼓入空气,以供炭粒上生长的微生物生长繁殖和分解有机物的需要。这样整个炭床就处在不断从水中吸附有机物,同时又在不断氧化分解这些有机物的动态平衡中。因此,炭的饱和周期将成倍地延长,甚至在有的工程实例中一批炭可以连续使用5年以上。

活性炭再生后,炭本身及炭的吸附量都不可避免地会有损失。对加热再生法,再生一次损耗炭5%~10%,微孔减少,过渡孔增加,比表面积和碘值均有所降低。对于主要利用微孔的吸附操作,再生次数对吸附有较重要的影响,因而做吸附试验时应采用再生后的活性炭,才能得到可靠的试验结果。对于主要利用过渡孔的吸附操作,则再生次数对吸附性能的影响不大。

(五)电加热再生法

目前可供使用的电加热再生法主要有直流电加热再生及微波再生。

1.直流电加热再生

将直流电直接通入饱和炭中,由于活性炭本身的电阻和炭粒之间的接触电阻,将使电能变成热能,造成活性炭温度上升。随着活性炭的温度升高,其电阻值会逐渐变小,电耗也随之降低。当达到活化温度时,通入蒸汽完成活化。

这种再生炉操作管理方便,炭的再生损耗量小、再生质量好。但当炭粒被油等不良导体包住或聚集较多无机盐时,需要先用水或酸洗净才能再生。国内某有色金属公司采用直流电加热再生炉处理再生生活饮用水中饱和的活性炭,多年来运转效果良好,炭再生损耗率为2%~3.6%,再生耗电0.22kW·h/kg,干燥耗电1.55kW·h/kg。

2.微波再生

微波再生是利用活性炭能够很好地吸收微波,达到自身快速升温这一特性来实现活性炭加热和再生的一种方法。这种方法具有操作使用方便、设备体积小、再生效率高、炭损耗量小等优点，特别适合于中小型活性炭处理装置的再生使用。

第五节 化学氧化技术

一、废水处理中常用的氧化剂

1. 在接受电子后还原或带负电荷离子的中性原子，如气态的O_2、Cl_2、O_3等。
2. 带正电荷离子，接受电子后还原成带负电荷离子，如漂白粉[Ca（ClO）$_2$+CaCl$_2$]、NaClO。
3. 带正电荷离子，接受电子后还原成带较低正电荷离子，如高锰酸盐（$KMnO_4$）。

二、氧化法

向污水中投加氧化剂，氧化污水中的有害物质，使其转变为无毒无害的或毒性小的新物质的方法称为氧化法。氧化法又可分为氯氧化法、空气氧化法、臭氧氧化法、光氧化法等。

（一）氯氧化法

在污水处理中氯氧化法主要用于氰化物、硫化物、酚、醇、醛、油类的氧化去除及脱色、脱臭、杀菌、防腐等。氯氧化法处理常用的药剂有液氯、漂白粉、次氯酸钠、二氧化氯等。

（二）空气氧化法

所谓空气氧化法，就是利用空气中的氧作为氧化剂来氧化分解污水中有毒有害物质的一种方法。

城市污水中含有溶解性的Fe时，可以通过曝气的方法，利用空气中的氧将Fe^{2+}氧化成Fe^{3+}，而Fe^{3+}很容易与水中的OH^-作用形成$Fe(OH)_3$沉淀，于是可以得到去除。

在采用空气氧化法除铁工艺时，除必须供给充足的氧气外，适当提高pH值对加快反应速度是非常重要的。根据经验，空气氧化法除铁中pH值至少应保证高于6.5才有利。

三、臭氧氧化法

臭氧是一种强氧化剂，它的氧化能力在天然元素中仅次于氟。臭氧在水处理中可用于除臭、脱色、杀菌、除铁、除氰化物、除有机物等。很多有机物都易于与臭氧发生反应，如蛋白质、氨基酸、有机胺、链式不饱和化合物、芳香族和杂环化合物、木质素、腐殖质等。

四、光氧化法

光氧化法是一种化学氧化法，它是同时使用光和氧化剂产生很强的综合氧化作用来氧化分解废水中的有机物和无机物。氧化剂有臭氧、氯、次氯酸盐、过氧化氢及空气加催化剂等，其中常用的为氯气。一般情况下，光源多用紫外光，但它对不同的污染物有一定的差异，有时某些特定波长的光对某些物质最有效。光对氧化剂的分解和污染物的氧化分解起着催化作用。

第六节　膜分离技术

一、膜的分类

膜作为两相分离和选择性传递的物质屏障，可以是固态的，也可以是液态的；膜的结构可能是均质的，也可能是非均质的；膜可以是中性的，也可以是带电的；膜传递过程可以是主动传递过程，也可以是被动传递过程，主动传递过程的推动力可以是压力差、浓度差或电位差。因此，对于膜的分类，会有不同的标准。

（1）按膜结构分类，如表6-1所示。

表6-1　按膜结构分类

固膜	对称膜	柱状孔膜	厚度10~200μm，传质阻力由膜的总厚度决定，降低膜厚度可提高渗透速率
		多孔膜	
		均质膜	
	不对称膜	致密皮层	0.1~0.5μm，起主要分离作用
		多孔支撑	50~150μm
液膜			存在于固体多孔支撑层
			以乳液形式存在的液膜

（2）按膜材料分类，如表6-2所示。

表6-2 按膜材料分类

有机材料	纤维素类	二醋酸纤维素、三醋酸纤维素、醋酸丙酸纤维素、硝酸纤维素等
	聚酰胺类	尼龙-66、芳香聚酰胺、芳香聚酰胺纤维等
	芳香杂环类	聚哌嗪酰胺、聚酰亚胺、聚苯并咪唑、聚苯并咪唑酮等
	聚砜类	聚砜、聚醚砜、磺化聚砜、磺化聚醚砜等
	聚烯烃类	聚乙烯、聚丙烯、聚丙烯氰、聚乙烯醇、聚丙烯酸等
	硅橡胶类	聚二甲基硅氧烷、聚三甲基硅烷丙炔、聚乙烯基三甲基硅烷
	含氟聚合物	聚全氟磺酸、聚偏氟乙烯、聚四氟乙烯
	其他	聚碳酸酯、聚电解质
无机材料	陶瓷	氧化铝、氧化硅、氧化锆
	玻璃	硼酸盐玻璃
	金属	铝、钯、银等

二、相关术语

（一）膜通量

膜通量又称膜的透水量，指在正常工作条件下，通过单位膜面积的产水量，单位是$m^3/(m^2 \cdot h)$或$m^3/(m^3 \cdot d)$。

（二）回收率

膜分离法的回收率是供水通过膜分离后的转化率，即透过水量占供水量的百分率。膜通量及回收率与膜的厚度、孔隙度等物理特性有关，还与膜的工作环境如水温、膜两侧的压力差（或电位差）、原水的浓度等有关。选定某种膜后，膜的物理特性不变时，膜通量和回收率只与膜的工作环境有关。在一定范围内，提高水温和加大压力差可以提高膜通量和回收率，而进水浓度的升高会使膜通量和回收率下降。随着使用时间的延长，膜的孔隙就会逐渐被杂物堵塞，在同样压力及同样水质条件下的膜通量和回收率就会下降。此时需要对膜进行清洗，以恢复其原有的膜通量值和回收率，如果经过清洗，膜通量和回收率仍旧和理想值存在较大差距，就必须更换膜件了。

（三）死端（dead-end）过滤

死端过滤又称全流过滤，是将进水置于膜的上游，在压力差的推动下，水和小于膜孔的颗粒透过膜，大于膜孔的颗粒则被膜截留。形成压差的方式可以是在水侧加压，也可以是在滤出液侧抽真空。死端过滤随着过滤时间的延长，被截留颗粒将在膜表面形成污染层，使过滤阻力增加，在操作压力不变的情况下，膜的过滤透过率将下降。因此，死端过滤只能间歇进行，必须周期性地清除膜表面的污染物层或更换膜。

（四）错流（cross-flow）过滤

运行时水流在膜表面产生两个分力，一个是垂直于膜面的法向力，使水分子透过膜面；另一个是平行于膜面的切向力，把膜面的截留物冲刷掉。错流过滤透过率下降时，只要设法降低膜面的法向力、提高膜面的切向力，就可以对膜进行高效清洗，使膜恢复原有性能。因此，错流过滤的滤膜表面不易产生浓差极化现象和结垢问题。错流过滤的运行方式比较灵活，既可以间歇运行，又可以实现连续运行。

（五）浓差极化

在膜法过滤工艺中，由于大分子的低扩散性和水分子的高渗透性，水中的溶质会在膜表面积聚并形成从膜面到主体溶液之间的浓度梯度，这种现象被称为膜的浓差极化。水中溶质在膜表面的积聚最终将导致形成凝胶极化层，通常把与此相对应的压力称为临界压力。在达到临界压力后，膜的水通量将不再随过滤压力的增加而增长。因此，在实际运行中，应当控制过滤压力低于临界压力，或通过提高膜表面的切向流速来提高膜过滤体系的临界压力。

三、膜过滤的影响因素

（一）过滤温度

高温可以降低水的黏度，提高传质效率，增加水的透过通量。

（二）过滤压力

过滤压力除克服通过膜的阻力外，还要克服水流的沿程和局部水头损失。在达到临界压力之前，膜的通量与过滤压力成正比，为了实现最大的总产水量，应控制过滤压力接近临界压力。

（三）流速

加快平行于膜面的水流速度，可以减缓浓差极化提高膜通量，但会增加能耗，一般将平行流速控制在 1~3m/s。

（四）运行周期和膜的清洗

随着过滤的不断进行，膜的通量逐步下降，当通量达到某一最低数值时，必须进行清洗以恢复通量，这段时间称为一个运行周期，适当缩短运行周期，可以增加总的产水量，但会缩短膜的使用寿命，而且运行周期的长短与清洗的效果有关。

（五）进水浓度和预处理

进水浓度越大，越容易形成浓差极化。为了保证膜过滤的正常进行，必须限制进水浓度，即在必要的情况下对进水进行充分的预处理，有时在进膜过滤装置之前还要根据不同的膜设置 5~200nm 不等的保安筛网。

四、膜清洗

膜分离过程中，最常见而且最为严重的问题是由于膜被污染或堵塞而使得透水量下降的问题，因此膜的清洗及其清洗工艺是膜分离法的重要环节，清洗对延长膜的使用寿命和恢复膜的水通量等分离性能有直接关系。当膜的透水量或出水水质明显下降或膜装置进出口压力差超过 0.05MPa 时，必须对膜进行清洗。

膜的清洗方法主要有物理法和化学法两大类。具体操作应当根据组件的构型、膜材质、污染物的类型及污染的程度选择清洗方法。

（一）物理清洗法

物理清洗法是利用机械力刮除膜表面的污染物，在清洗过程中不会发生任何化学反应。具体方法主要有水力冲洗、气水混合冲洗、逆流冲洗、热水冲洗等。

（二）化学清洗法

化学清洗法是利用某种化学药剂与膜面的有害杂质产生化学反应而达到清洗膜的目的。应当根据不同的污染物采用不同的化学药剂，且化学药剂的选择必须考虑到清洗剂对污染物的溶解和分解能力。清洗剂不能污染和损伤膜面，并且要根据不同的污染物确定清洗工艺。主要的化学清洗方法列举如下。

1.酸洗法

酸洗法对去除钙类沉积物、金属氢氧化物及无机胶质沉积物等无机杂质效果最好。具体做法是利用酸液循环清洗或浸泡0.5~1h，常用的酸有盐酸、草酸、柠檬酸等，酸溶液的pH值根据膜材质而定。例如，清洗醋酸纤维素膜，酸液的pH值为3~4；而清洗其他膜时，酸液的pH值可以为1~2。

2.碱洗法

碱洗法对去除油脂及其他有机杂质效果较好。具体做法是利用碱液循环清洗或浸泡0.5~2h，常用的碱有氢氧化钠和氢氧化钾，碱溶液的pH值也要根据膜材质而定。例如，清洗醋酸纤维素膜，碱液的pH值约为8；而清洗其他耐腐蚀膜时，碱液的pH值约为12。

3.氧化法

氧化法对去除油脂及其他有机杂质效果较好，而且可以同时起到杀灭细菌的作用。具体做法是利用氧化剂溶液循环清洗或浸泡0.5~1h，常用的氧化剂是1%~2%的过氧化氢溶液或者500~1000mg/L的次氯酸钠水溶液或二氧化氯溶液。

4.洗涤剂法

洗涤剂法对去除油脂、蛋白质、多糖及其他有机杂质效果较好。具体做法是利用0.5%~1.5%的含蛋白酶或阴离子表面活性剂的洗涤剂循环清洗或浸泡0.5~1h。

五、膜分离组件系统的设计

膜分离系统按其基本操作方式可分为两类：单程系统和循环系统。在单程系统中污水仅通过单一或多种膜组件一次。而在循环系统中，污水通过泵加压多次流过每一级。

膜组件的连接方式分为并联连接法和串联连接法。在串联的情况下所有的污水依次流经全部膜组件，而在并联的情况下，膜组件则要对进水进行分配。进行串联和并联的膜组件的数目决定于进水的流入通量。如果进水流入通量超过膜组件的上限，会导致推动力损失和组件的损坏；如果进水流入通量低于膜组件的下限，即膜组件在过流通量很少的情况下操作，会引起分离效果的恶化。在实际连接中，根据进水通量将一定数目的膜组件并联成一个组块。在一般的多级组块串联操作中，前一级的出水是后一级的进水，所以后继组块的进水量总是依次递减的（减去渗透物的通量）。因此，在大多数情况下为了使流过组件的通量保持稳定，后继组块中要并联连接的组件数目应相应减少。

六、膜生物反应器

膜生物反应器（Membrane Biological Reactor，MBR）又称膜分离活性污泥法，是把膜分离技术与传统的废水生物处理方法（活性污泥法）相结合，用膜分离设备（膜组件）取代传统活性污泥法中的二沉池，从而强化活性污泥与处理水的分离效果。

膜生物反应器的工艺流程是废水经预处理后进入曝气池，在曝气池中曝气处理后，活性污泥混合液由增压泵送入膜组件（也有将膜组件直接浸没在曝气池中，依靠真空泵的抽吸使混合液进入膜组件的），一部分水透过膜面成为处理出水进入后一级处理工序，剩余的污泥浓缩液则由回流泵（或直接）返回曝气池。曝气池中的活性污泥在膜组件的分离作用下，去除了有机污染物而增殖，当超过一定浓度时，需定期将池内的污泥排出一部分。

根据膜分离的形式反应器可分为微滤膜生物反应器、超滤膜生物反应器、纳滤膜生物反应器和反渗透膜生物反应器，它们在膜的孔径上存在很大的差别。目前使用最多的是超滤膜，主要是因为超滤膜具有较高的液体通量和抗污染能力。

（一）膜生物反应器的分类

虽然膜生物反应器根据分类方法不同，会有很多种不同的形式，但总体上可以根据生物反应器与膜组件的结合方式分为一体式和分置式两大类。

1. 一体式MBR

一体式MBR，是将无外壳的膜组件浸没在生物反应器中，微生物在曝气池中好氧降解有机污染物，水通过负压抽吸由膜表面进入中空纤维，在泵的抽吸作用下流出反应器。

2. 分置式MBR

分置式MBR，由相对独立的生物反应器与膜组件通过外加的输送泵及相应管线相连而构成。

（二）MBR的设计运行参数

1. 负荷率

好氧MBR用于城市污水处理时，体积负荷率一般为$1.2 \sim 3.2 kgCOD/(m^3 \cdot d)$和$0.05 \sim 0.66 kgBOD_5/(m^3 \cdot d)$，相应脱除率为大于90%和大于97%，当进水COD变化较大（$100 \sim 250 mg/L$）时，出水浓度通常小于10mg/L，因此，对城市污水来说，进水COD含量对出水COD影响不大。

2. 停留时间（HRT）

MBR与传统活性污泥法相比，最大的改进是使HRT与SRT分离，即由于膜分离替代了过去的重力分离，使大量活性污泥被膜阻挡在反应器中，而不会因水力停留时间的长短影响反应器中的活性污泥数量。同时通过定期排泥控制反应器内污泥浓度，使反应器内保持高的污泥浓度和较长的污泥龄，加强了降解效率和降解范围。在城市污水处理中，HRT在$2 \sim 24h$之间都可以得到高脱除率，HRT对脱除率影响不大。SRT在$5 \sim 35d$范围内，污泥龄对排水水质的影响不大。

3.污泥浓度和产泥率

MBR中的污泥浓度一般在10~20g/L,在相对较长的污泥龄和较低的污泥负荷下操作,污泥产率较低,在0~0.34kgMLSS/($m^3·d$)之间变化。

4.能耗

MBR能耗主要用于进水泵或透过液吸出泵、曝气等设备,一般分置式能耗2~10kW·h/m^3,一体式能耗为0.2~0.4kW·h/m^3。其中分置式曝气能耗占总能耗20%~50%,而一体式为90%以上。

第七章 污水管理与水生态保护修复

第一节 城市污水处理回用管理制度

一、我国城市污水再生回用管理制度现状分析

城市污水处理市场化,使市场机制在资源配置过程中的基础性作用不断增强,进而推动了我国的城市污水处理回用的管理制度,需要改变以往政府包揽所有污水处理回用事务的局面,形成多元竞争格局,促使主管部门的主要职责向市场监管方面转变。其目的是在政府部门不放弃公共政策制定责任的前提下,通过引进市场机制,挖掘社会一切可以利用的资源来提高城市污水处理事业产品的供给能力和生产效率。新形势下的城市污水处理回用管理制度,需要适应市场化改革,包括深刻的内涵:一是从产业属性看,城市污水处理应由政府统包统管的纯粹公益事业,转变为独立企业提供的社会服务产业,污水处理产业通过处理提供有偿服务,可以取得合理的投资回报;二是管理体制实行政企分开,政府从产业的投资者、建设者、运营者转变为市场的监督者、管理者,主要加强对污水处理产业的管制,以确保城市污水处理服务的稳定,企业在政府监督管理下独立经营;三是从经营主体看,污水处理企业实行企业化经营,不再直接靠财政拨款生存,而是通过污水处理收费及利用污水生产的附加产品,在市场中生存发展;四是从市场结构看,污水处理行业要降低进入壁垒,打破独家垄断,允许社会资金投资污水处理设施,实行投资主体多元化。

因此,改革传统的污水处理管理体制,使企业在政府监督管理下,能够企业化经营、市场化运作、产业化发展,是污水处理市场化改革的关键,也是污水处理回用行业实现可持续发展的保障。

(一)基本构成

中国城市污水治理体制是依据国务院各部门分工和《中华人民共和国城市规划法》

《中华人民共和国水法》《中华人民共和国环境保护法》《中华人民共和国水污染防治法》等法律法规的规定，采取分级和分部门管理体制，即中央、省、自治区、直辖市和县、镇三级分设行政主管部门，城市的独立工矿企业单位的水污染处理设施由各自行政部门管理，但业务、技术上受同级城市环保、建设部门的指导。相关部门责任如下：环境保护部门负责审查。直接或者间接向水体排放污染物的新建、扩建、改建项目和其他设施，应遵守国家有关建设项目环保管理规定；建设项目环境影响报告书应对建设项目可能产生的水污染和对生态环境的影响做出评价，规定防治的措施，经环保和建设主管部门审查批准方可进行设计和施工。其防治水污染的设施，必须与主体工程"三同时"。企事业单位应按规定申报有关防治水污染方面的资料，并保持正常使用，达标排放。

建设部负责建设行政管理。其主要职责是：指导全国城市建设；研究拟定城市市政公用、环境卫生和园林风景事业的发展战略、中长期规划、改革措施、规章；指导城市供水节水和排水工作；指导城市规划区内地下水的开发利用与保护等；会同国家发展计划管理部门审批重大城市市政工程和公用工程等建设项目。有关供水的水资源调配、水污染防护和治理、饮水卫生与健康，则分别由水利部、环境保护部和卫生部协同管理。

水利部门负责技术实施。按照国家资源与环境保护的有关法律法规和标准，组织水功能区的划分和向饮用水源区等水域排污的控制，监测江河湖库的水质，审定水域纳污能力，提出限制排污总量的意见。此外，水价的制定还涉及相关的政府职能部门。因此，城市污水处理回用行业的管理体制，需要和现实条件下的管理特点相结合，构建一套完善的综合管理体制。

（二）管理目标

城市污水处理回用行业的发展和管理，主要目标体现在以下几个方面。

1.加快城市污水处理业的投融资体制改革

随着污水处理费征收范围的扩大和征收标准的提高，逐步建立起污水处理业多元化投资和产业化发展的模式；推进城市污水处理行业的产权制度改革，解决污水处理业的资金瓶颈问题，实现产权多元化，广泛吸纳社会资本进入城市污水处理领域。

2.建立和完善特许经营管理办法和相关法律法规

特许经营是市场监管中对市场准入进行监管的重要手段，进一步完善污水处理业的特许经营管理，使之成为市场监管的重要依据，并借鉴国际经验合理确定特许经营期限。

3.进一步转变政府职能，实行政企职责分开

污水处理业市场化发展必然要求政府转变政府职能，实行政企分开，明确界定政府和企业在污水处理项目中的职责，政府应集中精力搞好宏观调控和市场监管，而由企业即项目投资者负责项目的运营和日常管理。

4.建立政策性损害的利益补偿机制

建立政策性损害的利益补偿机制，对因政策变化而导致污水处理项目的投资者产生的利益损失进行一定的补偿，从而降低投资风险，吸引更多的投资者进入城市污水处理领域，保障行业的持续发展。

二、我国城市污水处理回用管理制度存在的问题及原因

城市污水处理市场化是市场经济条件下促进环境保护发展的必然趋势，我国政府的相关部门也已经认识到城市污水处理行业进行市场化改革的必要性，并制定了相关的法律法规。但由于我国城市污水处理的市场化发展尚处于起步阶段，实践时间不长，有些认识、政策和管理体制等方面的问题尚未解决，严重制约市场化发展的进程。主要表现在以下三个方面。

（一）资金来源问题难以解决

城市污水处理工程作为治理城市水环境的"硬件"设施，其建设、运营情况及处理效果与水环境质量息息相关。但污水处理工程的建设与运营需要大量的资金投入，资金的多少将决定污水处理工程的规模，资金的使用效率将决定污水处理厂的运作效率。目前，我国城市污水处理资金不足与运作低效已成为制约城市水环境质量改善的瓶颈。随着社会主义市场经济的发展，城市污水处理行业深化投融资体制改革，逐步建立了包括地方自筹、国家贷款或专款、国外资金、社会集资、BOT等多层次、多元化的投融资渠道。但各种投融资模式的运作方式仍处于探索阶段，相关政策、法制建设和管理等方面不够成熟。

（二）城市水务管理体制尚待理顺

我国城市水务管理比较落后，城市供水和污水分属不同的管理部门，在城市污水处理中，城市工业废水的监测由环保部门管理，城市污水处理由城建部门管理，特别是有的城市排水管网和污水厂也分属不同的管理部门，加上回用水的利用涉及水资源管理、卫生和农业等部门，给城市污水处理和回用的管理带来一定的困难。城市污水处理工程的建设涉及较多部门，如城建部门负责工程建设，城管部门负责污水处理厂的运营，环保部门制定其排放标准，财政部门负责拨付运营费用，物价部门负责审核污水处理费。城市污水处理工程项目的多头管理使得城市污水处理行业的发展受到限制，遇到问题无法及时解决，致使工作效率较低，工程建设周期长，工程项目的所有权、经营权完全分离，责权无法落实，阻碍了城市污水处理行业的发展。近年来，东部地区一些城市污水处理工程项目通过BOT、TOT、委托运营或股份转让等形式实现了市场化运营，但到目前为止，绝大部分污水处理厂仍为事业单位，由政府直接管理。一些城市的排水公司或排水集团形式上为公司

制企业，实际上都是国有独资，不提折旧，不产生利润，"企业单位事业管理"，基本上等同于政府在直接运营。政府所属机构直接运营管理，已经不是真正意义的运营，不产生利润，从而也没有严格的成本管理，因此，城市污水处理运营主体的真正企业化和社会化是十分必要的。

（三）运营管理问题依然突出

城市污水处理市场化过程中存在政府监管落后于市场化发展的问题。这主要表现在以下几个方面：行业管理部门管理错位，过多关注项目投资和建设，而忽视了运营效率和效益；行业监管部门管理缺位、监管薄弱，如对污水处理企业运营成本和绩效缺乏具体监管等；地方行政管理体制混乱。城市污水处理项目的典型运营方式为：政府筹资或以政府借债方式形成污水处理工程的资产，政府将这份资产委托一个单位（排水公司或排水机构）来管理。管理者只理权，并无资产的所有权。运行费用来源靠政府每年的拨付，数目的多少取决于污水处理厂的需要和政府财政状况，普遍存在到位率低的情况。另外，由于财政资金缺乏监控，容易产生浪费现象，有些污水处理厂的运营经费是参照往年运营情况来确定的。这些污水处理厂为了保证次年能有充足的经费，可能产生一种"今年不多用，明年就吃亏"的心理。在这种情况下，污水处理厂的管理者缺乏降低运行成本的动力，直接导致管理僵化、冗员严重、工作效率低等现象。

目前，全国70%左右的污水处理及配套设施系统还是采用纯事业单位或准事业单位的运营方式，大多是政府收费，给污水处理厂按事业单位性质拨款，致使投资匮乏、运营效率低下。转变政府管理职能也是市场化改革的重要目标，但从近年来市场化改革的结果来看，目前政府仍是筹措污水处理厂资金的主角，不是让市场在资源配置上发挥基础性作用。传统的政府管理体制极大地阻滞了市污水处理设施建设与运营的正常发展及其市场化进程。要解决这种尴尬局面，必须切实转变政府职能，打破政府投资、政府运营的传统模式，充分利用社会资本，建立多元投资主体模式，实行建设与运营的市场化。对于以上提出的几点问题，归纳起来主要有以下一些原因。

1.融资渠道不畅

总的来看，目前环保融资机制还不够顺畅，导致城市污水处理设施建设与运作的资金需求缺口巨大，影响了市场化的整体进程。融资渠道不畅的主要体现在以下三个方面。

（1）融资渠道狭窄。受"环保靠政府"传统观念的影响，现行环保融资渠道十分单一，市场难以发挥作用，社会资本游离市场之外，资金来源主要依靠体制内的财政性融资：地方财政和排污收费。地方财政又受到各因素的制约，投入比例相对偏低，投入金额不足，远远不能满足环保建设的投资需求；排污收费方面由于受到现行排污管理体制和征收机制的限制，收费标准偏低，收费资源流失严重，收费金额十分有限。

（2）融资机制落后。环保融资机制应该与经济体制相协调，这是世界各国的共识，也是市场经济发达国家的成功经验。一般来说，市场经济越发达，环保投资市场化的程度就越高，环保投资力度越大，环境质量改善也就越明显，环保市场化已成为世界性的潮流。我国环境保护的融资机制与我国市场经济体制的成熟程度极不相称，环保投入机制基本上是延续计划经济体制，政府预算资金和预算外资金还是环保投资的主渠道，环境保护市场化程度远远落后于整个国民经济的市场化程度，与我国经济体制高度市场化的现状不相吻合。

（3）融资权责不分。现行环保投资体制没有明晰政府、企业和个人之间的环境责权和环境事权，没有建立投入产出与成本效益核算机制，没有体现"污染者付费原则"和"使用者付费原则"，污染治理责任过多地由政府承担，企业和个人免费使用环境资源，没有承担相应的责任、成本和风险。为明晰政府、企业和个人环境保护的权责关系，企业应按照"污染者付费的原则"直接削减污染总量或直接付费补偿有关环境损失；社会个人既是污染的生产者，又是污染的受害者，必须为使用环境公共物品和环境设施付出相应的"代价"，即按等价原则承担治理污染的成本，支付治理污染的费用。例如，居民应该根据"使用者付费"的原则，支付生活污水处理费。

2.现有的管理、政策体系供给不足

现有政策环境还不能满足市场化发展的需要，我国就污水收费、水价改革、产业化发展和外商投资目录等问题，以部门通知和意见的形式发布了多项指导性政策文件。这些文件为市场化实践创造了初步的和框架性的政策环境：明确了投资主体多元化、运营主体企业化、运行管理市场化的发展方向；制定了污水收费政策，为市场化发展创造了必要条件；要求改革现有运营管理体制，实行特许经营，初步创造了公平竞争的市场环境；制定了一些框架性的优惠政策，扶持城市污水处理产业化的发展；对地方政府提出了监管和规范市场的要求，保障市场化健康有序发展。但是现有的政策环境还不能满足市场化形势的发展要求。现有有关市场化和产业化的政策仅为部门指导意见，缺乏相应的法律依据，政策的权威性和力度不够；现有政策只是框架性的指导政策，对一些关键问题如企业改制和优惠政策，既缺乏可供操作的实施办法，也没有明确地方政府实施的权限，给地方政府落实相关政策带来较大困难，往往造成有政策无作为的局面；对投资者利益保障缺乏完善的法律体系的保障。

三、我国典型城市污水处理回用管理制度的需求分析

长期以来受计划经济体制的影响，城市污水处理被当成一项社会公益事业，从而形成了单纯依靠政府供给的行政管制模式，甚至有人认为，污染治理应是游离于市场经济范畴之外的行政行为，这与社会主义市场经济的要求很不适应。城市污水处理设施建设与运营

引入市场机制，有着巨大的社会经济效应。城市污水处理回用管理制度，需要和行业的发展相适应，满足其相关方面的发展需求。

（一）有利于缓解城市水资源的稀缺性矛盾

由于社会经济的快速发展，城市水污染恶化趋势加剧，城市水环境资源的稀缺性矛盾日益突出，市场机制的引入将有利于排污者的外部问题内在化，从而有利于更高效率、更为公平地配置城市水资源，进而在一定程度上缓解日益紧张的城市水资源的稀缺性矛盾。

（二）有利于打通资金需求缺口的瓶颈

在我国工业化、城市化、现代化的过渡期，即使不存在政府失灵现象，但由于多年来城市经济高速发展、人口急剧膨胀、城市规模不断扩张、城市污水处理设施历史欠账过多，也会因为政府财力严重不足，导致城市污水处理设施的投资出现巨大的融资缺口，因此，同样需要市场化的手段弥补资金需求的缺口。

（三）有利于推动环保产业的发展

环保产业被誉为"朝阳产业"，是开展环境保护的物质技术基础，具有广阔的市场空间，我国城市污水处理行业的市场份额很大，建设运行费用相当可观。如果引入市场机制，既可以减轻当地政府的压力，也可以使污水处理厂的建设运行获得保证。推行污水处理市场化，可以将一些由社会投资建设运行的工程，一些政府部门想办又办不好的事情转移到社会上去，由社会上的企业或个人投资建设，从而启动环保产业市场，推动环保产业潜在市场向现实市场转变，推动环保产业发展。

（四）有利于提高公众环保意识

我国公众环境保护意识相对淡薄，普遍存在"依赖政府型"的环境意识，无主动参与的积极性。其主要原因是公众参与环境保护工作尚没有建立有效的利益驱动机制。推行污水处理市场化，使公众看到了污水处理这片尚未放开的市场，看到了这片市场的利益空间，将有利于调动企业和个人参与污水处理的积极性。

（五）有利于改善和加强行政机制的作用

市场化也是地方政府改善和加强行政机制在城市污水处理设施方面所发挥作用的保证和重要途径。城市污水处理设施建设与运营市场化后，地方政府在既定财政资源约束下，可以扩大污水处理事业的规模、提供更多的服务、改进服务的质量，从而使百姓获得更多更好的环境资源、直接感受到生活质量的提高，进而改善政府形象，减少社会冲突，促进社会长期稳定发展，有利于政府开展工作，包括开展城市污水处理设施建设与运营的工作。

（六）有利于提高城市污水处理的效率和服务质量

市场化通常比传统的行政供给制有更多的动力以获得更高的生产效率和服务质量。例如，可以通过引进先进的技术、科学的管理和对生产流程进行再造以更快适应外部环境的变化，从而提高城市污水处理行业的生产效率和服务质量。

综上可知，中国城市污水处理设施建设与运营的市场化战略有着巨大的现实意义，城市污水处理回用的市场化管理，有利于缓解资源稀缺的矛盾、融资缺口的矛盾，推进环保产业发展、提高公众环保意识、提高政府在环境领域的管理和服务的水平和质量等。但是，当前中国城市污水处理设施建设与运营的市场化进程并不顺利，面临着巨大的挑战，主要包括设施供给不足、市场资金流入不积极、技术进步和管理创新的效果不明显、政府职能转变不甚理想等方面的问题。这些问题产生的原因主要在于融资渠道不畅、收费机制不完善、政策法律的供给不足、政府监管不到位、认识上存在偏差等方面，需要通过一系列政策设计加以解决。

四、我国城市污水处理回用管理制度框架设计

根据管网在污水处理设施中的特殊地位，城市污水处理回用的管理，在建设环节，政府应承担投资人的责任；在运营环节，可实行政府委托的市场运营模式。此外，在处理与污水处理厂的关系时应坚持"厂网并举，管网先行"的原则。

在建设环节，污水管网的投资仍主要由政府承担。其理论依据和现实的理由主要包括以下几个方面。

从经济学的意义来讲，管网建设投资是一种沉没成本，具有不可控性和不可预测性，在市场化过程中，相对于以利润最大化为目标的企业来说，它是一种非相关成本，在污水处理设施建设与运营的市场化操作过程中，管网建设的市场化决策难于操作，由于沉没成本的不可控性，即使得出决策也可能是一种错误的决策。因此，这部分投资企业也不愿承担，除非政府承担了大量的不可预测的成本，如拆迁成本、施工周期中的各种行政协调成本及各种不可预见的隐性成本等。

管网建设是一个系统工程，由企业投资、建设，协调难度巨大。一般来讲，管网建设和城市的整体规划与建设紧密相关，涉及街道开挖、旧城改造、小区建设、路面整治、管线暗埋、绿化景观、路灯照明、河道整治及拆迁补偿等方方面面，所有这些工作需要统筹考虑，协调实施，由政府部门统一组织实施比较可行。

在投资领域，政府应根据城市污水处理设施的整体规划来投资建设污水管网，但在具

体建设模式上，可引入市场机制，采取招标方式，让专业公司进行管网建设，政府只需负责资金的拨付和工程质量、进度的监督，以提高建设效率。这种市场化的建设机制在我国上海、四川、深圳的污水管网建设中都有成功的先例，一般做法是政府通过管理合同，以"代建制"的形式委托专业公司进行污水收集管网的建设。这种运作模式，可以有效调动市场资源、降低建设成本、减轻政府负担、提高建设效率。综上所述，在城市污水收集管网的建设过程中，政府应扮演投资者的角色，自觉承担投资主体的义务；建立稳定规范的财政资金注入渠道，加大投资力度，保证配套管网建设，但在具体的建设方式上，可以引入市场机制，以降低成本、提高效率。

在运营环节，污水管网可实行市场化的委托运营方式。在建设环节，管网投资主要应由公共财政出资，但在建设交付使用后，基于效率的考虑，管网的运营完全可以改变过去由政府管制下的事业单位性质非市场化的运营方式，实行市场化的委托运营。在操作实施过程中，市场化运营的政策机制必须满足管网的特殊属性要求，这种特殊性主要体现在两个方面：一是管网收集系统是污水处理设施的重要组成部分，是污水处理厂有效运行的基本保障，因此污水处理厂与其配套管网之间有着不可分割的有机整体性。与此同时，厂网的统一运营也可以提高企业的管理效率。二是厂网之间可能属于不同的业主，存在主权分家的特殊产权性质，污水处理厂可能由民间投资，而管网属于公共财政投资，因此管网与污水处理厂之间可能分属政府与民间的不同投资主体。在这种厂网主权分家的形式下，需要一种全新的政策机制来保证厂网运营的完整性。

在政府拥有管网产权的情况下，可以通过委托合同的形式将管网的运营权和维护权移交给企业，政府通过谈判支付企业一定的运营维护费，不失为一种可以确保运营完整性的有效措施。对于政府来说，通过委托方式将管网交给企业统一管理和维护，一方面可以将管网维护运行的投资风险转移给企业，另一方面也有利于政府集中精力对企业进行监管，提高监管水平；对于企业来说，实行厂网的市场化统一运营，可以更好地符合运营企业的专业化要求、整合企业的管理资源、实现企业的规模经营，从而更好地提高企业的管理效率。

厂网之间在规划、设计、建设阶段的时序要求应坚持"厂网并举，管网先行"的原则。从全国各地的工作实践来看，却存在大量的常识性错误，许多污水厂在建设验收完工后却无污水或无足够的污水可以收集，其原因是管网建设不配套，或者落后于污水处理厂建设，致使斥巨资建成的污水处理厂成为所谓的"晒太阳工程"，这种现象在全国各地大量存在，造成这一现象的主要原因：一是地方地府官员把污水处理厂建设作为面子工程、政绩工程来运作，不顾厂网必须配套进行的科学原则。二是在污水处理厂的市场化实践中厂网是分开建设的，污水处理厂的厂区通过BOT招标引进社会资金建设，污水管网由政府负责投资配套建设。配套的管网建设资金来源无保障，往往不能按时配套完工。

因此，我们在进行策略设计时，立法部门及政府有关部门要出台有关法律规章，通过立法形式就这一常识性的问题进行严格立法、硬性规定：配套污水管网必须先于污水处理厂规划、设计和建设；建设城市污水干管的同时，要加强排污支管、毛细管的规划与建设；污水处理厂的建成规模要与管网收集输送的污水量相匹配。

第二节 水生态保护与修复技术

地球有"水的星球"之称，水在推动地球及地球生物的演化、形成与发展过程中起着极为重要的作用。然而，在过去的几十年中，随着人类生活水平的提高、人口的快速增长以及工农业生产的迅猛发展，人类对水资源的需求量急剧增加。同时，由于人类对水资源管理和利用缺乏科学的认识，造成了水资源随意开采、污染物大量排入水中以及森林破坏（尤其是河岸植被带）等，严重影响和破坏了水域生态系统。而且，这种变化和破坏的程度超过历史上任何时期，水域生态系统自身及人工的修复速率也远远小于其受到损害的速率。水资源的损耗与短缺是水域环境严重破坏后的必然结果。

因此，如何延缓甚至阻止水域生态系统受损进程，维持其现有淡水生态系统的服务功能，修复受损水域生态系统和促进淡水资源持续健康发展已经成为当今国际社会关注的焦点之一。

一、水生态保护与修复规划编制

（一）规划的主要内容及技术路线

水生态保护与修复规划的主要任务是以维护流域生态系统良性循环为基本出发点，合理划分水生态分区，综合分析不同区域的水生态系统类型、敏感生态保护对象、主要生态功能类型及其空间分布特征，识别主要水生态问题，针对性提出生态保护与修复的总体布局和对策措施。

（二）水生态保护与修复措施体系

在水生态状况评价基础上，根据生态保护对象和目标的生态学特征，对应水生态功能类型和保护需求分析，建立水生态修复与保护措施体系，主要包括生态需水保障、水环境保护、河湖生境维护、水生生物保护、生态监控与管理五大类措施，针对各大类措施又细分为14个分类，直至具体的工程、非工程措施。

1.生态需水保障

生态需水保障是河湖生态保护与修复的核心内容，指在特定生态保护与修复目标之下，保障河湖水体范围内由地表径流或地下径流支撑的生态系统需水，包含对水质、水量及过程的需求。首先，应通过工程调度与监控管理等措施保障生态基流，其次，针对各类生态敏感区的敏感生态需水过程及生态水位要求，提出具体生态调度与生态补水措施。

2.水环境保护

水环境保护主要是按照水功能区保护要求，分阶段合理控制污染物排放量，实现污水排浓度和污染物入河总量控制双达标。对于湖库，还要提出面源、内源及富营养化等控制措施。

3.河湖生境维护

河湖生境维护主要是维护河湖连通性与生境形态以及对生境条件的调控。河湖连通性，主要考虑河湖纵向、横向、垂向连通性以及河道蜿蜒形态。生境形态维护主要包括天然生境维护、生境再造、"三场"保护以及海岸带保护与修复等。生境条件调控主要指控制低温水下泄、控制过饱和气体以及水沙调控。

4.水生生物保护

水生生物保护包括对水生生物基因、种群以及生态系统的平衡及演进的保护等。水生生物保护与修复要以保护水生生物多样性和水域生态的完整性为目标，对水生生物资源和水域生态的完整性进行整体性保护。

5.生态监控与管理

生态监控与管理主要包括相关的监测、生态补偿与各类综合管理措施，是实施水生态事前保护、落实规划实施、检验各类措施效果的重要手段。要注重非工程措施在水生态保护与修复工作的作用，在法律法规、管理制度、技术标准、政策措施、资金投入、科技创新、宣传教育及公众参与等方面加强建设和管理，建立长效机制。

（三）生态修复与重建常用的方法

生态修复与重建既要对退化生态系统的非生物因子进行修复重建，又要对生物因子进行修复重建，因此，修复与重建途径和手段既包括物理、化学工程与技术，又包括生物、生态工程与技术。

1.物理法

物理方法可以快速有效地消除胁迫压力、改善某些生态因子，为关键生物种群的恢复重建提供有利条件。例如，对于退化水体生态系统的修复，可以通过调整水流改变水动力学条件，通过曝气改善水体溶解氧及其他物质的含量等，为鱼类等重要生物种群的恢复创造条件。

2.化学法

通过添加一些化学物质，改善土壤、水体等基质的性质，使其适合生物的生长，进而达到生态系统修复重建的目的。例如，向污染的水体、土壤中添加络合/整合剂，络合/整合有毒有害的物质，尤其对于难降解的重金属类的污染物，一般可采用络合剂、络合污染物形成稳态物质，使污染物难以对生物产生毒害作用。

3.生物法

人类活动引起的环境变化会对生物产生影响甚至破坏作用，同时，生物在生长发育过程中通过物质循环等对环境也有重要作用，生物群落的形成演替过程又在更高层面上改变并形成特定的群落环境。因此，可以利用生物的生命代谢活动减少环境中有毒、有害物的浓度或使其无害化，从而使环境部分或完全恢复到正常状态。微生物在分解污染物中的作用已经被广泛认识和应用，已经有各种各样的微生物制剂、复合菌制剂等广泛用于被污染的退化水体和土壤的生态修复。植物在生态修复重建中的作用也已经引起重视，植物不仅可以吸收利用污染物，还可以改变生境，为其他生物的恢复创造条件。动物在生态修复重建中的作用也不可忽视，它们在生态系统构建食物链结构的完善和维护生态平衡方面均有十分重要的作用。

4.综合法

生态破坏对生态系统的影响往往是多方面的，既有对生物因子的破坏，又有对非生物因子的破坏，因此，生态修复需要采取物理法、化学法和生物法等多种方法的综合措施。例如，对退化土壤实施生态修复，应在诊断土壤退化主要原因的基础上，对土壤物理特性、土壤化学组成及生物组成进行分析，确定退化原因及特点，根据退化状况，采取物理化学及生物学等综合方法；对于严重退化的土壤，如盐碱化严重或污染严重的土壤，可以采取耕翻土层、深层填埋、添加调节物质（如用石灰、固化剂、氧化剂等）和淋洗等物理化学方法；在土壤污染胁迫的主要因子得以控制和改善后，再采取微生物、植物等生物学方法进一步改善土壤环境质量，修复退化的土壤生态系统。

二、生物多样性保护技术

（一）生物多样性丧失的原因

物种灭绝给人类造成的损失是不可弥补的。物种灭绝与自然因素有关，更与人类的行为有关。

物种的产生、进化和消亡本是个缓慢的协调过程，但随着人类对自然干扰的加剧，在过去30年间，物种的减少和灭绝已成为主要的生态环境问题。根据化石记录估计，哺乳动物和鸟类的背景灭绝速率为每500～1000年灭绝一个物种。而目前物种的灭绝速率高于其"背景"速率100～1000倍。如此异乎寻常的不同层次的生物多样性丧失，主要是人类活动所导致，包括生境的破坏及片段化、资源的过度开发、生物入侵、环境污染和气候变化等，其中生物栖息地的破坏和生境片段化对生物多样性的丧失"贡献"最大。

1.栖息地的破坏和生境片段化

由于工农业的发展，围湖造田、森林破坏、城市扩大、水利工程建设、环境污染等的影响，生物的栖息地急剧减少，导致许多生物濒危和灭绝。森林是世界上生物多样性最丰富的生物栖聚场所。仅拉丁美洲亚马孙河的热带雨林就聚集了地球生物总量的1/5。公元前700年，地球约有2/3的表面为森林所覆盖，而目前世界森林覆盖率不到1/3，热带雨林的减少尤为严重。Wilson估计，若按保守数字每年1%的热带雨林消失率计，每年有0.2%～0.3%的物种灭绝，生物栖息地面积缩小，能够供养的生物种数自然减少。但与之相比，由于生境破坏而导致的生境片段化形成的生境岛屿对生物多样性减少的影响更大，这种影响间接导致生物的灭绝。比如，森林的不合理砍伐，导致森林的不连续性斑块状分布，即所谓的生境岛屿，一方面使残留的森林边缘效应扩大，原有的生境条件变得恶劣；另一方面改变了生物之间的生态关系，如生物被捕食、被寄生的概率增大。这两个方面都间接地加速了物种的灭绝。近年来，野味店的兴起和奢侈品的消费热加剧了人们对野生动植物的乱捕滥杀、乱采滥挖。甚至连一些受国家保护的野生动物，也成了食客口中的佳肴。另外，由于人们采集过度，不少名贵的药用植物如人参、杜仲、石斛、黄芪和天麻等已经濒临绝迹。

近年来，大西洋两岸几千只海豹由于DDT、多氯联苯等杀虫剂中毒致死。人类向大气排放的大量污染物质，如氮氧化物、硫氧化物、碳氧化物、碳氢化合物等，还有各种粉尘、悬浮颗粒，使许多动植物的生存环境受到影响。大剂量的大气污染会使动物很快中毒死亡。水污染加剧水体的富营养化，使得鱼类的生存受到威胁。土壤污染也是影响生物多样性的重要因素之一。

2.生物入侵

人类有意或无意地引入一些外来物种，破坏景观的自然性和完整性，物种之间缺乏相互制约，导致一些物种灭绝，影响遗传多样性，使农业、林业、渔业或其他方面的经济遭受损失。在全世界濒危植物名录中，有35%～46%物种的濒危是部分或完全由外来物种入侵引起的。如澳大利亚袋狼灭绝的原因除人为捕杀外，还有家犬的引入，家犬引入后产生野犬，种间竞争导致袋狼数量下降。

3.环境污染

环境污染对生物多样性的影响除使生物的栖息环境恶化外，还直接威胁着生物的正常生长发育。农药、重金属等在食物链中的逐级浓缩、传递严重危害着食物链上端的生物。

据统计，目前由于污染，全球已有2/3的鸟类生殖力下降，每年至少有10万只水鸟死于石油污染。

（二）保护生物多样性

保护生物多样性必须在遗传、物种和生态系统三个层次上都进行保护。保护的内容主要包括：对那些濒临灭绝的珍稀濒危物种和生态系统的绝对保护；对数量较大的可以开发的资源进行可持续的合理利用。保护生物多样性，主要从以下几个方面入手。

1. 就地保护

就地保护主要是就地设立自然保护区、国家公园、自然历史纪念地等，将有价值的自然生态系统和野生生物环境保护起来，以维持和恢复物种群体所必需的生存、繁衍与进化的环境，限制或禁止捕猎和采集，控制人类的其他干扰活动。

2. 迁地保护

迁地保护是通过人为努力，把野生生物物种的部分种群迁移到适当的地方加以人工管理和繁殖，使其种群种能不断有所扩大。迁地保护适合受到高度威胁的动植物物种的紧急拯救，如利用植物园、动物园、迁地保护基地和繁育中心等对珍稀濒危动植物进行保护。我国植物园保存的各类高等植物有2.3万多种。在我国已建的动物园中共饲养脊椎动物600多种。由于我国在珍稀动物的保存和繁育技术方面不断取得进展，许多珍稀濒危动物可以在动物园进行繁殖，如大熊猫、东北虎、华南虎、雪豹、黑颈鹤、丹顶鹤、金丝猴、扬子鳄、扭角羚、黑叶猴等。

3. 离体保存

在就地保护及迁地保护都无法实施保护的情况下，生物多样性的离体保护应运而生。通过建立种子库、精子库、基因库，对生物多样性中的物种和遗传物质进行离体保护。

4. 放归野外

我国对养殖繁育成功的濒危野生动物，逐步放归自然进行野化。例如，麋鹿、东北虎、野马的放归野化工作已开始，并取得一定成效。保护生物多样性是我们每一个公民的责任和义务。善待众生首先要树立良好的行为规范，不参与乱捕滥杀、乱砍滥伐的活动，拒吃野味，还要广泛宣传保护物种的重要性，坚决同破坏物种资源的现象做斗争。

此外，健全法律法规、防治污染、加强环境保护宣传教育和加大科学研究力度等也是保护生物多样性的重要途径。在保护生物多样性的工作中，采用科学研究途径，探索现存野生生物资源的分布、栖息地、种群数量、繁殖状况、濒危原因，研究和分析开发利用现状、已采取的保护措施、存在的问题等，一般采取以下研究途径：分析生物多样性现状；对特殊生物资源进行研究；研究生物多样性保护与开发利用关系；实行生物种资源的就地保护；实行生物种资源的迁地保护；建立种质资源基因库；研究环境污染对生物多样性的影响；建立自然保护区，加强生物多样性保护的策略研究，采用先进的科学技术手段，如遥感、地理信息系统、全球定位系统等。

三、湖泊生态系统的修复

（一）湖泊生态系统修复的生态调控措施

治理湖泊的方法有：物理方法，如机械过滤、疏浚底泥和引水稀释等；化学方法，如杀藻剂杀藻等；生物方法，如放养鱼等；物化法，如木炭吸附藻毒素等。各类方法的主要目的是降低湖泊内的营养负荷，控制过量藻类的生长。

1.物理、化学措施

在控制湖泊营养负荷实践中，研究者已经发明了许多方法来降低内部磷负荷。例如，通过水体的有效循环，不断干扰温跃层，该不稳定性可加快水体与DO（溶解氧）、溶解物等的混合，有利于水质的修复。削减浅水湖的沉积物，采用铝盐及铁盐离子对分层湖泊沉积物进行化学处理，向深水湖底层充入氧或氮。

2.水流调控措施

湖泊具有水"平衡"现象，它影响着湖泊的营养供给、水体滞留时间及由此产生的湖泊生产力和水质。若水体滞留时间很短，如在10d以内，藻类生物量不可能积累。水体滞留时间适当时，既能大量提供植物生长所需营养物，又有足够时间供藻类吸收营养促进其生长和积累。如有足够的营养物和100d以上到几年的水体滞留时间，可为藻类生物量的积累提供足够的条件。因此，营养物输入与水体滞留时间对藻类产生的共同影响，成为预测湖泊状况变化的基础。

为控制浮游植物的增加，使水体内浮游植物的损失超过其生长，除对水体滞留时间进行控制或换水外，增加水体冲刷以及其他不稳定因素也能实现这一目的。由于在夏季浮游植物生长不超过3~5d，因此这种方法在夏季不宜采用。但是，在冬季浮游植物生长慢的时候，冲刷等流速控制方法可能是一种更实用的修复措施，尤其对于冬季藻氰菌的浓度相对较高的湖泊十分有效。冬季冲刷之后，藻类数量大量减少，次年早春湖泊中大型植物就可成为优势种属。这一措施已经在荷兰一些湖泊生态系统修复中得到广泛应用，且取得了较好的效果。

3.水位调控措施

水位调控已经被作为一类广泛应用的湖泊生态系统修复措施。这种方法能够促进鱼类活动、改善水鸟的生境、改善水质，但由于娱乐、自然保护或农业等因素，有时对湖泊进行水位调节或换水不太现实。

由于自然和人为因素引起的水位变化，会涉及多种因素，如湖水浑浊度、水位变化程度、波浪的影响（与风速、沉积物类型和湖的大小有关）和植物类型等，这些因素的综合作用往往难以预测。一些理论研究和经验数据表明，水深和沉水植物的生长存在一定关系，即如果水过深，植物生长会受到光线限制；如果水过浅，频繁的再悬浮和较差的地层条件，会使得沉积物稳定性下降。通过影响鱼类的聚集，水位调控也会对湖水产生间接影响。在一些水库中，有人发现改变水位可以减少食草鱼类的聚集，进而改善水质。而且，短期的水位下降可以促进鱼类活动，减少食草鱼类和底栖鱼类数量，增加食肉性鱼类的生物量和种群大小。这可能是因为低水位生境使受精鱼卵干涸而无法孵化，或者增加了被捕食的危险。

此外，水位调控还可以控制损害性植物的生长，为营养丰富的浑浊湖泊向清水状态转变创造有利条件。浮游动物对浮游植物的取食量，由于水位下降而增加，改善了水体透明度，为沉水植物生长提供了良好的条件。这种现象常常发生在富含营养底泥的重建性湖泊中。该类湖泊营养物浓度虽然很高，但由于含有大量的大型沉水植物，在修复后一年之内很清澈，然而几年过后，便会重新回到浑浊状态，同时伴随着食草性鱼类的迁徙进入。

4.大型水生植物的保护和移植

因为水生植物处于初级生产者的地位，二者相互竞争营养、光照和生长空间等生态资源，所以水生植物的生长及修复对于富营养化水体的生态修复具有极其重要的地位和作用。

围栏结构可以保护大型植物免遭水鸟的取食，这种方法也可以作为鱼类管理的一种替代或补充方法。围栏能提供一个不被取食的环境，大型植物可在其中自由生长和繁衍。另外，植物或种子的移植也是一种可选的方法。

5.生物操纵与鱼类管理

生物操纵即通过去除浮游生物捕食者或添加食鱼动物降低以浮游生物为食鱼类的数量，使浮游动物的体型增大、生物量增加，从而提高浮游动物对浮游植物的摄食效率，降低浮游植物的数量。生物操纵可以通过许多不同的方式克服生物的限制，进而加强对浮游植物的控制，利用底栖食草性鱼类减少沉积物再悬浮和内部营养负荷。生物管理Czech实验中用削减鱼类密度来改善水质，增加水体的透明度。Drenner和Hambright认为，生物管理的成功例子大多是在水域面积25hm^{2}以下及深度3 m以下的湖泊中实现的。不过，有些在更深的、分层的和面积超过1km^{2}的湖泊中也取得了成功。值得注意的是，在富营养化湖中，鱼类数目减少通常会引发一连串短期效应。浮游植物生物量的减少改善了透明度。小型浮游动物遭鱼类频繁地捕食，使叶绿素/TP的比率常常很高，导致营养水平降低。

在浅的分层富营养化湖泊中进行的实验中，总磷浓度下降30%～50%，水底微型藻类的生长通过改善沉积物表面的光照条件，刺激了无机氮和磷的混合。由于捕食率高（特别是在深水湖中），水底藻类、浮游植物不会沉积太多，低的捕食压力下更多的水底动物最终会导致沉积物表面更高的氧化还原作用，这就减少了磷的释放，进一步加快了硝化—脱氮作用。此外，底层无脊椎动物和藻类可以稳定沉积物，因此减少了沉积物再悬浮的概率。更低的鱼类密度减轻了鱼类对营养物浓度的影响。而且，营养物随着鱼类的运动而移动，随着鱼类而移动的磷含量超过了一些湖泊的平均含量，相当于20%～30%的平均外部磷负荷，这相比于富营养湖泊中的内部负荷还是很低的。

6.适当控制大型沉水植物的生长

虽然大型沉水植物的重建是许多湖泊生态系统修复工程的目标，但密集植物床在营养化湖泊中出现时也有危害性，如降低垂钓等娱乐价值、妨碍船的航行等。此外，生态系统的组成会由于入侵物种的过度生长而发生改变，如欧亚孤尾藻在美国和非洲的许多湖泊中已对本地植物构成严重威胁。对付这些危害性植物的方法包括特定食草昆虫如象鼻虫和食草鲤科鱼类的引入，每年收割、沉积物覆盖、下调水位或用农药进行处理等。

通常，收割和水位下降只能起短期作用，因为这些植物群落的生长很快而且外部负荷高。引入食草鲤科鱼类的作用很明显，因此，目前世界上此方法应用最广泛，但该类鱼过度取食又可能使湖泊由清澈转为浑浊状态。另外，鲤鱼不好捕捉，这种方法也应该谨慎采用。实际应用过程中很难达到大型沉水植物的理想密度以促进群落的多样性。

大型植物蔓延的湖泊中，经常通过挖泥机或收割的方式来实现其数量的削减。这可以提高湖泊的娱乐价值和生物多样性，并对肉食性鱼类有好处。

7.蚌类与湖泊的修复

蚌类是湖泊中有效的滤食者。有时大型蚌类能够在短期内将整个湖泊的水过滤一次。但在浑浊的湖泊很难见到它们的身影，这可能是由于它们在幼体阶段即被捕食。这些物种的再引入对于湖泊生态系统修复来说切实有效，但目前为止没有得到重视。

（二）陆地湖泊生态修复的方法

湖泊生态修复的方法，总体而言可以分为外源性营养物种的控制措施和内源性营养物质的控制措施两大部分。

1.外源性方法

（1）截断外来污染物的排入。

由于湖泊污染、富营养化基本上来自外来物质的输入，因此要采取如下三个方面措施进行截污。首先，对湖泊进行生态修复的重要环节是实现流域内废、污水的集中处理，使之达标排放，从根本上截断湖泊污染物的输入。其次，对湖区来水区域进行生态保护，尤其是植被覆盖低的地区，要加强植树种草、扩大植被覆盖率，目的是对湖泊产水区的污染物削减净化，从而减少来水污染负荷。因为，相对于较容易实现截断控制的点源污染，面源污染量大、分布广，尤其主要分布在农村地区或山区，控制难度较大。最后，应加强监管，严格控制湖滨带度假村、餐饮的数量与规模，并监管其废、污水的排放；对游客产生的垃圾要及时处理，尤其要采取措施防治隐蔽处的垃圾产生；规范渔业养殖及捕捞，退耕还湖，保护周边生态环境。

（2）恢复和重建湖滨带湿地生态系统。

湖滨带湿地是水陆生态系统间的一个过渡和缓冲地带，具有保持生物多样性、调节相邻生态系统稳定、净化水体、减少污染等功能。建立湖滨带湿地，恢复和重建湖滨水生植物，利用其截留、沉淀、吸附和吸收作用，净化水质，控制污染物。同时，能够营造人水和谐的亲水空间，也为两栖水生动物修复其生长空间及环境。

2.内源性方法

（1）物理法。

①引水稀释。通过引用清洁外源水，对湖水进行稀释和冲刷，这一措施可以有效降低湖内污染物的浓度，提高水体的自净能力。这种方法只适用于可用水资源丰富的地区。

②底泥疏浚。多年的自然沉积使湖泊的底部积聚了大量的淤泥。这些淤泥富含营养物质及其他污染物质，如重金属能为水生生物生长提供营养物质来源，而底泥污染物释放会加速湖泊的富营养化进程，甚至引起水华的发生。因此，疏浚底泥是一种减少湖泊内营养物质来源的方法。但施工中必须注意防止底泥的泛起，对移出的底泥也要进行合理处理，避免二次污染的发生。

③底泥覆盖。底泥覆盖的目的与底泥疏浚相同，在于减少底泥中的营养盐对湖泊的影响，但这一方法不是将底泥完全挖出，而是在底泥层的表面铺设一层渗透性小的物质，如生物膜或卵石，可以有效减少水流扰动引起底泥翻滚的现象，抑制底泥营养盐的释放，提高湖水清澈度，促进沉水植物的生长。但需要注意的是铺设透水性太差的材料，会严重影响湖泊固有的生态环境。

④其他一些物理方法。除以上三种较成熟、简便的措施外，还有其他一些新技术投入应用，如水力调度技术、气体抽提技术和空气吹脱技术。水力调度技术是根据生物体的生态水力特性，人为营造出特定的水流环境和水生生物所需的环境，来抑制藻类大量繁殖。气体抽取技术是利用真空泵和井，将受污染区的有机物蒸气或转变为气相的污染物，从湖中抽取，收集处理。空气吹脱技术是将压缩空气注入受污染区域，将污染物从附着物上去除。结合提取技术可以得到较好效果。

（2）化学方法。

化学方法就是针对湖泊中的污染特征，投放相应的化学药剂，应用化学反应除去污染物质而净化水质的方法。常用的化学方法有：对于磷元素超标，可以通过投放硫酸铝，去除磷元素；针对湖水酸化，通过投放石灰来进行处理；对于重金属元素，常常投放石灰和硫化钠等；投放氧化剂将有机物转化为无毒或者毒性较小的化合物，常用的有二氧化氯、次氯酸钠或者次氯酸钙、过氧化氢、高锰酸钾和臭氧。但需要注意的是，化学方法处理虽然操作简单，但费用较高，而且往往容易造成二次污染。

（3）生物方法。

生物方法也称生物强化法，主要是依靠湖水中的生物，增强湖水的自净能力，从而达到恢复整个生态系统的方法。

①深水曝气技术。当湖泊出现富营养化现象时，往往是水体溶解氧大幅降低，底层甚至出现厌氧状态。深水曝气便是通过机械方法将深层水抽取上来进行曝气，之后回灌，或者注入纯氧和空气，使得水中的溶解氧增加，改善厌氧环境为好氧环境，使藻类数量减少，水华程度明显减轻。

②水生植物修复。水生植物是湖泊中主要的初级生产者之一，往往是决定湖泊生态系统稳定的关键因素。水生植物生长过程中能将水体中的富营养化物质如氮、磷元素吸收、固定，既满足生长需要，又能净化水体。但修复湖泊水生植物是一项复杂的系统工程，需要考虑整个湖泊现有水质、水温等因素，确定适宜的植物种类，采用适当的技术方法，逐步进行恢复。具体的技术方法有：A.人工湿地技术。通过人工设计建造湿地系统，适时适量收割植物，将营养物质移出湖泊系统，从而达到修复整个生态系统的目的。B.生态浮床技术。采用无土栽培技术，以高分子材料为载体和基质（如发泡聚苯乙烯），综合集成的水面无土种植植物技术，既可种植经济作物，又能利用废弃塑料，同时不受光照等条件限制，应用效果明显。这一技术与人工湿地的最大优势就在于不占用土地。C.前置库技术。前置库是位于受保护的湖泊水体上游支流的天然或人工库（塘）。前置库不仅可以拦截暴雨径流，还具有吸收、拦截部分污染物质、富营养质的功能。在前置库中种植合适的水生植物能有效达到这一目标。这一技术与人工湿地类似，但位置更靠前，处于湖泊水体主体之外。就水生植物修复方法而言，能较为有效恢复水质，而且投入较低、实施方便，但由于水生植物有一定的生命周期，应该及时予以收割处理，减少因自然凋零腐烂而引起的二次污染；同时选择植物种类时也要充分考虑湖泊自身生态系统中的品种，避免因引入物质不当而引起的入侵。

③水生动物修复。该方法主要利用湖泊生态系统中食物链关系，通过调节水体中生物群落结构的方法来控制水质，调整鱼群结构；针对不同的湖泊水质问题类型，在湖泊中投放、发展某种鱼类，抑制或消除另外一些鱼类，使整个食物网适合于鱼类自身对藻类的捕食和消耗，从而改善湖泊环境。比如，通过投放肉食性鱼类来控制浮游生物食性鱼类或底栖生物食性鱼类，从而控制浮游植物的大量生长；投放植食（滤食）性鱼类，影响浮游植物，控制藻类过度生长。水生动物修复方法成本低廉，无二次污染，同时可以收获水产品，在较小的湖泊生态系统中应用效果较好。但对大型湖泊，由于其食物链、食物网关系

复杂，需要考虑的因素较多，应用难度相应增加，同时也需要考虑生物入侵问题。

④生物膜技术。这一技术指根据天然河床上附着生物膜的过滤和净化作用，应用表面积较大的天然材料或人工介质为载体，利用其表面形成的黏液状生态膜，对污染水体进行净化。由于载体上富集大量的微生物，能有效拦截、吸附、降解污染物质。

（三）城市湖泊的生态修复方法

北方湖泊要进行生态修复，首先，要进行城市湖泊生态面积的计算及最适生态需水量的计算。其次，进行最适面积的城市湖泊建设，每年保证最适生态需水量的供给，采用与南方城市湖泊同样的生态修复方法。南、北城市湖泊相同的生态修复方法如下。

1.清淤疏浚与曝气相结合

造成现代城市湖泊富营养化的主要原因是氮、磷等元素的过量排放，其中氮元素在水体中可以被重新吸收进行再循环，而磷元素却只能沉积于湖泊的底泥中。因此，单纯的截污和净化水质是不够的，要进行清淤疏浚。对湖泊底泥污染的处理，首先应是曝气或引入耗氧微生物相结合的方法进行处理，然后进行清淤疏浚。

2.种植水生生物

在疏浚区的岸边种植挺水植物和浮叶植物，在游船活动的区域种植不同种类的沉水植物。根据水位变化及水深情况，选择乡土植物形成湿生—水生植物群落带。所选野生植物包括菖蒲、水葱、萱草、荷花、睡莲、野菱等。植物生长能促进悬浮物的沉降、增加水体的透明度、吸收水和底泥中的营养物质、改善水质、增加生物多样性，并有良好的景观效果。

3.放养滤食性的鱼类和底栖生物

放养鲢鱼、鳙鱼等滤食性鱼类和水蚯蚓、羽苔虫、田螺、圆蚌、湖蚌等底栖动物，依靠这些动物的过滤作用，减轻悬浮物的污染，增加水体的透明度。

4.彻底切断外源污染

外源污染指来自湖泊以外区域的污染，包括城市各种工业污染、生活污染、家禽养殖场及家畜养殖场的污染。要做到彻底切断外源污染，一要关闭以前所有通往湖泊的排污口；二要运转原有污水污染物处理厂；三要增建新的处理厂，进行合理布局，保证所有处理厂的处理量等于甚至略大于城市的污染产生量，保证每个处理厂正常运转，并达标排放。污水污染物处理厂，包括工业污染处理厂、生活污染处理厂及生活污水处理厂。工业污染物要在工业污染处理厂进行处理。生活固态污染物要在生活污染处理厂进行处理。生活污水、家禽养殖场及家畜养殖场的污、废水引入生活污水处理厂进行处理。

5.进行水道改造工程

有些城市湖泊为死水湖，容易滞水而形成污染，要进行湖泊的水道连通工程，让死水湖变为活水湖，保持水分的流动性，消除污水的滞留以达到稀释、扩散从而得以净化。

6.实施城市雨污分流工程及雨水调蓄工程

城市雨污分流工程主要是将城市降水与生活污水分开。雨水调蓄工程是在城市建造地下初降雨水调蓄池，贮藏初降雨水。初降雨水，既带来了大气中的污染物，又带来了地表面的污染物，是非点源污染的携带者，不经处理，长期积累，将造成湖泊的泥沙沉积及污染。建初降雨水调蓄池，在降雨初期暂存高污染的初降雨水，然后在降雨后引入污水处理厂进行处理，这样可以防止初降雨水带来的非点源污染对湖泊的影响。实施城市雨污分流工程，把城市雨水与生活污水分离开，将后期基本无污染的降水直接排入天然水体，从而减轻污水处理厂的负担。

7.加强城市绿化带的建设

城市绿化带美化城市景观的作用不仅表现在吸收二氧化碳、制造氧气、防风防沙、保持水土、减缓城市"热岛"效应、调节气候，还有其他很重要的生态修复作用如滞尘、截尘、吸尘作用和吸污、降污作用。加强城市绿化带的建设，包括河滨绿化带、道路绿化带、湖泊外缘绿化带等的建设。在城市绿化带的建设中，建议种植乡土种植物，种类越多样越好，这样不容易出现生物入侵现象，互补性强、自组织性强、自我调节力高、稳定性高，容易达到生态平衡。

8.打捞悬浮物

设置打捞船只，及时进行树叶、纸张等杂物的清理，保持水面干净。

四、河流生态系统的修复

（一）自然净化修复

自然净化是河流的一个重要特征，指河流受到污染后能在一定程度上通过自然净化使河流恢复到受污染以前的状态。污染物进入河流后，在水流中有机物经微生物氧化降解，逐渐被分解，最后变为无机物，并进一步被分解、还原，离开水相，使水质得到恢复，这是水体的自净作用。水体自净作用包括物理、化学及生物学过程，通过改善河流水动力条件、提高水体中有益菌的数量等，有效提高水体的自净作用。

（二）植被修复

恢复重建河流岸边带湿地植物及河道内的多种生态类型的水生高等植物，可以有效提高河岸抗冲刷强度、河床稳定性，也可以截留陆源的泥沙及污染物，还可以为其他水生生物提供栖息、觅食、繁育场所，改善河流的景观功能。

在水工、水利安全许可的前提下，尽可能地改造人工砌护岸、恢复自然护坡，恢复重建河流岸边带湿地植物，因地制宜地引种、栽培多种类型的水生高等植物；在不影响河流通航、泄洪排涝的前提下，在河道内也可引种沉水植物等，以改善水环境质量。

（三）生态补水

河流生态系统中的动物、植物及微生物组成都是长期适应特定水流、水位等特征而形成的特定的群落结构。为了保持河流生态系统的稳定，应根据河流生态系统主要种群的需要，调节河流水位、水量等，以满足水生高等植物的生长、繁殖。例如，在洪涝年份，应根据水生高等植物的耐受性，及时采取措施降低水位，避免水位过高对水生高等植物的压力；在干旱年份，水位太低，河床干枯，为了保证水生高等植物正常生长繁殖，必须适当提高水位，满足水生高等植物的需要。

（四）生物—生态修复技术

生物—生态修复技术是通过微生物的接种或培养，实现水中污染物的迁移、转化和降解，从而改善水环境质量；同时，引种各种植物、动物等，调整水生生态系统结构，强化生态系统的功能，进一步消除污染，维持优良的水环境质量和生态系统的平衡。从本质上说，生物—生态修复技术是对自然恢复能力和自净能力的一种强化。生物—生态修复技术必须因地制宜，根据水体污染特性、水体物理结构及生态结构特点等，将生物技术、生态技术合理组合。

常用的技术包括生物膜技术、固定化微生物技术、高效复合菌技术、植物床技术和人工湿地技术等。生物—生态技术组合对河流的生态修复，从消除污染着手，不断改善生境，为生态修复重建奠定基础，而生态系统的构建，又为稳定和维持环境质量提供保障。

（五）生物群落重建技术

生物群落重建技术是利用生态学原理和水生生物的基础生物学特性，通过引种、保护和生物操纵等技术措施，系统地重建水生生物多样性。

五、地下水的生态修复

植物修复技术、空气吹脱技术、水力和气压裂缝方法、污染带阻截墙技术、稳定和固化技术以及电动力学修复技术等。

（一）传统修复技术

采用传统修复技术处理受到污染的地下水层时，用水泵将地下水抽取出来，在地面进行处理净化。这样，一方面取出来的地下水可以在地面得到合适的处理净化，然后重新注入地下水或者排放进入地表水体，从而减少了地下水和土壤的污染程度；另一方面可以防止受污染的地下水向周围迁移，减少污染扩散。

（二）原位化学反应技术

微生物生长繁殖过程存在必需营养物，通过深井向地下水层中添加微生物生长过程必需的营养物和具有高氧化还原电位的化合物，改变地下水体的营养状况和氧化还原状态，依靠土著微生物的作用促进地下水中污染物分解和氧化。

（三）生物修复技术

原位自然生物修复，是利用土壤和地下水原有的微生物，在自然条件下对污染区域进行自然修复。但是，自然生物修复也并不是不采取任何行动措施，同样需要制订详细的计划方案，鉴定现场活性微生物，监测污染物降解速率和污染带的迁移等。原位工程生物修复指采取工程措施，有目的地操作土壤和地下水中的生物过程，加快环境修复。在原位工程生物修复技术中，一种途径是提供微生物生长所需要的营养，改善微生物生长的环境条件，从而大幅度提高野生微生物的数量和活性，提高其降解污染物的能力，这种途径称为生物强化修复；另一种途径是投加实验室培养的对污染物具有特殊亲和性的微生物，使其能够降解土壤和地下水中的污染物，称为生物接种修复。地面生物处理是将受污染的土壤挖掘出来，在地面建造的处理设施内进行生物处理，主要有泥浆生物反应器和地面堆肥等。

（四）生物反应器法

生物反应器法是把抽提地下水系统和回注系统结合并加以改进的方法，就是将地下水抽提到地上，用生物反应器加以处理的过程。这种处理方法自然形成一个闭路环，包括以下四个步骤：将污染地下水抽提至地面；在地面生物反应器内对污染的地下水进行好氧降解，并不断向生物反应器内补充营养物和氧气；处理后的地下水通过渗灌系统回灌到土壤内；在回灌过程中加入营养物和已驯化的微生物，并注入氧气，使生物降解过程在土壤及地下水层内加速进行。

（五）生物注射法

生物注射法是对传统气提技术加以改进而形成的新技术；生物注射法主要是在污染地下水的下部加压注入空气，气流能加速地下水和土壤中有机物的挥发和降解；生物注射法主要是通气、抽提联用，并通过增加及延长停留时间促进生物代谢进行降解，提高修复效率。

生物注射法存在一定的局限性，该方法只能用于土壤气提技术可行的场所，效果受岩相学和土层学的制约，如果用于处理黏土方面，效果也不是很理想。

第八章 建筑工程进度与资源管理

第一节 建筑工程项目进度管理

一、建筑工程项目进度管理概述

一个项目能否在预定的时间内完成，是项目最为重要的问题之一，也是进行项目管理所追求的目标之一。工程项目进度管理就是采用科学的方法确定进度目标，编制经济合理的进度计划，并据以检查工程项目进度计划的执行情况，若发现实际执行情况与计划进度不一致时，及时分析原因，并采取必要的措施对原工程进度计划进行调整或修正的过程，工程项目进度管理的目的就是实现最优工期。

项目进度管理是一个动态、循环、复杂的过程。进度计划控制的一个循环过程包括计划、实施、检查、调整四个过程。计划是指根据施工项目的具体情况，合理编制符合工期要求的最优计划；实施是指进度计划的落实与执行；检查是指在进度计划与执行过程中，跟踪检查实际进度，并与计划进度对比分析，确定两者之间的关系；调整是指根据检查对比的结果，分析实际进度与计划进度之间的偏差对工期的影响，采取切合实际的调整措施，使计划进度符合新的实际情况，在新的起点上进行下一轮控制循环，如此循环下去，直至完成任务。

（一）工程项目进度管理的原理

1. 动态控制原理

工程项目进度管理是一个不断进行的动态控制，也是一个循环进行的过程。在进度计划执行中，由于各种干扰因素的影响，实际进度与计划进度可能会产生偏差。分析偏差产生的原因，采取相应的措施，调整原来的计划，继续按新计划进行施工活动，并且尽量发挥组织管理的作用，使实际工作按计划进行。但是在新的干扰因素作用下，又会产生新的偏差，施工进度计划控制就是采用这种循环的动态控制方法。

2.系统控制原理

该原理认为，工程项目施工进度管理本身是一个系统工程，施工项目计划系统包括项目施工进度计划系统和项目施工进度实施组织系统两部分内容。

（1）项目施工进度计划系统。

为了对施工项目实行进度计划控制，首先必须编制施工项目的各种进度计划。其中有施工项目总进度计划、单位工程进度计划、分部分项工程进度计划、季度和月（旬）作业计划，这些计划组成一个施工项目进度计划系统。计划的编制对象由大到小，计划的内容从粗到细。编制时从总体计划到局部计划，逐层进行控制目标分解，以保证计划控制目标落实。执行计划时，从月（旬）作业计划开始实施，逐级按目标控制，从而达到对施工项目整体进度目标的控制。

（2）项目施工进度实施组织系统。

施工组织各级负责人，由项目经理、施工队长、班组长及所属全体成员组成了施工项目实施的完整组织系统，都按照施工进度规定的要求进行严格管理、落实和完成各自的任务。为了保证施工项目按进度实施，自公司经理、项目经理，一直到作业班组都设有专门的职能部门或人员负责汇报，统计整理实际施工进度的资料，并与计划进度比较分析和进行调整，形成一个纵横连接的施工项目控制组织系统。

（3）信息反馈原理。

信息反馈是施工项目进度管理的主要环节。工程项目进度管理的过程实质上就是对有关施工活动和进度的信息不断收集、加工、汇总、反馈的过程。施工项目信息管理中心要对收集的施工进度和相关影响因素的资料进行加工分析，由领导做出决策后，向下发出指令，指导施工或对原计划做出新的调整、部署；基层作业组织根据计划和指令安排施工活动，并将实际进度和遇到的问题随时上报。每天都有大量的内外部信息、纵横向信息流进流出，若不应用信息反馈原理，不断地进行信息反馈，则无法进行进度管理。

（4）弹性原理。

施工项目进度计划工期长、影响进度的原因多，其中有的已被人们掌握，根据统计经验估计出影响的程度和出现的可能性，并在确定进度目标时，进行实现目标的风险分析。在计划编制者具备这些知识和实践经验之后，编制施工项目进度计划时就会留有余地，也就是使施工进度计划具有弹性。在进行施工项目进度控制时，便可以利用这些弹性。如检查之前拖延了工期，通过缩短剩余计划工期的方法，或者改变它们之间的逻辑关系，仍然达到预期的计划目标，这就是施工项目进度控制中对弹性原理的应用。

（5）闭循环原理。

项目进度计划管理的全过程是计划、实施、检查、比较分析、确定调整措施、再计划。从编制项目施工进度计划开始，经过实施过程中的跟踪检查，收集有关实际进度的信息，比较和分析实际进度与施工计划进度之间的偏差，找出产生的原因和解决的办法，确定调整措施，再修改原进度计划，从而形成一个封闭的循环系统。

（二）项目进度管理程序

工程项目部应按照以下程序进行进度管理：根据施工合同的要求确定施工进度目标，明确计划开工日期、计划总工期和计划竣工日期，确定项目分期分批的开竣工日期。编制施工进度计划，具体安排实现计划目标的工艺关系、组织关系、搭接关系、起止时间、劳动力计划、材料计划、机械计划及其他保证性计划。进行计划交底，落实责任，并向监理工程师提出开工申请报告，按监理工程师开工令确定的日期开工，实施施工进度计划。项目经理应通过施工部署、组织协调、生产调度和指挥、改善施工程序和方法的决策等，应用技术、经济和管理手段实现有效的进度管理。项目经理部要建立进度实施、控制的科学组织系统和严密的工作制度，然后依据工程项目进度目标体系，对施工的全过程进行系统控制。正常情况下，进度实施系统应发挥监测、分析职能并循环运行，随着施工活动的进行，信息管理系统会不断地将施工实际进度信息，按信息流动程序反馈给进度管理者，并经过统计整理，比较分析后，确认进度无偏差，则系统继续运行；一旦发现实际进度与计划进度有偏差，系统将发挥调控职能，分析偏差产生的原因，及对后续施工和总工期的影响。必要时，可对原计划进度做出相应的调整，提出纠正偏差方案和实施技术、经济、合同保证措施，以及取得相关单位支持与配合的协调措施，确认切实可行后，将调整后的新进度计划输入进度实施系统，施工活动继续在新的控制下运行。当新的偏差出现后，再重复上述过程，直到施工项目全部完成。任务全部完成后，进行进度管理总结并编写进度管理报告。

（三）项目进度管理目标体系

保证工程项目按期建成交付使用，是工程项目进度控制的最终目的；有效地控制施工进度，要将施工进度总目标从不同角度进行层层分解，形成施工进度控制目标体系，从而作为实施进度控制的依据。

项目进度目标是从总的方面对项目建设提出的工期要求，但在施工活动中，是通过对最基础的分部分项工程的施工进度管理来保证各单项（位）工程或阶段工程进度管理目标的完成，进而实现工程项目进度管理总目标。因而需要将总进度目标进行一系列从总体到细部、从高层次到基础层次的层层分解，一直分解到在施工现场可以直接控制的分部分项工程或作业过程的施工为止。在分解中，每一层次的进度管理目标都限定了下一级层次的进度管理目标，而较低层次的进度管理目标又是较高一级层次进度管理目标得以实现的保证，于是就形成了一个有计划、有步骤协调施工、长期目标对短期目标自上而下逐级控制与短期目标对长期目标自下而上逐级保证、逐步趋近进度总目标的局面，最终达到工程项目按期竣工交付使用的目的。

1.按项目组成分解，确定各单位工程开工及交工动用日期

在施工阶段应进一步明确各单位工程的开工和交工动用日期，以确保施工总进度目标的实现。

2.按承包单位分解，明确分工和承包责任

在一个单位工程中有多个承包单位参加施工时，应按承包单位将单位工程的进度目标分解，确定出各分包单位的进度目标，列入分包合同，以便落实分包责任，并根据各专业工程交叉施工方案和前后衔接条件，明确不同承包单位工作面交接的条件和时间。

3.按施工阶段分解，划定进度控制分界点

根据工程项目的特点，应将其施工分解成几个阶段，如土建工程可分为基础、结构和内外装修阶段。每一阶段的起止时间都要有明确的标志。特别是不同单位承包的不同施工段之间，更要明确划定时间分界点，以此作为形象进度的控制标志，从而使单位工程动用目标具体化。

4.按计划期分解，组织综合施工

将工程项目的施工进度控制目标按年度、季度、月进行分解，并用实物工程、货币工作量及形象进度表示，将更有利于对施工进度的控制。

（四）施工项目进度管理目标的确定

在确定施工项目进度管理目标时，必须全面细致地分析与建设工程有关的各种有利因素和不利因素，只有这样，才能制定出一个科学、合理的进度管理目标。确定施工进度管理目标的主要依据有：建设工程总进度目标对施工工期的要求、工期定额、类似工程项目的实际进度、工程难易程度和工程条件的落实情况等。

在确定施工项目进度分解目标时，还要考虑以下各个方面。

（1）对于大型建设工程项目，应根据尽早提供可动用单元的原则，集中力量分项分批建设，以便尽早投入使用，尽快发挥投资效益。

（2）结合本工程的特点，参考同类建设工程的经验来确定施工进度目标。避免只按主观愿望盲目确定进度目标，从而在实施过程中造成进度失控。

（3）合理安排土建与设备的综合施工。要按照它们各自的特点，合理安排土建施工与设备基础、设备安装的先后顺序及搭接、交叉或平行作业，明确设备工程对土建工程的要求和土建工程为设备工程提供施工条件的内容及时间。

（4）做好资金供应能力、施工力量配备、物资供应能力与施工进度的平衡工作，确

保工程进度目标的要求而不使其落空。

（5）考虑外部协作条件的配合情况。包括施工过程中及项目竣工动用所需的水、电、气、通信、道路及其他社会服务项目的满足程序和满足时间。

（6）考虑工程项目所在地区地形、地质、水文、气象等方面的限制条件。

二、施工项目进度计划的编制与实施

施工项目进度计划是规定各项工程的施工顺序和开竣工时间及相互衔接关系的计划，是在确定工程施工项目目标工期基础上，根据相应完成的工程量，对各项施工过程的施工顺序、起止时间和相互衔接关系所进行的统筹安排。

（一）施工项目进度计划的类型

1. 按计划时间划分

有总进度计划和阶段性计划。总进度计划控制项目施工全过程，阶段性计划包括项目年、季、月（旬）施工进度计划等。月（旬）计划是根据年、季施工计划，结合现场施工条件编制的具体执行计划。

2. 按计划表达形式划分

有文字说明计划与图表形式计划。文字说明计划是用文字说明各阶段的施工任务，以及要达到的形象进度要求；图表形式计划是用图表形式表达施工的进度安排，可用横道图或网络图表示进度计划。

3. 按计划对象划分

有施工总进度计划、单位工程施工进度计划和分项工程进度计划。施工总进度计划是以整个建设项目为对象编制的，它确定各单项工程施工顺序和开竣工时间以及相互衔接关系，是全局性的施工战略部署；单位工程施工进度计划是对单位工程中的各分部、分项工程的计划安排；分项进度计划是针对项目中某一部分（子项目）或某一专业工种的计划安排。

4. 按计划作用划分

施工项目进度计划一般可分为控制性进度计划和指导性进度计划两类。控制性进度计划按分部工程划分施工过程，控制各分部工程的施工时间及其相互搭接配合关系。它主要适用于工程结构较复杂、规模较大、工期较长而需跨年度施工的工程，还适用于虽然工程规模不大或结构不复杂但各种资源（劳动力、机械、材料等）不落实的情况，以及建筑结构设计等可能变化的情况。指导性进度计划按分项工程或施工工序划分施工过程，具体确定各施工过程的施工时间及其相互搭接、配合关系。它适用于任务具体而明确、施工条件基本落实、各项资源供应正常及施工工期不太长的工程。

（二）施工项目进度计划编制依据

为了使施工进度计划能密切结合工程的实际情况，更好地发挥其在施工中的指导作用，在编制施工进度计划时，按其编制对象的要求，依据下列资料编制。

1.施工总进度计划的编制依据

工程项目承包合同及招投标书。主要包括招投标文件及签订的工程承包合同，工程材料和设备的订货、供货合同等。工程项目全部设计施工图纸及变更洽商。建设项目的扩大初步设计、技术设计、施工图设计、设计说明书、建筑总平面图、建筑竖向设计及变更洽商等。工程项目所在地区位置的自然条件和技术经济条件。主要包括：气象、地形地貌、水文地质情况、地区施工能力、交通、水电条件等，建筑施工企业的人力、设备、技术和管理水平等。工程项目设计概算和预算资料、劳动定额及机械台班定额等。工程项目拟采用的主要施工方案及措施、施工顺序、流水段划分等。工程项目需要的主要资源包括：劳动力状况、机具设备能力、物资供应来源条件等；建设方及上级主管部门对施工的要求；现行规范、规程和有关技术规定；国家现行的施工及验收规范、操作规程、技术规定和技术经济指标。

2.单位工程进度计划的编制依据

主管部门的批示文件及建设单位的要求。施工图纸及设计单位对施工的要求。其中包括：单位工程的全部施工图纸、会审记录和标准图、变更洽商等有关部门设计资料，对较复杂的建筑工程还要有设备图纸和设备安装对土建施工的要求，及设计单位对新结构、新材料、新技术和新工艺的要求；施工企业年度计划对该工程的有关指标，如进度、其他项目穿插施工的要求等；施工组织总设计或大纲对该工程的有关部门规定和安排；资源配备情况，如施工中需要的劳动力、施工机械和设备、材料、预制构件和加工品的供应能力及来源情况；建设单位可能提供的条件和水电供应情况；如建设单位可能提供的临时房屋数量，水电供应量，水压、电压能否满足施工需要等；施工现场条件和勘察，如施工现场的地形、地貌、地上与地下的障碍物、工程地质和水文地质、气象资料、交通运输通路及场地面积等。预算文件和国家及地方规范等资料。工程的预算文件等提供的工程量和预算成本，国家和地方的施工验收规范、质量验收标准、操作规程和有关定额是确定编制施工进度计划的主要依据。

（三）施工总进度计划的编制

施工总进度计划一般是建设工程项目的施工进度计划。它是用来确定建设工程项目中所包含的各单位工程的施工顺序、施工时间及相互衔接关系的计划。施工总进度计划的编制步骤和方法如下。

1.计算工程量

根据批准的工程项目一览表,按单位工程分别计算其主要实物工程量。工程量的计算可按初步设计(或扩大初步设计)图纸和有关定额手册或资料进行。常用的定额、资料包括:每万元或每10万元投资工程量、劳动量及材料消耗扩大指标;概算指标和扩大结构定额;已建成的类似建筑物、构筑物的资料。

2.确定各单位工程的施工期限

各单位工程的施工期限应根据合同工期确定,同时要考虑建筑类型、结构特征、施工方法、施工管理水平、施工机械化程度及施工现场条件等因素。如果在编制施工总进度计划时没有合同工期,则应保证计划工期不超过工期定额。

3.确定各单位工程的开竣工时间和相互搭接关系

确定各单位工程的开竣工时间和相互搭接关系主要应考虑以下几点:同一时期施工的项目不宜过多,以避免人力、物力过于分散;尽量做到均衡施工,以使劳动力、施工机械和主要材料的供应在整个工期范围内达到均衡;尽量提前建设可供工程施工使用的永久性工程,以节省临时工程费用;急需和关键的工程先施工,以保证工程项目如期交工;对于某些技术复杂、施工周期较长、施工困难较多的工程,亦应安排提前施工,以利于整个工程项目按期交付使用;施工顺序必须与主要生产系统投入生产的先后次序相吻合,同时要安排好配套工程的施工时间,以保证建成的工程能迅速投入生产或交付使用;应注意季节对施工顺序的影响,使施工季节不导致工期拖延,不影响工程质量;安排一部分附属工程或零星项目作为后备项目,用以调整主要项目的施工进度;注意主要工种和主要施工机械能连续施工。

4.编制初步施工总进度计划

施工总进度计划应安排全工地性的流水作业。全工地性的流水作业安排应以工程量大、工期长的单位工程为主导,组织若干条流水线,并以此带动其他工程。施工总进度计划既可以用横道图表示,也可以用网络图表示。

5.编制正式施工总进度计划

初步施工总进度计划编制完成后,要对其进行检查。主要是检查总工期是否符合要求,资源使用是否均衡且其供应是否能得到保证。

(四)单位工程施工进度计划的编制

单位工程施工进度计划是在既定施工方案的基础上,根据规定的工期和各种资源供应条件,对单位工程中的各分部分项工程的施工顺序、施工起止时间及衔接关系进行合理安排。单位工程施工进度计划的编制步骤及方法如下。

1. 划分施工过程

施工过程是施工进度计划的基本组成单元。编制单位工程施工进度计划时,应按照图纸和施工顺序将拟建工程的各个施工过程列出,并结合施工方法、施工条件、劳动组织等因素,加以适当调整。施工过程划分应考虑以下因素。

(1) 施工进度计划的性质和作用。

一般来说,对长期计划及建筑群体、规模大、工程复杂、工期长的建筑工程,编制控制性施工进度计划,施工过程划分可粗些、综合性可大些,一般可按分部工程划分施工过程,如开工前准备、打桩工程、基础工程、主体结构工程等。对中小型建筑工程及工期不长的工程,编制实施性计划,其施工过程划分可细些、具体些,要求每个分部工程所包括的主要分项工程均一一列出,从而起到指导施工的作用。

(2) 施工方案及工程结构。

例如,厂房基础采用敞开式施工方案时,柱基础和设备基础可合并为一个施工过程;而采用封闭式施工方案时,则必须列出柱基础、设备基础两个施工过程。又如,结构吊装工程,采用分件吊装方法时,应列出柱吊装、梁吊装、屋架扶直就位、屋盖吊装等施工过程;而采用综合吊装法时,只要列出结构吊装即可。

砌体结构、大墙板结构、装配式框架与现浇钢筋混凝土框架等不同的结构体系,其施工过程划分及其内容也各不相同。

(3) 结构性质及劳动组织。

现浇钢筋混凝土施工,一般可分为支模、绑扎钢筋、浇筑混凝土等施工过程。一般对于现浇钢筋混凝土框架结构的施工应分别列项,而且可分得细一些,如绑扎柱钢筋、支柱模板、浇捣柱混凝土、支梁、板模板、绑扎梁、板钢筋、浇捣梁、板混凝土、养护、拆模等施工过程。砌体结构工程中,现浇工程量不大的钢筋混凝土工程一般不再细分,可合并为一项,由施工班组的各工种互相配合施工。

施工过程的划分还与施工班组的组织形式有关。如玻璃与油漆的施工,如果是单一工种组成的施工班组,可以划分为玻璃、油漆两个施工过程;同时为了组织流水施工方便或需要,也可合并成一个施工过程,这时施工班组是由多工种混合的混合班组。

(4) 对施工过程进行适当合并,达到简明清晰。

施工过程划分得越细,则过程越多,施工进度图表就会显得繁杂,重点不突出,反而失去指导施工的意义,并且增加编制施工进度计划的难度。因此,可考虑将一些次要的、穿插性施工过程合并到主要施工过程中,如基础防潮层可合并到基础施工过程,门窗框安装可并入砌筑工程;有些虽然重要但工程量不大的施工过程也可与相邻的施工过程合并,如挖土可与垫层施工合并为一项,组织混合班组施工;同一时期由同一工种施工的施工项目也可合并在一起,如墙体砌筑不分内墙、外墙、隔墙等,而合并为墙体砌筑一项;

有些关系比较密切，不容易分出先后的施工过程也可合并，如散水、勒脚和明沟可合并为一项。

（5）设备安装应单独列项。

民用建筑的水、暖、煤、卫、电等房屋设备安装是建筑工程的重要组成部分，应单独列项；工业厂房的各种机电等设备安装也要单独列项。土建施工进度计划中列出设备安装的施工过程，只是表明其与土建施工的配合关系，一般不必细分，可由专业队或设备安装单位单独编制其施工进度计划。

（6）明确施工过程对施工进度的影响程度。

有些施工过程直接在拟建工程上进行作业，占用时间、资源，对工程的完成与否起决定性作用，它在条件允许的情况下，可以缩短或延长工期。这些施工过程必须列入施工进度计划，如砌筑、安装、混凝土的养护等。另外，有些施工过程未占用拟建工程的工作面，虽需要一定的时间和消耗一定的资源，但不占用工期，故不列入施工进度计划，如构件制作和运输等。

2.计算工程量

当确定施工过程之后，应计算每个施工过程的工程量。工程量应根据施工图纸、工程量计算规则及相应的施工方法进行计算。计算时应注意工程量的计量单位与采用的施工定额的计量单位相一致。

如果编制单位工程施工进度计划时，已编制出预算文件（施工图预算或施工预算），则工程量可从预算文件中抄出并汇总。但是，施工进度计划中某些施工过程与预算文件的内容不同或有出入时（如计量单位、计算规则、采用的定额等），则应根据施工实际情况加以修改、调整或重新计算。

3.套用施工定额

确定了施工过程及其工程量之后，即可套用施工定额（当地实际采用的劳动定额及机械台班定额），以确定劳动量和机械台班量。

在套用国家或当地颁布的定额时，必须注意结合本单位工人的技术等级、实际操作水平、施工机械情况和施工现场条件等因素，确定完成定额的实际水平，使计算出来的劳动量、机械台班量符合实际需要。

有些采用新技术、新材料、新工艺或特殊施工方法的施工过程，定额中尚未编入，这时可参考类似施工过程的定额、经验资料，按实际情况确定。

4.初排施工进度计划

（1）根据施工经验直接安排的方法。

这种方法是根据经验资料及有关计算，直接在进度表上画出进度线。其一般步骤是：先安排主导施工过程的施工进度，然后安排其余施工过程，它们应尽可能配合主导施工过程并最大限度地搭接，形成施工进度计划的初步方案。

（2）按工艺组合组织流水的施工方法。

这种方法是将某些在工艺上有关系的施工过程归并为一个工艺组合，组织各工艺组合内部的流水施工，然后将各工艺组合最大限度地搭接起来。

施工进度计划由两部分组成，一部分反映拟建工程所划分施工过程的工程量、劳动量或台班量、施工人数或机械数、工作班次及工作延续时间等计算内容；另一部分则用图表形式表示各施工过程的起止时间、延续时间及其搭接关系。

5.检查与调整施工进度计划

（1）施工顺序的检查与调整。

施工顺序应符合建筑施工的客观规律，应从技术上、工艺上、组织上检查各个施工过程的安排是否正确合理。

（2）施工工期的检查与调整。

施工进度计划安排的计划工期首先应满足上级规定或施工合同的要求，其次应具有较好的经济效益，即安排工期要合理，但并不是越短越好。当工期不符合要求时，应进行必要的调整。检查时主要看各施工过程的持续时间、起止时间是否合理，特别应注意对工期起控制作用的施工过程，即首先要缩短这些施工过程的持续时间，并注意施工人数、机械台数的重新确定。

（3）资源消耗均衡性的检查与调整。

施工进度计划的劳动力、材料、机械等供应与使用，应避免过分集中，尽量做到均衡。

应当指出，施工进度计划并不是一成不变的，在执行过程中，往往由于人力、物资供应等情况的变化，打破原来的计划。因此，在执行中应随时掌握施工动态，并经常不断地检查和调整施工进度计划。

（五）施工进度计划的实施

施工进度计划的实施就是用施工进度计划指导施工活动、落实和完成进度计划。施工进度计划逐步实施的过程就是施工项目建造逐步完成的过程。为了保证施工进度计划的实施，保证各进度目标的实现，应做好如下工作。

1.施工进度计划的审核

项目经理应进行施工项目进度计划的审核，其主要内容包括：进度安排是否符合施工合同中确定的建设项目总目标和分目标，是否符合开、竣工日期的规定；施工进度计划中的项目是否有遗漏，分期施工是否满足分批交工的需要和配套交工的要求；总进度计划中施工顺序的安排是否合理；资源供应计划是否能保证施工进度的实现，供应是否均衡，分包人供应的资源是否能满足进度的要求；总分包之间的进度计划是否相协调，专业分工与计划的衔接是否明确、合理；对实施进度计划的风险是否分析清楚，是否有相应的对策；各项保证进度计划实现的措施是否周到、可行、有效。

2.施工项目进度计划的贯彻

（1）检查各层次的计划，形成严密的计划保证系统。

施工项目的所有施工进度计划包括施工总进度计划、单位工程施工进度计划、分部分项工程施工进度计划，都是围绕一个总任务而编制的，它们之间的关系是高层次计划为低层次计划的依据，低层次计划是高层次计划的具体化。在其贯彻执行时应当首先检查是否协调一致，计划目标是否层层分解、互相衔接，组成一个计划实施的保证体系，以施工任务书的方式下达施工队以保证实施。

（2）层层明确责任或下达施工任务书。

施工项目经理、施工队和作业班组之间分别签订承包合同，按计划目标明确规定合同工期、相互承担的经济责任、权限和利益，或者采用下达施工任务书，将作业下达到施工班组，明确具体施工任务、技术措施、质量要求等内容，使施工班组必须保证按作业计划时间完成规定的任务。

（3）进行计划的交底，促进计划的全面、彻底实施。

施工进度计划的实施需要全体员工的共同行动，要使有关人员都明确各项计划的目标、任务、实施方案和措施，使管理层和作业层协调一致，将计划变成全体员工的自觉行动。在计划实施前要根据计划的范围进行计划交底工作，使计划得到全面、彻底的实施。

3.施工进度计划的实施

（1）编制施工作业计划。

由于施工活动的复杂性，在编制施工进度计划时，不可能考虑到施工过程中的一切变化情况，因而不可能一次安排好未来施工活动中的全部细节，所以施工进度计划很难作为直接下达施工任务的依据。因此，还必须有更为符合当时情况、更为细致具体的、短时间的计划，这就是施工作业计划。

施工作业计划一般可分为月作业计划和旬作业计划。月（旬）作业计划应保证年度、季度计划指标的完成。

（2）签发施工任务书。

编制好月（旬）作业计划以后，将每项具体任务通过签发施工任务书的方式使其进一步落实。施工任务书是向班组下达任务实行责任承包、全面管理和原始记录的综合性文件。施工班组必须保证指令任务的完成，是计划和实施的纽带。

施工任务书应由工长编制并下达。它包括施工任务单、限额领料单和考勤表。施工任务单包括：分项工程施工任务、工程量、劳动量、开工日期、完工日期、工艺、质量、安全要求。限额领料单是根据施工任务书编制的控制班组领用材料的依据，应具体规定材料名称、规格、型号、单位、数量和领用记录、退料记录等。考勤表可附在施工任务书背面，按班组人名排列，供考勤时填写。

（3）做好施工进度记录，填好施工进度统计表。

在计划任务完成的过程中，各级施工进度计划的执行者都要跟踪做好施工记录，记载计划中的每项工作开始日期、工作进度和完成日期，为施工项目进度检查分析提供信息，并填好有关图表。

（4）做好施工中的调度工作。

施工中的调度是组织施工中各阶段、环节、专业和工种的互相配合、进度协调的指挥核心。调度工作是使施工进度计划顺利实施的重要手段。其主要任务是掌握计划实施情况，协调各方面关系，采取措施，排除各种矛盾，加强各薄弱环节，实现动态平衡，保证完成作业计划和实现进度目标。

调度工作内容主要有：监督作业计划的实施、调整协调各方面的进度关系；监督检查施工准备工作；督促资源供应单位按计划供应劳动力、施工机具、运输车辆、材料构配件等，并对临时出现的问题采取调配措施；由于工程变更引起资源需求的数量变更和品种变化时，应及时调整供应计划；按施工平面图管理施工现场，结合实际情况进行必要调整，保证文明施工；了解气候、水、电、气的情况，采取相应的防范和保证措施；及时发现和处理施工中各种事故和意外事件；定期、及时召开现场调度会议，贯彻施工项目主管人员的决策，发布调度令。

（六）施工项目进度计划的检查

在施工项目的实施进程中，为了进行进度控制，进度控制人员应经常、定期跟踪检查施工实际进度情况。主要检查工作量的完成情况、工作时间的执行情况、资源使用及与进度的互相配合情况等。进行进度统计整理和对比分析，确定实际进度与计划进度之间的关系，其主要工作内容如下。

1.跟踪检查施工实际进度

跟踪检查施工实际进度是项目施工进度控制的关键措施。其目的是收集实际施工进度的有关数据。跟踪检查的时间和收集数据的质量，直接影响控制工作的质量和效果，一般检查的时间间隔与施工项目的类型、规模、施工条件和对进度执行要求程度有关。通常可以确定为每月、每半月、每旬或每周进行一次。若在施工中遇到天气、资源供应等不利因素的严重影响，检查的时间间隔可临时缩短，次数应频繁，甚至可以每日进行检查，或派人员驻现场督阵。检查和收集资料的方式一般采用进度报表方式或定期召开进度工作汇报会。为了保证汇报资料的准确性，进度控制的工作人员要经常到现场查看施工项目的实际进度情况，从而保证经常、定期地准确掌握施工项目的实际进度。

根据不同需要，进行日检查或定期检查的内容包括：检查期内实际完成和累计完成工程量；实际参加施工的人数、机械数量和生产效率；窝工人数、窝工机械台班数及其原因分析；进度偏差的情况；进度管理情况；影响进度的特殊原因及分析；整理统计检查数据。

2.整理统计检查数据

收集到的施工项目实际进度数据，要进行必要的整理，按计划控制的工作项目进行统计，形成与计划进度具有可比性的数据、相同的量纲和形象进度。一般可以按实物工程量、工作量和劳动消耗量以及累计百分比整理和统计实际检查的数据，以便与相应的计划完成量相对比。

3.对比实际进度与计划进度

将收集的资料整理和统计成与计划进度具有可比性的数据后，用施工项目实际进度与计划进度的比较方法进行比较。通常用的比较方法有横道图比较法、S形曲线比较法、香蕉曲线比较法、前锋线比较法等。

4.施工项目进度检查结果的处理

施工项目进度检查的结果，按照检查报告制度的规定，形成进度控制报告并向有关主管人员和部门汇报。

进度控制报告是把检查比较的结果、有关施工进度现状和发展趋势，提供给项目经理及各级业务职能负责人最简单的书面形式报告。

进度控制报告根据报告的对象不同，确定不同的编制范围和内容而分别编写。一般分为：项目概要级进度控制报告，是报给项目经理、企业经理或业务部门以及建设单位或业主的，它是以整个施工项目为对象说明进度计划执行情况的报告；项目管理级进度控制报告，是报给项目经理及企业的业务部门的，它是以单位工程或项目分区为对象说明进度计划执行情况的报告；业务管理级进度控制报告，是就某个重点部位或重点问题为对象编写的报告，供项目管理者及各业务部门为其采取应急措施而使用的。

进度控制报告的内容主要包括：项目实施概况、管理概况、进度概要的总说明；项目施工进度、形象进度及简要说明；施工图纸提供进度；材料、物资、构配件供应进度；劳务记录及预测；日历计划；对建设单位、业主和施工者的变更指令等；进度偏差的状况和导致偏差的原因分析；解决的措施；计划调整意见等。

（七）施工项目进度计划的调整

在计划执行过程中，由于组织、管理、经济、技术、资源、环境和自然条件等因素的影响，往往会造成实际进度与计划进度产生偏差，如果偏差不能及时纠正，必将影响进度目标的实现。因此，在计划执行过程中采取相应措施来进行管理，对保证计划目标的顺利实现具有重要意义。

第二节　建筑工程项目资源管理

一、建筑工程项目资源管理概述

（一）建筑工程项目资源管理的概念

1.资源

资源，也称为生产要素，是指创造出产品所需要的各种因素，即形成生产力的各种要素。建筑工程项目的资源通常是指投入施工项目的人力资源、材料、机械设备、技术和资金等各要素，是完成施工任务的重要手段，也是建筑工程项目得以实现的重要保证。

（1）人力资源。

人力资源是指在一定时间空间条件下，劳动力数量和质量的总和。劳动力泛指能够从事生产活动的体力和脑力劳动者，是施工活动的主体，是构成生产力的主要因素，也是最活跃的因素，具有主观能动性。

人力资源掌握生产技术，运用劳动手段，作用于劳动对象，从而形成生产力。

（2）材料。

材料是指在生产过程中将劳动加于其上的物质资料，包括原材料、设备和周转材料。通过对其进行"改造"形成各种产品。

（3）机械设备。

机械设备是指在生产过程中用以改变或影响劳动对象的一切物质的因素，包括机械、设备工具和仪器等。

（4）技术。

技术指人类在改造自然、改造社会的生产和科学实践中积累的知识、技能、经验及体现它们的劳动资料。包括操作技能、劳动手段、劳动者素质、生产工艺、试验检验、管理程序和方法等。

科学技术是构成生产力的第一要素。科学技术的水平，决定和反映了生产力的水平。科学技术被劳动者所掌握，并且融入劳动对象和劳动手段中，便能形成相当于科学技术水平的生产力水平。

（5）资金。

在商品生产条件下，进行生产活动，发挥生产力的作用，进行劳动对象的改造，还必须有资金，资金是一定货币和物资的价值总和，是一种流通手段。投入生产的劳动对象、劳动手段和劳动力，只有支付一定的资金才能得到；也只有得到一定的资金，生产者才能将产品销售给用户，并以此维持再生产活动或扩大再生产活动。

2.建筑工程项目资源管理

建筑工程项目资源管理，是按照建筑工程项目一次性特点和自身规律，对项目实施过程中所需要的各种资源进行优化配置、实施动态控制、有效利用，以降低资源消耗的系统管理方法。

（二）建筑工程项目资源管理的内容

1.人力资源管理

人力资源管理是指为了实现建筑工程项目的既定目标，采用计划、组织、指挥、监督、协调、控制等有效措施和手段，充分开发和利用项目中人力资源所进行的一系列活动的总称。

目前，我国企业或项目经理部在人员管理上引入了竞争机制，具有多种用工形式，包括固定工、临时工、劳务分包公司所属合同工等。项目经理部进行人力资源管理的关键在于加强对劳务人员的教育培训，提高他们的综合素质，加强思想政治工作，明确责任制，调动职工的积极性，加强对劳务人员的作业检查，以提高劳动效率，保证作业质量。

2.材料管理

材料管理是指项目经理部为顺利完成工程项目施工任务进行的材料计划、订货采购、运输、库存保管、供应加工、使用、回收等一系列组织和管理工作。

材料管理的重点在现场，项目经理部应建立完善的规章制度，厉行节约和减少损耗，力求降低工程成本。

3.机械设备管理

机械设备管理是指项目经理部根据所承担的具体工作任务，优化选择和配备施工机械，并且合理使用、保养和维修等各项管理工作。机械设备管理包括选择、使用、保养、维修、改造、更新等诸多环节。

机械设备管理的关键是提高机械设备的使用效率和完好率，实行责任制，严格按照操作规程加强机械设备的使用、保养和维修。

4.技术管理

技术管理是指项目经理部运用系统的观点、理论和方法，对项目的技术要素与技术活动过程进行计划、组织、监督、控制、协调的全过程管理。

技术要素包括技术人才、技术装备、技术规程、技术资料等；技术活动过程指技术计划、技术运用、技术评价等。技术作用的发挥，除取决于技术本身的水平外，很大程度上还依赖于技术管理水平。

建筑工程项目技术管理的主要任务是科学地组织各项技术工作，充分发挥技术的作用，确保工程质量；努力提高技术工作的经济效果，使技术与经济有机地结合起来。

5.资金管理

资金，从流动过程来讲，首先是投入，即筹集到的资金投入到工程项目上；其次是使用，也就是支出。资金管理，也就是财务管理，指项目经理部根据工程项目施工过程中资金流动的规律，编制资金计划、筹集资金、投入资金、资金使用、资金核算与分析等管理工作。项目资金管理的目的是保证收入、节约支出、防范风险和提高经济效益。

（三）建筑工程项目资源管理的意义

建筑工程项目资源管理的最根本意义是通过市场调研，对资源进行合理配置，并在项目管理过程中加强管理，力求以较小的投入，取得较好的经济效益。具体体现在以下几点。

（1）进行资源优化配置，即适时、适量、比例适当、位置适宜地配备或投入资源，以满足工程需要。

（2）进行资源的优化组合，使投入工程项目的各种资源搭配适当，在项目中发挥协调作用，有效地形成生产力，适时、合格地生产出产品（工程）。

（3）进行资源的动态管理，即按照项目的内在规律，有效地计划、组织、协调、控制各资源，使之在项目中合理流动，在动态中寻求平衡。动态管理是优化配置和组合的手段与保证，其目的和前提是优化配置和组合。

（4）在建筑工程项目运行中，合理、节约地使用资源，以降低工程项目成本。

（四）建筑工程项目资源管理的主要环节

1.编制资源配置计划

编制资源配置计划的目的，是根据业主需要和合同要求，对各种资源投入量、投入时间、投入步骤做出合理安排，以满足施工项目实施的需要。计划是优化配置和组合的手段。

2.资源供应

为保证资源供应，应根据资源配置计划，安排专人负责组织资源的来源，进行优化选择，并投入施工项目，使计划得以实现，保证项目的需要。

3.节约使用资源

根据各种资源的特性,科学配置和组合,协调投入,合理使用,不断纠正偏差,达到节约资源、降低成本的目的。

4.对资源使用情况进行核算

通过对资源的投入、使用与产出的情况进行核算,了解资源的投入、使用是否恰当,最终实现节约使用的目的。

5.进行资源使用效果的分析

一方面对管理效果进行总结,找出经验和问题,评价管理活动;另一方面又为管理提供储备和反馈信息,以指导以后(或下一循环)的管理工作。

二、建筑工程项目人力资源管理

建筑企业或项目经理部进行人力资源管理,根据工程项目施工现场客观规律的要求,合理配备和使用人力资源,并按工程进度的需要不断调整,在保证现场生产计划顺利完成的前提下,提高劳动生产率,达到以最小的劳动消耗取得最大的社会效益和经济效益的目的。

(一)人力资源优化配置

人力资源优化配置的目的是保证施工项目进度计划的实现,提高劳动力使用效率,降低工程成本。项目管理部应根据项目进度计划和作业特点优化配置人力资源,制订人力需求计划,报企业人力资源管理部门批准。企业人力资源管理部门与劳务分包公司签订劳务分包合同。远离企业本部的项目经理部,可在企业法定代表人授权下与劳务分包公司签订劳务分包合同。

1.人力资源配置的要求

(1)数量合适。

根据工程量的多少和合理的劳动定额,结合施工工艺和工作面的情况确定劳动者的数量,使劳动者在工作时间内满负荷工作。

(2)结构合理。

劳动力在组织中的知识结构、技能结构、年龄结构、体能结构、工种结构等方面,应与所承担的生产任务相适应,满足施工和管理的需要。

(3)素质匹配。

素质匹配是指劳动者的素质结构与物质形态的技术结构相匹配;劳动者的技能素质与所操作的设备、工艺技术的要求相适应;劳动者的文化程度、业务知识、劳动技能、熟练程度和身体素质等与所担负的生产和管理工作相适应。

2.人力资源配置的方法

人力资源的高效率使用,关键在于制订合理的人力资源使用计划。企业管理部门应审核项目经理部的进度计划和人力资源需求计划,并做好下列工作。

(1)在人力资源需求计划的基础上编制工种需求计划,防止漏配。必要时根据实际情况对人力资源计划进行调整。

(2)人力资源配置应贯彻节约原则,尽量使用自有资源;若现在劳动力不能满足要求,项目经理部应向企业申请加配,或在企业授权范围内进行招募,或把任务转包出去;如现有人员或新招收人员在专业技术或素质上不能满足要求,应提前进行培训,再上岗作业。

(3)人力资源配置应有弹性,让班组有超额完成指标的可能,激发工人的劳动积极性。

(4)尽量使项目使用的人力在组织上保持稳定,防止频繁变动。

(5)为保证作业需要,工种组合、能力搭配应适当。

(6)应使人力资源均衡配置以便于管理,达到节约的目的。

3.劳动力的组织形式

企业内部的劳务承包队,是按作业分工组成的,根据签订的劳务合同可以承包项目经理部所辖的部分或全部工程的劳务作业任务。其职责是接受企业管理层的派遣,承包工程,进行内部核算,并负责职工培训、思想工作、生活服务、支付工人劳动报酬等。

项目经理部根据人力需求计划、劳务合同的要求,接收劳务分包公司提供的作业人员,根据工程需要,保持原建制不变,或重新组合。组合的形式有以下三种。

(1)专业班组。

按施工工艺由同一工种(专业)的工人组成的班组。专业班组只完成其专业范围内的施工过程。这种组织形式有利于提高专业施工水平,提高劳动熟练程度和劳动效率,但各工种之间协作配合难度较大。

(2)混合班组。

按产品专业化的要求由相互联系的多工种工人组成的综合性班组。工人在一个集体中可以打破工种界限,混合作业,有利于协作配合,但不利于专业技能及操作水平的提高。

(3)大包队。

大包队实际上是扩大了的专业班组或混合班组,适用于一个单位工程或分部工程的综合作业承包,队内还可以划分专业班组。优点是可以进行综合承包,独立施工能力强,有利于协作配合,简化了项目经理部的管理工作。

（二）劳务分包合同

项目所使用的人力资源无论是来自企业内部，还是企业外部，均应通过劳务分包合同进行管理。

劳务分包合同是委托和承接劳动任务的法律依据，是签约双方履行义务、享受权利及解决争议的依据，也是工程顺利实施的保障。劳务分包合同的内容应包括工程名称，工作内容及范围，提供劳务人员的数量、合同工期，合同价款及确定原则，合同价款的结算和支付，安全施工，重大伤亡及其他安全事故处理，工程质量、验收与保修，工期延误，文明施工，材料机具供应，文物保护，发包人、承包人的权利和义务，违约责任等。

劳务合同通常有两种形式，一是按施工预算中的清工承包；二是按施工预算或投标价承包。一般根据工程任务的特点与性质来选择合同形式。

（三）人力资源动态管理

人力资源动态管理是指根据项目生产任务和施工条件的变化对人力需求和使用进行跟踪平衡、协调，以解决劳务失衡、劳务与生产脱节的动态过程。其目的是实现人力动态的优化组合。

1.人力资源动态管理的原则

（1）以建筑工程项目的进度计划和劳务合同为依据。

（2）始终以劳动力市场为依托，允许人力在市场内充分合理地流动。

（3）以企业内部劳务的动态平衡和日常调度为手段。

（4）以达到人力资源的优化组合和充分调动作业人员的积极性为目的。

2.项目经理部在人力资源动态管理中的责任

为了提高劳动生产率，充分有效地发挥和利用人力资源，项目经理部应做好以下工作。

（1）项目经理部应根据工程项目人力需求计划向企业劳务管理部门申请派遣劳务人员，并签订劳务合同。

（2）为了保证作业班组有计划地进行作业，项目经理部应按规定及时向班组下达施工任务单或承包任务书。

（3）在项目施工过程中不断进行劳动力平衡、调整，解决施工要求与劳动力数量、工种、技术能力、相互配合间存在的矛盾。项目经理部可根据需要及时进行人力的补充或减员。

（4）按合同支付劳务报酬。解除劳务合同后，将人员遣归劳务市场。

3.企业劳务管理部门在人力资源动态管理中的职责

企业劳务管理部门对劳动力进行集中管理，在动态管理中起着主导作用，它应做好以下工作。

（1）根据施工任务的需要和变化，从社会劳务市场中招募和遣返劳动力。

（2）根据项目经理部提出的劳动力需要量计划与其签订劳务合同，按照合同向作业队下达任务，派遣队伍。

（3）对劳动力进行企业范围内的平衡、调度和统一管理。某一施工项目中的承包任务完成后，收回作业人员，重新进行平衡、派遣。

（4）负责企业劳务人员的工资、奖金管理，实行按劳分配，兑现奖罚。

（四）人力资源的教育培训

作为建筑工程项目管理活动中至关重要的环节，人力资源培训与考核起到了及时为项目输送合适的人才，在项目管理过程中不断提高员工素质和适应力，全力推动项目进展等作用。在组织竞争与发展中，努力使人力资源增值，从长远来说是一项战略任务，而培训开发是人力资源增值的重要途径。

建筑业属于劳动密集型产业，人员素质层次不同，劳动用工中合同工和临时工比重大，人员素质较低，劳动熟练程度参差不齐，专业跨度大，室外作业及高空作业多，使得人力资源管理具有很大的复杂性。只有加强人力资源的教育培训，对拟用的人力资源进行岗前教育和业务培训，不断提高员工素质，才能提高劳动生产率，充分有效地发挥和利用人力资源，减少事故的发生率，降低成本，提高经济效益。

1.合理的培训制度

（1）计划合理。

根据以往培训的经验，初步拟定各类培训的时间周期。认真细致地分析培训需求，初步安排出不同层次员工的培训时间、培训内容和培训方式。

（2）注重实施。

在培训过程中，做好各个环节的记录，实现培训全过程的动态管理。与参加培训的员工保持良好的沟通，根据培训意见反馈情况，对出现的问题和建议，与培训师进行沟通，及时纠偏。

（3）跟踪培训效果。

培训结束后，对培训质量、培训费用、培训效果进行科学的评价。其中，培训效果是评价的重点，主要应包括是否公平分配了企业员工的受训机会、通过培训是否提高了员工满意度、是否节约了时间和成本、受训员工是否对培训项目满意等。

2.层次分明的培训

建筑工程项目人员一般有三个层次,即高层管理者、中层协调者和基层执行者。其职责和工作任务各不相同,素质要求自然也不同。因此,在培训过程中,对于以上三个层次人员的培训内容、方式均要有所侧重。如对进场劳务人员首先要进行入场教育和安全教育,使其具备必要的安全生产知识,熟悉有关安全生产规章制度和操作规程,掌握本岗位的安全操作技能;然后不断进行技术培训,以提高其施工操作熟练程度。

3.合适的培训时机

培训的时机是有讲究的。在建筑工程项目管理中,鉴于施工季节性强的特点,不能强制要求现场技术人员在施工的最佳时机离开现场进行培训,否则,不仅会影响生产,培训的效果也会大打折扣。因此,合适的培训时机,会带来更好的培训效果。

（五）人力资源的绩效评价与激励

人力资源的绩效评价既要考虑人力的工作业绩,还要考虑其工作过程、行为方式和客观环境条件,并且与激励机制相结合。

1.绩效评价的含义

绩效评价指按一定标准,应用具体的评价方法,检查和评定人力个体或群体的工作过程、工作行为、工作结果,以反映其工作成绩,并将评价结果反馈给个体或群体的过程。

绩效评价一般分为三个层次：组织整体的、项目团队或项目小组的、员工个体的绩效评价。其中,个体的绩效评价是项目人力资源管理的基本内容。

2.绩效评价的作用

现代项目人力资源管理是系统性管理,即从人力资源的获得、选择与招聘,到使用中的培训与提高、激励与报酬、考核与评价等全方位、专门的管理体系,其中绩效评价最为重要。为了充分发挥绩效评价的作用,在绩效评价方法、评价过程、评价影响等方面,必须遵循公开公平、客观公正、多渠道、多方位、多层次的评价原则。

3.员工激励

员工激励是做好项目管理工作的重要手段,管理者必须深入了解员工个体或群体的各种需要,正确选择激励手段,制定合理的奖惩制度,恰当地采取奖惩和激励措施。激励能够提高员工的工作效率,有助于项目整体目标的实现,同时有助于提高员工的素质。

激励方式多种多样,如物质激励与荣誉激励、参与激励与制度激励、目标激励与环境激励、榜样激励与情感激励等。

三、建筑工程项目材料管理

（一）建筑工程项目材料的分类

一般建筑工程项目中，用到的材料品种繁多，材料费用占工程造价的比重较大，加强材料管理是提高经济效益的最主要途径。材料管理应抓住重点、分清主次、分别管理控制。

材料分类的方法很多。可按材料在生产中的作用、材料的自然属性和管理方法的不同进行分类。

1.按材料的作用分类

按材料在建筑工程中所起的作用可分为主要材料、辅助材料和其他材料。这种分类方法便于制定材料的消耗定额，从而进行成本控制。

2.按材料的自然属性分类

按材料的自然属性可分为金属材料和非金属材料。这种分类方法便于根据材料的物理、化学性能进行采购、运输和保管。

3.按材料的管理方法分类

ABC分类法是按材料价值在工程中所占比重来划分的，这种分类方法便于找出材料管理的重点对象，针对不同对象采取不同的管理措施，以便取得良好的经济效益。

ABC分类法是把成本占材料总成本75%～80%，而数量占材料总数量10%～15%的材料列为A类材料；成本占材料总成本10%～15%，而数量占材料总数量20%～25%的材料列为B类材料；成本占材料总成本5%～10%，而数量占材料总数量65%～70%的材料列为C类材料。A类材料为重点管理对象，如钢材、水泥、木材、砂子、石子等，由于其占用资金较多，要严格控制订货量，尽量减小库存，把这类材料控制好，能对节约资金起到重要的作用；B类材料为次要管理对象，也不能忽视，应认真管理，定期检查，控制其库存，按经济批量订购，按储备定额储备；C类材料为一般管理对象，可采取简化方法管理，稍加控制即可。

（二）建筑工程项目材料管理的任务

1.保证供应

材料管理的首要任务是根据施工生产的要求，按时、按质、按量供应生产所需的各种材料。经常保持供需平衡，既不短缺导致停工待料，也不超储积压造成浪费和资金周转失灵。

2.降低消耗

合理且节约使用各种材料,提高其利用率。为此,要制定合理的材料消耗定额,严格按定额计划平衡材料、供应材料、考核材料消耗情况,在保证供应时监督材料的合理使用、节约使用。

3.加速周转

缩短材料的流通时间,加速材料周转,这也意味着加快资金的周转。为此,要统筹安排供应计划,搞好供需衔接;要合理选择运输方式和运输工具,尽量就近组织供应,力争直达直拨供应,减少二次搬运;要合理设库和科学地确定库存储备量,保证及时供应,加快周转。

4.节约费用

全面实行经济核算,不断降低材料管理费用,以最少的资金占用、最低的材料成本,完成最多的生产任务。为此,在材料供应管理工作中,必须明确经济责任、加强经济核算、提高经济效益。

(三)建筑工程项目材料的供应

1.企业管理层的材料采购供应

建筑工程项目材料管理的目的是贯彻节约原则,降低工程成本。材料管理的关键环节在于材料的采购供应。工程项目所需要的主要材料和大宗材料,应由企业管理层负责采购,并按计划供应给项目经理部,企业管理层的采购与供应直接影响着项目经理部工程项目目标的实现。

企业物流管理部门对工程项目所需的主要材料、大宗材料实行统一计划、统一采购、统一供应、统一调度和统一核算,并对使用效果进行评估,实现工程项目的材料管理目标。

2.项目经理部的材料采购

为了满足施工项目的特殊需要,调动项目管理层的积极性,企业应授权项目经理部必要的材料采购权,负责采购授权范围内所需的材料,以利于弥补相互间的不足,保证供应。随着市场经济的不断完善,建筑材料市场必将不断扩大,项目经理部的材料采购权也会越来越大。此外,对于企业管理层的采购供应,项目管理层也可拥有一定的建议权。

3.企业应建立内部材料市场

为了提高经济效益,促进节约,降低成本,提高竞争力,企业应在专业分工的基础上,把商品市场的契约关系、交换方式、价格调节、竞争机制等引入企业,建立企业内部材料市场,满足施工项目的材料需求。

在内部材料市场中,企业材料部门是卖方,项目管理层是买方,各方的权限和利益由双方签订买卖合同予以明确。主要材料和大宗材料、周转材料、大型工具、小型及随手工具均应采取付费或租赁方式在内部材料市场解决。

（四）建筑工程项目材料的现场管理

1.材料的管理责任

项目经理是现场材料管理的全面领导者和责任者；项目经理部材料员是现场材料管理的直接责任人；班组料具员在主管材料员业务指导下，协助班组长并监督本班组合理领料、用料、退料。

2.材料的进场验收

（1）进场验收要求。

材料进场验收必须做到认真、及时、准确、公正、合理；严格检查进场材料的有害物质含量检测报告，按规范应复验的必须复验，无检测报告或复验不合格的应予以退货；严禁使用有害物质含量不符合国家规定的建筑材料。

（2）进场验收。

材料进场前应根据施工现场平面图进行存料场地及设施的准备，保持进场道路畅通，以便运输车辆进出。验收的内容包括单据验收、数量验收和质量验收。

（3）验收结果处理。

进场材料验收后，验收人员应按规定填写各类材料的进场检测记录。材料经验收合格后，应及时办理入库手续，由负责采购供应的材料人员填写验收单，经验收人员签字后办理入库，并及时登账、立卡、标识。经验收不合格，应将不合格的物资单独码放于不合格区，并进行标识，尽快退场，以免用于工程。同时做好不合格品记录和处理情况记录。已进场（入库）材料，发现质量问题或技术资料不齐时，收料员应及时填报材料质量验收报告单报上一级主管部门，以便及时处理，暂不发料，不使用，原封妥善保管。

3.材料的储存与保管

材料的储存应根据材料的性能和仓库条件，按照材料保管规程，采用科学的方法进行保管和保养，以减少材料保管损耗，保持材料原有使用价值。进场的材料应建立台账，要日清、月结、定期盘点、账实相符。

4.材料的发放和领用

材料领发标志着料具从生产储备转入生产消耗，必须严格执行领发手续，明确领发责任。控制材料的领发、监督材料的耗用，是实现工程节约、防止超耗的重要保证。

凡有定额的工程用料，都应凭定额领料单实行限额领料。限额领料是指在施工阶段对施工人员所使用物资的消耗量控制在一定的消耗范围内，是企业内开展定额供应，提高材料的使用效果和企业经济效益，降低材料成本的基础和手段。超限额的用料，在用料前应办理手续，填写超限额领料单，注明超耗原因，经项目经理部材料管理人员审批后实施。

材料的领发应建立领发料台账，记录领发状况和节超状况，分析、查找用料节超原因，总结经验，吸取教训，不断提高管理水平。

5.材料的使用监督

对材料的使用进行监督是为了保证材料在使用过程中能合理地消耗，充分发挥其最大效用。监督的内容包括是否认真执行领发手续，是否严格执行配合比，是否按材料计划合理用料，是否做到随领随用、工完料净、工完料退、场退地清、谁用谁清，是否按规定进行用料交底和工序交接，是否做到按平面图堆料，是否按要求保护材料等。检查是监督的手段，检查要做好记录，对存在的问题应及时分析处理。

四、建筑工程项目机械设备管理

（一）机械设备管理的内容

机械设备管理的具体工作内容包括：机械设备的选择及配套、维修和保养、检查和修理、制定管理制度、提高操作人员技术水平、有计划地做好机械设备的改造和更新。

（二）建筑工程项目机械设备的来源

建筑工程项目所需用的机械设备通常由以下方式获得。

1.企业自有

建筑企业根据本身的性质、任务类型、施工工艺特点和技术发展趋势购置部分企业常年大量使用的机械设备，达到较高的机械利用率和经济效果。项目经理部可调配或租赁企业自有的机械设备。

2.租赁方式

某些大型、专用的特殊机械设备，建筑企业不适宜自行装备时，可以租赁方式获得使用。租用施工机械设备时，必须注意核实以下内容：出租企业的营业执照、租赁资质、机械设备安装资质、安全使用许可证、设备安全技术定期检定证明、机械操作人员作业证等。

3.机械施工承包

某些操作复杂、工程量较大或要求人与机械密切配合的工程，如大型土方、大型网架安装、高层钢结构吊装等，可由专业机械化施工公司承包。

4.企业新购

根据施工情况需要自行购买的施工机械设备、大型机械及特殊设备，应充分调研，制定可行性研究报告，上报企业管理层和专业管理部门审批。

施工中所需的机械设备具体采用哪种方式获得,应通过技术经济分析确定。

(三)建筑工程项目机械设备的合理使用

要使施工机械正常运转,在使用过程中经常保持完好的技术状况,就要尽量避免机件的过早磨损及消除可能产生的事故,延长机械的使用寿命,提高机械的生产效率。合理使用机械设备必须做好以下工作。

1.人机固定

实行机械使用、保养责任制,指定专人使用、保养,实行专人专机,以便操作人员更好地熟悉机械性能和运转情况,更好地操作设备。非本机人员严禁上机操作。

2.实行操作证制度

对所有机械操作人员及修理人员都要进行上岗培训,建立培训档案,让他们既掌握实际操作技术,又懂得基本的机械理论知识和机械构造,经考核合格后持证上岗。

3.遵守合理使用规定

严格遵守合理的使用规定,防止机件早期磨损,延长机械使用寿命和修理周期。

4.实行单机或机组核算

将机械设备的维护、机械成本与机车利润挂钩进行考核,根据考核成绩实行奖惩,这是提高机械设备管理水平的重要举措。

5.合理组织机械设备施工

加强维修管理,提高单机效率和机械设备的完好率,合理组织机械调配,搞好施工计划工作。

6.做好机械设备的综合利用

施工现场使用的机械设备尽量做到一机多用,充分利用台班时间,提高机械设备利用率。如垂直运输机械,也可在回转范围内进行水平运输、装卸等。

7.机械设备安全作业

在机械作业前项目经理部应向操作人员进行安全操作交底,使操作人员清楚地了解施工要求、场地环境、气候等安全生产要素。项目经理部应按机械设备的安全操作规程安排工作和进行指挥,不得要求操作人员违章作业,也不得强令机械设备带病操作,更不得指挥和允许操作人员野蛮施工。

8.为机械设备的施工创造良好条件

现场环境、施工平面布置应满足机械设备作业要求,道路交通应畅通、无障碍,夜间施工要安排好照明。

(四)建筑工程项目机械设备的保养与维修

1. 机械设备的保养

机械设备的保养坚持推广以"清洁、润滑、调整、紧固、防腐"为主要内容的"十字"作业法,实行例行保养和定期保养制,严格按照使用说明书规定的周期及检查保养项目进行。

(1)例行(日常)保养。

例行保养属于正常使用管理工作,不占用机械设备的运转时间,例行保养是在机械运行前后及运行过程中进行的清洁和检查,主要检查要害、易损零部件(如机械安全装置)的情况、冷却液、润滑剂、燃油量、仪表指示等。例行保养由操作人员自行完成,并认真填写机械例行保养记录。

(2)强制保养。

所谓强制保养,是按一定的周期和内容分级进行,需占用机械设备运转时间而停工进行的保养。机械设备运转到规定的时限,不管其技术状态好坏、任务轻重,都必须按照规定作业范围和要求进行检查和维护保养,不得借故拖延。

企业要开展现代化管理教育,使各级领导和广大设备使用工作者认识到,机械设备的完好率和使用寿命很大程度上取决于保养工作的好坏。如忽视机械技术保养,只顾眼前的需要和方便,直到机械设备不能运转时才停用,则必然会导致设备的早期磨损、寿命缩短,以及各种材料消耗增加,甚至危及安全生产。

2. 机械设备的维修

(1)大修理。

大修理是对机械设备进行全面的解体检查修理,保证各零部件质量和配合要求,使其达到良好的技术状态,恢复可靠性和精度等工作性能,以延长机械的使用寿命。

(2)中修理。

中修理是更换与修复设备的主要零部件和数量较多的其他磨损件,并校正机械设备的基准,恢复设备的精度、性能和效率,以延长机械设备的大修间隔。

(3)小修理。

小修理一般指临时安排的修理,目的是消除操作人员无力排除的突然故障、个别零件损坏或一般事故性损坏等问题,一般都和保养相结合,不列入修理计划。而大修、中修需列入修理计划,并按计划的预检修制度执行。

五、建筑工程项目技术管理

（一）建筑工程项目技术管理工作的内容

1.技术管理基础工作

技术管理基础工作包括实行技术责任制、执行技术标准与规程、制定技术管理制度、开展科学研究、开展科学实验、交流技术情报和管理技术文件等。

2.施工过程技术管理工作

施工过程技术管理工作包括施工工艺管理、材料试验与检验、计量工具与设备的技术核定、质量检查与验收和技术处理等。

3.技术开发管理工作

技术开发管理工作包括技术培训、技术革新、技术改造、合理化建议和技术攻关等。

（二）建筑工程项目技术管理基本制度

1.图纸自审与会审制度

建立图纸会审制度，明确会审工作流程，了解设计意图，明确质量要求，将图纸上存在的问题和错误、专业之间的矛盾等，尽可能地在工程开工之前解决。

施工单位在收到施工图及有关技术文件后，应立即组织有关人员学习研究施工图纸。在学习、熟悉图纸的基础上进行图纸自审。

图纸会审是指在开工前，由建设单位或其委托的监理单位组织、设计单位和施工单位参加，对全套施工图纸共同进行的检查与核对。

图纸会审是施工单位领会设计意图，熟悉设计图纸的内容，明确技术要求，及早发现并消除图纸中的技术错误和不当之处的重要手段，是施工单位在学习和审查图纸的基础上，进行质量控制的一种重要而有效的方法。

2.建筑工程项目管理实施规划与季节性施工方案管理制度

建筑工程项目管理实施规划是整个工程施工管理的执行计划，必须由项目经理组织项目经理部在开工前编制完成，旨在指导施工项目实施阶段的管理和施工。

由于工程项目生产周期长，一般项目都要跨季施工，又因施工为露天作业，所以跨季连续施工的工程项目必须编制季节性施工方案，遵守相关规范，采取一定措施保证工程质量。如工程所在地室外平均气温连续5天稳定低于5℃时，应按冬季施工方案施工。

3.技术交底制度

制定技术交底制度，明确技术交底的详细内容和施工过程中需要跟踪检查的内容，以保证技术责任制的落实、技术管理体系正常运转以及技术工作按标准和要求运行。

技术交底是在正式施工前，对参与施工的有关管理人员、技术人员及施工班组的工人交代工程情况和技术要求，避免发生指导和操作错误，以便科学地组织施工，并按合理的工序、工艺流程进行作业。技术交底包括整个工程、各分部分项工程、特殊和隐蔽工程，应重点强调易发生质量事故和安全事故的工程部位或工序，防止发生事故。技术交底必须满足施工规范、规程、工艺标准、质量验收标准和施工合同条款。

（1）技术交底形式。

书面交底。把交底的内容和技术要求以书面形式向施工的负责人和全体有关人员交底，交底人与接收人在交底完成后，分别在交底书上签字。

会议交底。通过组织相关人员参加会议，向到会者进行交底。

样板交底。组织技术水平较高的工人做出样板，经质量检查合格后，对照样板向施工班组交底。交底的重点是操作要领、质量标准和检验方法。

挂牌交底。将交底的主要内容、质量要求写在标牌上，挂在操作场所。

口头交底。适用于人员较少、操作时间比较短、工作内容比较简单的项目。

模型交底。对于比较复杂的设备基础或建筑构件，可做模型进行交底，使操作者加深认识。

（2）设计交底。

由设计单位的设计人员向施工单位交底，一般和图纸会审一起进行。内容包括：设计文件的依据，建设项目所处规划位置、地形、地貌、气象、水文地质、工程地质、地震烈度，施工图设计依据，设计意图以及施工时的注意事项等。

（3）施工单位技术负责人向下级技术负责人交底。

施工单位技术负责人向下级技术负责人交底的内容包括：工程概况一般性交底，工程特点及设计意图，施工方案，施工准备要求，施工注意事项，包括地基处理、主体施工、装饰工程的注意事项及工期、质量、安全等。

（4）技术负责人对工长、班组长进行技术交底。

施工项目技术负责人应按分部分项工程对工长、班组长进行技术交底，内容包括：设计图纸具体要求，施工方案实施的具体技术措施及施工方法，土建与其他专业交叉作业的协作关系及注意事项，各工种之间协作与工序交接质量检查，设计要求、规范、规程、工艺标准，施工质量标准及检验方法，隐蔽工程记录、验收时间及标准，成品保护项目、办法与制度以及施工安全技术措施等。

（5）工长对班组长、工人交底。

工长主要利用下达施工任务书的时间对班组长、工人进行分项工程操作交底。

4.隐蔽、预验工作管理制度

隐蔽、预检工作实行统一领导，分专业管理。各专业应明确责任人，管理制度要明确隐蔽、预检的项目和工作程序，参加的人员制订分栋号、分层、分段的检查计划，对遗留问题的处理要专人负责。确保及时、真实、准确、系统、资料完整，具有可追溯性。

隐蔽工程是指完工后将被下一道工序掩盖，其质量无法再次进行复查的工程部位。隐蔽工程项目在隐蔽前应进行严密检查，做好记录，签署意见，办理验收手续，不得后补。如有问题需复验，必须办理复验手续，并由复验人做出结论，填写复验日期。

施工预检是工程项目或分项工程在施工前所进行的预先检查。预检是保证工程质量、防止发生质量事故的重要措施。除施工单位自身进行预检外，监理单位还应对预检工作进行监督并予以审核认证。预检时要做好记录。

5.材料、设备检验和施工试验制度

由项目技术负责人明确责任人和分专业负责人，明确材料、成品、半成品的检验和施工试验的项目，制订试验计划和操作规程，对结果进行评价。确保项目所用材料、构件、零配件和设备的质量，进而保证工程质量。

6.工程洽商、设计变更管理制度

由项目技术负责人指定专人组织制定管理制度，经批准后实施。明确工程洽商内容、技术洽商的责任人及授权规定等。涉及影响规划及公用、消防部门已审定的项目，如改变使用功能、增减建筑高度、面积，改变建筑外廓形态及色彩等项目时，应明确其变更需具备的条件及审批的部门。

7.技术信息和技术资料管理制度

技术信息和技术资料的形成，须建立责任制度、统一领导、分专业管理。做到及时、准确、完整，符合法规要求，无遗留问题。

技术信息和技术资料由通用信息、资料（法规和部门规章、材料价格表等）和本工程专项信息资料两大部分组成。前者是指导性、参考性资料，后者是工程归档资料，是为工程项目交工后，给用户在使用维护、改建、扩建及给本企业再有类似的工程施工时作参考。工程归档资料是在生产过程中直接产生和自然形成的，内容包括图纸会审记录、设计变更，技术核定单，原材料、成品、半成品的合格证明及检验记录，隐蔽工程验收记录等；还有工程项目施工管理实施规划、研究与开发资料、大型临时设施档案、施工日志和技术管理经验总结等。

8.技术措施管理制度

技术措施是为了克服生产中的薄弱环节，挖掘生产潜力，保证完成生产任务，获得良好的经济效果，在提高技术水平方面采取的各种手段或办法。技术措施不同于技术革新，技术革新强调一个"新"字，而技术措施则是综合已有的先进经验或措施。要做好技术措施工作，必须编制并执行技术措施计划。

（1）技术措施计划的主要内容。

加快施工进度方面的技术措施。保证和提高工程质量的技术措施。节约劳动力、原材料、动力、燃料和利用"三废"等方面的技术措施。推广新技术、新工艺、新结构、新材料的技术措施。提高机械化水平，改进机械设备的管理以提高完好率和利用率的措施。改进施工工艺和施工技术以提高劳动生产率的措施。保证安全施工的措施。

（2）技术措施计划的执行。

技术措施计划应在下达施工计划的同时，下达到工长及有关班组。

对技术组织措施计划的执行情况应认真检查、督促执行，发现问题及时处理。如无法执行，应查明原因，进行分析。

每月月底，施工项目技术负责人应汇总当月的技术措施计划执行情况，填写报表上报，进行总结并公布成果。

9.计量、测量工作管理制度

制定计量、测量工作管理制度，明确需计量和测量的项目及其所使用的仪器、工具，规定计量和测量操作规程，对其成果、工具和仪器设备进行管理。

10.其他技术管理制度

除以上几项主要技术管理制度外，施工项目经理部还应根据实际需要，制定其他技术管理制度，保证相关技术工作正常运行。如土建与水电专业施工协作技术规定、技术革新与合理化建议管理制度和技术发明奖励制度等。

六、建筑工程项目资金管理

建筑工程项目资金，是项目资源的重要组成内容，是项目经理部在项目实施阶段占用和支配其他资源的货币表现，是保证其他资源市场流通的手段，是进行生产经营活动的必要条件和基础。资金管理直接关系到施工项目的顺利实施和经济效益的获得。

（一）建筑工程项目资金管理的目的

建筑工程项目资金管理的目的是保证收入、节约支出、防范风险和提高经济效益。

1.保证收入

目前我国工程造价多采用暂定量或合同价款加增减账结算，因此抓好工程预算结算工作，尽快确定工程价款，以保证工程款的收入。开工后，必须随工程施工进度抓好已完工程量的确认及变更、索赔等工作，及时同建设单位办理工程进度款的结算。在施工过程中，保证工程质量，消除质量隐患和缺陷，以保证工程款足额拨付。同时要注意做好工程的回访和保修，以利于工程尾款（质量保证金）在保修期满后及时回收。

2.节约支出

工程项目施工中各种费用支出须精心计划、节约使用,保证项目经理部有足够的资金支付能力。必须加强资金支出的计划控制,工、料、机的投入采用定额管理,管理费用要有开支标准。

3.防范风险

项目经理部要合理预测项目资金的收入和支出情况,对各种影响因素进行正确评估,最大限度地避免资金的收入和支出风险(如工程款拖欠、施工方垫付工程款等)。

注意发包方资金到位情况,签订施工合同,明确工程款支付办法和发包方供料范围。关注发包方资金动态,在已经发生垫资的情况下,要适当控制施工进度,以利于资金的回收。如垫资超出计划,应调整施工方案、压缩规模,甚至暂缓或停止施工,同时积极与发包主协商,保住工程项目以利于收回垫资。

4.提高经济效益

项目经济效益的好坏,在很大程度上取决于能否管好、用好资金。节约资金可降低财务费用,减少银行贷款利息支出。在支付工、料、机生产费用时,应考虑资金的时间因素,签订相关付款协议,货比三家,尽量做到所购物品物美价廉。承揽施工任务,既要保证质量,按期交工,又要加强施工管理,做好预、决算,按期回收工程价款,提高经济效益和企业竞争力。

(二)建筑工程项目资金收支的预测与分析

1.资金收入预测

施工项目的资金收入一般指预测收入。在施工项目实施过程中,应从按合同规定收取工程预付款开始,每月按工程进度收取工程进度款,直到最终竣工结算。所以应根据施工进度计划及合同规定按时测算出价款数额,做出项目收入预测表,绘出项目资金按月收入图及项目资金按月累加收入图。

施工项目资金收入主要来源包括:按合同规定收取的工程预付款;每月按工程进度收取的工程进度款;各分部分项单位工程竣工验收合格和工程最终验收合格后的竣工结算款;自有资金的投入或为弥补资金缺口而获得的有偿资金。

2.资金支出预测

施工项目资金的支出主要用于其他资源的购买或租赁、劳动者工资的支付、施工现场的管理费用等。资金的支出预测依据主要有:施工项目的责任成本控制计划、施工管理规划及材料和物资的储备计划。

施工项目资金预测支出包括:消耗人力资源的支付,消耗材料及相关费用的支付,消耗机械设备、工器具等的支付,其他直接费用和间接费用的支付,自有资金投入后利息的损失或投入有偿资金后利息的支付。

3.资金预测结果分析

将施工项目资金收入预测累计结果和支出预测累计结果绘制在同一坐标图上进行分析。

（三）建筑工程项目资金的使用管理

项目实施过程中所需资金的使用由项目经理部负责管理，资金运作全过程要接受企业内部银行的管理。

1.企业内部银行

内部银行即企业内部各核算单位的结算中心，按照商业银行运行机制，为各核算单位开立专用账号，核算各单位货币资金的收支情况。内部银行对存款单位负责，"谁账户的资金谁使用"，不许透支、存款有息、贷款付息，违规罚款，实行金融市场化管理。

内部银行同时行使企业财务管理职能，进行项目资金的收支预测，统一对外收支与结算，统一对外办理贷款筹集资金和内部单位的资金借款，并负责组织企业内部各单位利税和费用上缴等工作，发挥企业内部的资金调控管理职能。

项目经理部在施工项目所需资金的运作上具有相当的自主性，项目经理部以独立身份在企业内部银行设项目专用账号，包括存款账号和贷款账号。

2.项目资金的使用管理

项目资金的管理实际上反映了项目施工管理的水平，从施工方案的选择、进度安排，到工程的建造，都要用先进的施工技术、科学的管理方法提高生产效率、保证工程质量、降低各种消耗，努力做到以较少的投入，创造较大的经济效益。

建立健全项目资金管理责任制，明确项目资金的使用管理由项目经理负责，明确财务管理人员负责组织日常管理工作，明确项目预算员、计划员、统计员、材料员、劳动定额员等管理人员的资金管理职责和权限，做到统一管理、归口负责。

明确了职责和权限，还需要有具体的落实。管理方式讲求经济手段，针对资金使用过程中的重点环节，在项目经理部管理层与操作层之间可运用市场和经济的手段，其中在管理层内部主要运用经济手段。总之，一切有市场规则性的、物质的、经济的、带有激励和惩罚性的手段，均可供项目经理部在管理工作中选择并合法而有效地加以利用。

第九章 建设工程施工管理

第一节 施工项目管理及技术管理

一、施工项目管理

（一）施工项目

1.施工项目的概念

施工企业自工程施工投标开始到保修期满为止的全过程中完成的项目，是指作为施工企业被管理对象的一次性施工任务，简称施工项目。

建筑项目与施工项目的范围和内容虽然不同，但两者均是项目，服从于项目管理的一般规律，两者所进行的客观活动共同构成工程活动的整体。施工企业需要按建筑单位的要求交付建筑产品，两者是建筑产品的买卖双方。

2.施工项目的特点

（1）施工项目可以是建筑项目，也可能是其中的一个单项工程或单位工程的施工活动过程。

（2）施工项目以建筑施工企业为管理主体。

（3）施工项目的任务范围受限于项目业主和承包施工的建筑施工企业所签订的施工合同。

（4）施工项目产品具有多样性、固定性、体积庞大等特点。

（二）施工项目管理概述

1.施工项目管理的概念

施工项目管理是施工企业运用系统的观点、理论和科学技术对施工项目进行计划、组织、监督、控制、协调等全过程、全方位的管理，实现按期、优质、安全、低耗的项目管理目标。它是整个建筑工程项目管理的一个重要组成部分，其管理的对象是施工项目。

2.施工项目管理的特点

（1）施工项目的管理者是建筑施工企业。

由业主或监理单位进行的工程项目管理中涉及的施工阶段管理仍属建筑项目管理，不能算作施工项目管理，即项目业主和监理单位都不进行施工项目管理。项目业主在建筑工程项目实施阶段、进行建筑项目管理时涉及施工项目管理，但只是建筑工程项目发包方和承包方的关系，是合同关系，不能算作施工项目管理。监理单位受项目业主委托，在建筑工程项目实施阶段进行建筑工程监理，把施工单位作为监督对象，虽与施工项目管理有关，但也不是施工项目管理。

（2）施工项目管理的对象是施工项目。

施工项目管理的周期就是施工项目的生产周期，包括工程投标、签订工程项目承包合同、施工准备、施工及交工验收等。施工项目管理的主要特殊性是生产活动与市场交易活动同时进行，先有施工合同双方的交易活动，然后才有建筑工程施工，是在施工现场预约、订购式的交易活动，买卖双方都投入生产管理。所以，施工项目管理是对特殊的商品、特殊的生产活动，在特殊的市场上进行的特殊交易活动的管理，其复杂性和艰难性都是其他生产管理所不能比拟的。

（3）施工项目管理的内容是按阶段变化的。

施工项目必须按施工程序进行施工和管理。从工程开工到工程结束，要经过一年甚至十几年的时间，经历了施工准备、基础施工、主体施工、装修施工、安装施工、验收交工等多个阶段，每一个工作阶段的工作任务和管理内容都有所不同。因此，管理者必须做出设计、提出措施，进行有针对性的动态管理，使资源优化组合，以提高施工效率和施工效益。

（4）施工项目管理要求强化组织协调工作。

由于施工项目生产周期长，参与施工的人员多，施工活动涉及许多复杂的经济关系、技术关系、法律关系、行政关系和人际关系等，所以施工项目管理中的组织协调工作最为艰难、复杂、多变，必须采取强化组织协调的措施才能保证施工项目顺利实施。

3.施工项目管理的目标

施工方作为项目建筑的一个参与方，其项目管理主要服务于项目的整体利益和施工方本身的利益，其项目管理的目标包括施工的安全管理目标、施工的成本目标、施工的进度目标和施工的质量目标。

4.施工项目管理的任务

施工项目管理的主要任务包括以下内容。

（1）施工项目职业健康安全管理；

（2）施工项目成本控制；

（3）施工项目进度控制；

（4）施工项目质量控制；

（5）施工项目合同管理；

（6）施工项目沟通管理；

（7）施工项目收尾管理。

施工方的项目管理工作主要在施工阶段进行，但由于设计阶段和施工阶段在时间上往往是交叉的，因此，施工方的项目管理工作也会涉及设计阶段。在动用资金前准备阶段和保修期施工合同尚未终止，在这期间，还有可能出现涉及工程安全、费用、质量、合同和信息等方面的问题，因此，施工方的项目管理也涉及动工前准备阶段和保修期。

二、施工项目管理程序

（一）投标与签订合同阶段

建筑单位对建筑项目进行设计和建筑准备，在具备招标条件以后，便发出招标公告或邀请函。施工单位见到招标公告或邀请函后，从做出投标决策至中标签约，实质上便是在进行施工项目的工作，本阶段的最终管理目标是签订工程承包合同，并主要进行以下工作。

（1）建筑施工企业从经营战略的高度做出是否投标争取承包该项目的决策。

（2）决定投标以后，从多方面（企业自身、相关单位、市场、现场等）掌握大量信息。

（3）编制能使企业盈利又有竞争力的标书。

（4）如果中标，则与招标方谈判，依法签订工程承包合同，使合同符合国家法律、法规和国家计划，符合平等互利原则。

（二）施工准备阶段

施工单位与投标单位签订了工程承包合同，交易关系正式确立以后，便应组建项目经理部，然后以项目经理为主与企业管理层、建筑（监理）单位配合，进行施工准备，使工程具备开工和连续施工的基本条件。

这一阶段主要进行以下工作。

（1）成立项目经理部，根据工程管理的需要建立机构，配备管理人员。

（2）制订施工项目管理实施规划，以指导施工项目管理活动。

（3）进行施工现场准备，使现场具备施工条件，以利于进行文明施工。

（4）编写开工申请报告，等待批准开工。

（三）施工阶段

这是一个自开工至竣工的实施过程，在这一段过程中，施工项目经理部既是决策机构，又是责任机构。企业管理层、项目业主、监理单位的作用是支持、监督与协调。这一阶段的目标是完成合同规定的全部施工任务，达到验收、交工的条件。这一阶段主要进行以下工作。

（1）进行施工。

（2）在施工中努力做好动态控制工作，保证质量目标、进度目标、成本目标、安全目标和盈利目标的实现。

（3）管理好施工现场，实行文明施工。

（4）严格履行施工合同，处理好内外关系，管理好合同变更及索赔。

（四）验收、交工与结算阶段

这一阶段可称作"结束阶段"，与建筑项目的竣工验收阶段协调同步进行。其目标是对成果进行总结、评价、对外结清债权债务、结束交易关系。本阶段主要进行以下工作。

（1）工程结尾。

（2）进行试运转。

（3）接受正式验收。

（4）整理、移交竣工文件，进行工程款结算、总结工作、编制竣工总结报告。

（5）办理工程交付手续，项目经理部解体。

（五）使用后服务阶段

这是施工项目管理的最后阶段，即在竣工验收后，按合同规定的责任期提供用后服务，回访与保修，其目的是保证使用单位正常使用，发挥效益。该阶段中主要进行以下工作。

（1）为保证工程正常使用而做的必要的技术咨询和服务。

（2）进行工程回访，听取使用单位的意见，总结经验教训，观察使用中的问题，进行必要的维护、维修和保修。

（3）进行沉陷、抗震等性能的观察。

三、施工项目技术管理

（一）施工项目技术管理的重要性

市政工程项目施工管理的目标就是在确保合同规定的工期和质量要求的前提下，力求降低工程施工成本，追求施工的最大利润。要达到保证工程质量，保证按期交工，同时还要力求降低工程施工成本，就要在工程施工管理过程中抓好技术管理工作。通过技术管理工作，做好施工前各项准备，加强施工过程重点难点控制，科学管理现场施工，优化配置提高劳动生产率，降低资源消耗，进而达到质量、进度和成本多方面的和谐统一。简单来说，做好施工技术管理工作就能掌握工程施工的重心，为工程顺利实施提供最好的服务和保障。

（二）施工技术管理工作的内容

施工项目技术管理工作具体包括技术管理基础性工作、施工过程的技术管理工作、技术开发管理工作、技术经济分析与评价等。项目经理部应根据项目规模设置项目技术负责人，项目经理部必须在企业总工程师和技术管理部门的指导下，建立市政工程施工组织与管理体系。项目经理部的技术管理应执行国家技术政策和企业的技术管理制度，项目经理部可自行制定特殊的技术管理制度，并经总工程师审批。施工项目技术管理工作主要包括以下两个方面的内容。

1.日常性的技术管理工作

日常性技术管理工作是施工技术管理工作的基础。它包括制定技术措施和技术标准；编制施工管理规划；施工图纸的熟悉、审查和会审；组织技术交底；建立技术岗位责任制；严格贯彻技术规范和规程；执行技术检验和规程；监督与控制技术措施的执行，处理技术问题等；技术情报、技术交流、技术档案的管理工作，以及工程变更和变更洽谈等。

2.创新性的技术管理工作

创新性技术管理工作是施工技术管理工作的进一步提高。它包括进行技术改造和技术创新；开发新技术、新结构、新材料、新工艺；组织各类技术培训工作；根据需要制定新的技术措施和技术标准等。

（三）建立技术岗位责任制

建立技术岗位责任制是对各级技术人员建立明确的职责范围，以达到各负其责，各司其职，充分调动各级技术人员的积极性和创造性。虽然项目技术管理不能仅仅依赖于单纯的工程技术人员和技术岗位责任制，但是技术岗位责任制的建立，对于搞好项目基础技术工作，认真贯彻国家技术政策，促进生产技术的发展和保证工程质量都有着极为重要的作用。

1.技术管理机构的主要职责

（1）组织贯彻执行国家有关技术政策和上级颁发的技术标准、规定、规程和个性技术管理制度。

（2）按各级技术人员的职责范围分工负责，做好日常性的技术业务工作。

（3）负责收集和提供技术情报、技术资料、技术建议和技术措施等。

（4）深入实际，调查研究，进行全过程的质量管理，进行有关技术咨询，总结和推广先进经验。

（5）科学研究，开发新技术，负责技术改造和技术革新的推广应用。

2.项目经理的主要职责

为了确保项目施工的顺利进行，杜绝技术问题和质量事故的发生，保证工程质量，提高经济效益，项目经理应抓好以下技术工作。

（1）贯彻各级技术责任制，明确中级人员组织和职责分工。

（2）组织审查图纸，掌握工程特点与关键部位，以便全面考虑施工部署与施工方案。

（3）决定本工程项目拟采用的新技术、新工艺、新材料和新设备。

（4）主持技术交流，组织全体技术管理人员对施工图和施工组织的设计、重要施工方法和技术措施等进行全面深入的讨论。

（5）进行人才培训，不断提高职工的技术素质和技术管理水平。一方面为提高业务能力而组织专题技术讲座；另一方面应结合生产需要，组织学习规范规程、技术措施、施工组织设计以及与工程有关的新技术等。

（6）深入现场，经常检查重点项目和关键部位。检查施工操作、原材料使用、检验报告、工序搭接、施工质量和安全生产等方面的情况，对出现的问题、难点、薄弱环节，要及时提交给有关部门和人员研究处理。

3.各级技术人员的主要职责

（1）总工程师的主要职责。

其主要职责如下：全面负责技术工作和技术管理工作；贯彻执行国家的技术政策、技术标准、技术规程、验收规范和技术管理制度等；组织编制技术措施纲要及技术工作总结；领导开展技术革新活动，审定重大的技术革新、技术改造和合理化建议；组织编制和实施科技发展规划、技术革新计划和技术措施计划；组织编制和审批施工组织设计和重大施工方案，组织技术交底，参加竣工验收；参加引进项目的考察和谈判；主持技术会议，审定签发技术规定、技术文件，处理重大施工技术问题；领导技术培训工作，审批技术培训计划。

（2）专业工程师的主要职责。

主持编制施工组织设计和施工方案，审批单位工程的施工方案；主持图纸会审和工程的技术交底；组织技术人员学习和贯彻执行各项技术政策、技术规程、规范、标准和各项技术管理制度；组织制定保证工程质量和安全的技术措施，主持主要工程的质量检查，处理施工质量和施工技术问题；负责技术总结，汇总竣工资料及原始技术凭证；编制专业的技术革新计划，负责专业的科技情报、技术革新、技术改造和合理化建议，对专业的科技成果组织鉴定。

（3）单位工程技术负责人的主要职责。

全面负责施工现场的技术管理工作；负责单位工程图纸审查及技术交流；参加编制单位工程的施工组织设计，并贯彻执行；负责贯彻执行各项专业技术标准，严格执行验收规范和质量鉴定标准；负责技术复核工作，如对轴线、标高及坐标等的复核；负责单位工程的材料检验工作；负责整理技术档案原始资料及施工技术总结，绘制竣工图；参加质量检查和竣工验收工作。

（四）施工技术管理的基本制度

项目管理的效率性条件之一就是制度的保证。技术管理工作的基础工作是技术管理制度，包括制度的建立、健全、贯彻与执行。主要管理制度有以下几种。

1.图纸审查制度

图纸是进行施工的依据，施工单位的任务就是按照图纸的要求，高速优质地完成施工项目。图纸审查的目的在于熟悉和掌握图纸的内容和要求；解决各工种之间的矛盾和协作；发现并更正图纸中的差错和遗漏；提出不便于施工的设计内容，进行洽商和更正。图纸审查的步骤可分为学习、初审、会审三个阶段。

（1）学习阶段。

学习图纸主要是摸清建筑规模和工艺流程、结构形式和构造特点、主要材料、技术标准和质量要求，以及坐标和标高等，应充分了解设计意图及对施工的要求。

（2）初审阶段。

掌握工程的基本情况以后，分工种详细核对各工种的详图，核查有无错、漏等问题，并对有关影响建筑物安全、使用、经济的问题提出初步修改意见。

（3）会审阶段。

指各专业之间对施工图的审查。在初审的基础上，各专业之间核对图纸是否相符，有无矛盾，消除差错，协商配合施工事宜。对图纸中有关影响建筑物安全、使用、经济等问题提出修改意见,还应研究设计中提出的新结构、新技术实现的可能性和应采取的必要措施。

2.技术交底制度

技术交底是在正式施工之前,对参与施工的有关管理人员、技术人员和技术工人交代工程情况和技术要求,避免发生指导和操作失误,以便科学地组织施工,并按合理的工序、工艺流程进行作业。技术交底的主要内容如下。

(1)图纸交底:目的是使施工人员了解设计意图、建筑和结构的主要特点、重要部位的构造和要求等,以便掌握设计要点,做到按图施工。

(2)施工组织设计交底:要将施工组织设计的全部内容向施工人员交代,以便掌握工程特点、施工部署、任务划分、进度要求,主要工种的相互配合、施工方法、主要机械设备及各项管理措施等。

(3)设计变更交底:将设计变更的部位向施工人员交代清楚,讲明变更的原因,以免施工时遗漏造成差错。

(4)分项工程技术交底:对施工工艺、规范和规程的要求,材料的使用,质量标准及技术安全措施等;对新技术、新材料、新结构、新工艺及关键部位和特殊要求要着重交代,以便施工人员把握住重点。

技术交底可分级、分阶段进行。各级交底除口头和文字交底外,必要时用图纸、示范操作等方式进行。

3.技术核定制度

技术核定是指对重要的关键部位或影响全工程的技术对象进行复核,避免发生重大差错而影响工程的质量和使用。核定的内容视工程情况而定,一般包括建筑物坐标、标高和轴线、基础和设备基础、模板、钢筋混凝土和砖砌体、大样图、主要管道和电气等,均要按质量标准进行复查和核定。

4.检验制度

建筑材料构件、零配件和设备质量的优劣直接影响建筑工程的质量。因此,必须加强检验工作,并健全试验检验机构、把好质量检验关。对材料、构件、零配件和设备的检查有下列要求。

(1)凡用于施工的原材料、半成品和构配件等必须有供应部门或厂方提供的合格证明。对没有合格证明或虽有合格证明,但经质量部门检查认为有必要复查时,均需进行检验或复验,证明合格后方能使用。

(2)钢材、水泥、砂、焊条等结构用材除了应有出厂合格证明或检验单外,还应按规范和设计要求进行检验。

(3)混凝土、砂浆、灰土、夯土、防水材料的配合比等都应严格按规定的部位及数量制作试块、试样，按时送交试验，检验合格后才能使用。

（4）对钢筋混凝土构件和预应力钢筋混凝土构件均应按规定的方法进行抽样检验。

（5）加强对工业设备的检查、试验和试运转工作。设备运到现场后，安装前必须进行检查验收并做好记录，重要的设备、仪器、仪表还应开箱检验。

5.工程质量检查和验收制度

依照有关质量标准逐项检查操作质量，并根据施工项目特点分别对隐蔽工程、分项工程和竣工工程进行验收，逐个环节检查以保证工程质量。

工程质量检查应贯彻专业检查与群众检查相结合的方法，一般可分为自检、互检、交接检查及各级管理机构定期检查或抽查。检查内容除按质量标准规定进行外，还应针对不同的分部、分项工程分别检查测量定位、放线、放样、基坑、土质、焊接、拼装吊装、模板支护、钢筋绑扎、混凝土配合比、工业设备和仪表安装，以及装修等工作项目，并做好记录，发现问题或偏差应及时纠正。

6.技术档案管理制度

技术档案包括三个方面，即工程技术档案、施工技术档案和大型临时设施档案。

（1）工程技术档案。

工程技术档案是为工程竣工验收提供给建筑单位的技术资料。它反映了施工过程的实际情况，对该项工程的竣工使用、维修管理、改建扩建等是不可缺少的依据。主要包括以下内容。

①竣工项目一览表。包括名称、面积、结构、层数等。

②设计方面的有关资料。包括原施工图、竣工图、图纸会审记录、洽商变更记录、地质勘察资料。

③材料质量证明和试验资料。包括原材料、成品、半成品、构配件和设备等质量合格证明或试验检验单。

④隐蔽工程验收记录和竣工验收证明。

⑤工程质量检查评定记录和质量事故分析处理报告。

⑥设备安装和采暖、通风、卫生、电气等施工和试验记录，以及调试、试压、试运转记录。

⑦永久性水准点位置、施工测量记录和建筑物、构筑物沉降观测记录。

⑧施工单位和设计单位提出的建筑物、构筑物使用注意事项有关文件资料。

（2）施工技术档案。

施工技术档案主要包括施工组织设计和施工经验总结，新材料、新结构和新工艺的试验研究及经验总结，重大质量事故、安全事故的分析资料和处理措施，技术管理经验总结和重要技术决定，施工日志等。

（3）大型临时设施档案。

大型临时设施档案主要包括临时房屋、库房、工棚、围墙、临时水电管线设置的平面布置图和施工图，以及施工记录等。

对市政工程施工技术档案的管理，要求做到完整、准确和真实。技术文件和资料要经各级技术负责人正式审定后才有效，不得擅自修改或事后补做。

第二节 施工项目进度控制

一、施工项目进度管理概述

（一）施工项目进度管理的概念

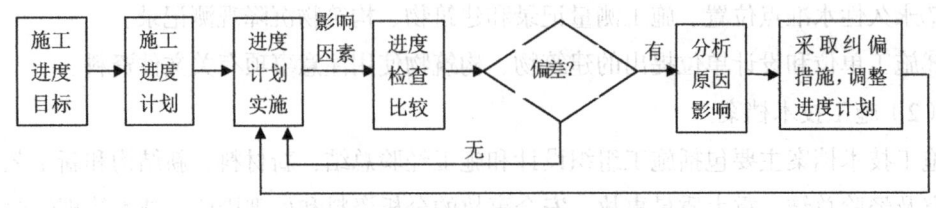

1.施工项目进度管理定义

施工项目进度管理是为实现预定的进度目标而进行的计划、组织、指挥、协调和控制等活动。即在限定的工期内，确定进度目标，编制出最佳的施工进度计划，在执行进度计划的施工过程中，经常检查实际施工进度，并不断地将实际进度与计划进度相比较，确定实际进度是否与计划进度相符。若出现偏差，便分析产生的原因和对工期的影响程度，找出必要的调整措施，修改原计划，如此不断地循环，直至工程竣工验收。

工程项目特别是大型重点建筑项目工期要求十分紧迫，施工方的工程进度压力非常大。如果没有正常有效地施工，盲目赶工，难免会出现施工质量问题、安全问题以及增加施工成本。因此，要使工程项目保质、保量、按期完成，就应进行科学的进度管理。

2.施工项目进度管理过程

施工项目进度管理过程是一个动态的循环过程。它包括进度目标的确定、施工进度计划的编制及施工进度计划的跟踪检查与调整，其基本过程如图9-1所示。

图9-1 施工项目进度管理过程

（二）施工项目进度管理的措施

施工项目进度管理的措施主要有组织措施、管理措施、经济措施和技术措施。

1.组织措施

组织是目标能否实现的决定性因素，为实现项目的进度目标，应健全项目管理的组织体系。在项目组织结构中应由专门的工作部门和符合进度管理岗位资格的专人负责进度管理工作，进度管理的工作任务和相应的管理职能应在项目管理组织设计的任务分工表和管理职能分工表中标示并落实；应编制施工进度的工作流程，如确定施工进度计划系统的组成，各类进度计划的编制程序、审批程序和计划调整程序等；应进行有关进度管理会议的组织设计，以明确会议的类型，各类会议的主持人、参加单位及人员，各类会议的召开时间，各类会议文件的整理、分发和确认等。

2.管理措施

管理措施涉及管理思想、管理方法、承发包模式、合同管理和风险管理等。树立正确的管理观念，包括进度计划系统观念、动态管理观念、进度计划多方案比较和择优观念；运用科学的管理方法、工程网络计划方法，有利于实现进度管理的科学化；选择合适的承发包模式；重视合同管理在进度管理中的应用；采取风险管理措施。

3.经济措施

经济措施涉及编制与进度计划相适应的资源需求计划和采取加快施工进度的经济激励措施。

4.技术措施

技术措施涉及对实现施工进度目标有利的设计技术和施工技术的选用。

（三）施工项目进度管理的目标

1.施工项目进度管理的总目标

施工项目进度管理以实现施工合同约定的竣工日期为最终目标。作为一个施工项目，总有一个时间限制，即施工项目的竣工时间，而施工项目的竣工时间就是施工阶段的进度目标。有了这个明确的目标以后，才能进行针对性的进度管理。

在确定施工进度目标时，应考虑的因素有：项目总进度计划对项目施工工期的要求、项目建筑的特殊要求、已建成的同类或类似工程项目的施工期限、建筑单位提供资金的保证程度、施工单位可能投入的施工力量、物资供应的保证程度、自然条件及运输条件等。

2.施工项目进度目标体系

施工项目进度管理的总目标确定后，还应对其进行层层分解，形成相互制约、相互关联的目标体系。施工项目进度的目标是从总的方面对项目建筑提出的工期要求,但在施工活动中,是通过对最基础的分部分项工程的施工进度管理,来保证各单位工程、单项工程或阶段工程进度管理的目标完成,进而实现施工项目进度管理总目标。

施工阶段进度目标可根据施工阶段、施工单位、专业工种和时间进行分解。

(1)按施工阶段分解。

根据工程特点,将施工过程分为几个施工阶段,如桥梁(下部结构、上部结构)、道路(路基、路面)。根据总体网络计划,以网络计划中表示这些施工阶段起止的节点为控制点,明确提出若干阶段目标,并对每个施工阶段的施工条件和问题进行更加具体的分析研究和综合平衡,制订各阶段的施工规划,以阶段目标的实现来保证总目标的实现。

(2)按施工单位分解。

若项目由多个施工单位参加施工,则要以总进度计划为依据,确定各单位的分包目标,并通过分包合同落实各单位的分包责任,以各分包目标的实现来保证总目标的实现。

(3)按专业工种分解。

只有控制好每个施工过程完成的质量和时间,才能保证各分部工程进度的实现。因此,既要对同专业、同工种的任务进行综合平衡,又要强调不同专业、工种间的衔接配合,明确相互的交接日期。

(4)按时间分解。

将施工总进度计划分解成逐年、逐季、逐月的进度计划。

(四)影响进度的因素

工程项目施工过程是一个复杂的运作过程,涉及面广,影响因素多,任何一个方面出现问题,都可能对工程项目的施工进度产生影响。为此,应分析了解这些影响因素,并尽可能加以控制,通过有效的进度管理来弥补和减少这些因素产生的影响。影响施工进度的主要因素有以下几个方面。

1.参与单位和部门的影响

影响项目施工进度的单位和部门众多,包括建筑单位、设计单位、总承包单位以及施工单位上级主管部门、政府有关部门、银行信贷单位、资源物资供应部门等。只有做好有关单位的组织协调工作,才能有效地控制项目施工进度。

2.项目施工技术因素

项目施工技术因素主要有:低估项目施工技术上的难度;采取的技术措施不当;没有考虑某些设计或施工问题的解决方法;对项目设计意图和技术要求没有全部领会;在应用新技术、新材料或新结构方面缺乏经验,盲目施工导致出现工程质量缺陷等。

3.施工组织管理因素

施工组织管理因素主要有：施工平面布置不合理；劳动力和机械设备的选配不当；流水施工组织不合理等。

4.项目投资因素

项目投资因素主要指因资金不能保证以至于影响项目施工进度。

5.项目设计变更因素

项目设计变更因素主要有建筑单位改变项目设计功能、项目设计图纸错误或变更等。

6.不利条件和不可预见因素

在项目施工中，可能遇到洪水、地下水、地下断层、溶洞或地面深陷等不利的地质条件，也可能出现恶劣的气候条件、自然灾害、工程事故、政治事件、工人罢工或战争等不可预见的事件，这些因素都将影响项目施工进度。

二、施工项目进度计划的编制和实施

（一）施工项目进度计划的编制

1.施工项目进度计划的分类

施工项目进度计划是在确定工程施工目标工期的基础上，根据相应的工程量，对各项施工过程的施工顺序、起止时间和相互衔接关系以及所需的劳动力和各种技术物资的供应所做的具体策划和统筹安排。

根据不同的划分标准，施工项目进度计划可以分为不同的种类，它们组成了一个相互关联、相互制约的计划系统。按不同的计划深度划分，可以分为总进度计划、项目子系统进度计划与项目子系统中的单项工程进度计划；按不同的计划功能划分，可以分为控制性进度计划、指导性进度计划与实施性（操作性）进度计划；按不同的计划周期划分，可以分为5年建筑进度计划与年度、季度、月度和旬计划。

2.施工项目进度计划的表达方式

施工项目进度计划的表达方式有多种，在实际工程施工中，主要使用横道图和网络图。

（1）横道图。

横道图是结合时间坐标线，用一系列水平线段来分别表示各施工过程的施工起止时间和先后顺序的图表。这种表达方式简单明了、直观易懂，但是也存在一些问题，如工序（工作）之间的逻辑关系不易表达清楚；适用于手工编制计划；没有通过严谨的时间参数计算，不能确定关键线路与时差；计划调整只能用手工方式进行，工作量较大；难以适应大的进度计划系统。

（2）网络图。

网络图是指由箭线和节点组成，用来表示工作流程的有向、有序的网状图形。这种表达方式具有以下优点：能正确反映工序（工作）之间的逻辑关系；可以进行各种时间参数计算，确定关键工作、关键线路与时差；可以用电子计算机对复杂的计划进行计算、调整与优化。网络图的种类很多，较常用的是双代号网络图。双代号网络图是以箭线及其两端节点的编号表示工作的网络图。

3.施工项目进度计划的编制步骤

编制施工项目进度计划是在满足合同工期要求的情况下，对选定的施工方案、资源的供应情况、协作单位配合施工情况等所作的综合研究和周密部署，具体编制步骤如下。

（1）划分施工过程；

（2）计算工程量；

（3）套用施工定额；

（4）劳动量和机械台班量的确定；

（5）计算施工过程的持续时间；

（6）初排施工进度；

（7）编制正式的施工进度计划。

施工项目进度计划编制之后，应进行进度计划的实施。进度计划的实施就是落实并完成进度计划，用施工项目进度计划指导施工活动。

（二）施工项目进度计划的审核

在实施施工项目进度计划之前，为了保证进度计划的科学合理性，必须对施工项目进度计划进行审核。施工进度计划审核的主要内容如下。

第一，进度安排是否与施工合同相符，是否符合施工合同中开工、竣工日期的规定。

第二，施工进度计划中的项目是否有遗漏，内容是否全面，分期施工的是否满足分期交工要求和配套交工要求。

第三，施工顺序的安排是否符合施工工艺、施工程序的要求。

第四，资源供应计划是否均衡并满足进度要求。劳动力、材料、构配件、设备及施工机具、水电等生产要素的供应计划是否能保证施工进度的实现，供应是否均衡，需求高峰期是否有足够能力实现计划供应。

第五，总分包间的计划是否协调、统一。总包、分包单位分别编制的各项施工进度计划之间是否相协调，专业分工与计划衔接是否明确合理。

第六，对实施进度计划的风险是否分析清楚并有相应的对策。

第七，各项保证进度计划实现的措施是否周到可行、有效。

（三）施工项目进度计划的实施

施工项目进度计划的实施就是落实施工进度计划，按施工进度计划开展施工活动并完成施工项目进度计划。施工项目进度计划逐步实施的过程就是项目施工逐步完成的过程。为保证项目各项施工活动按施工项目进度计划所确定的顺序和时间进行，以及保证各阶段进度目标和总进度目标的实现，应做好以下几方面的工作。

1. 检查各层次的计划，并进一步编制月（旬）作业计划

施工项目的施工总进度计划、单位工程施工进度计划、分部分项工程施工进度计划都是为了实现项目总目标而编制的，其中高层次计划是低层次计划编制和控制的依据，低层次计划是高层次计划的深入和具体化。在贯彻执行时，要检查各层次计划间是否紧密配合、协调一致。计划目标是否层层分解、互相衔接，检查在施工顺序、空间及时间安排、资源供应等方面有无矛盾，以组成一个可靠的计划体系。

为实施施工进度计划，项目经理部将规定的任务与现场实际施工条件和施工的实际进度相结合，在施工开始前和实施中不断编制本月（旬）的作业计划，从而使施工进度计划更具体、更切合实际、更适应不断变化的现场情况和更可行。在月（旬）计划中要明确本月（旬）应完成的施工任务、完成计划所需的各种资源量，及为提高劳动生产率，保证质量和节约的措施。

编制作业计划要进行不同项目间同时施工的平衡协调；确定对施工项目进度计划分期实施的方案；施工项目要分解为工序，以满足指导作业的要求，并明确进度日程。

2. 综合平衡，做好主要资源的优化配置

施工项目不是孤立完成的，它必须由人、财、物（材料、机具、设备等）诸资源在特定地点有机结合才能完成。同时，项目对诸资源的需要又是错落起伏的。因此，施工企业应在各项目进度计划的基础上进行综合平衡，编制企业的年度、季度、月（旬）计划，将各项资源在项目间动态组合、优化配置，以保证满足项目在不同时间对诸资源的需求，从而保证施工项目进度计划的顺利实施。

3. 层层签订承包合同，并签发施工任务书

按前面已检查过的各层次计划，以承包合同和施工任务书的形式分别向分包单位、承包队和施工班组下达施工进度任务，其中，总承包单位与分包单位、施工企业与项目经理部、项目经理部与各承包队和职能部门、承包队与各作业班组间应分别签订承包合同，按计划目标明确规定合同工期、相互承担的经济责任、权限和利益。

另外，要将月（旬）作业计划中的每项具体任务通过签发施工任务书的方式向班组下

达。施工任务书是一份计划文件，也是一份核算文件，同时又是原始记录。它把作业计划下达到班组，并将计划执行与技术管理、质量管理、成本核算、原始记录、资源管理等融为一体。施工任务书一般由班组长以计划要求、工程数量、定额标准、工艺标准、技术要求、质量标准、节约措施、安全措施等为依据进行编制。任务书下达给班组时，由班组长进行交底。交底内容为：交任务、交操作规程、交施工方法、交质量、交安全、交定额、交节约措施、交材料使用、交施工计划、交奖罚要求等，做到任务明确、报酬预知、责任到人。施工班组接到任务书后，应做好分工，安排完成，执行中要保质量、保进度、保安全、保节约、保工效提高。任务完成后，班组自检，在确认已经完成后，向专业工程师报请验收。专业工程师验收时查数量、查质量、查安全、查用工、查节约，然后回收任务书，交施工队登记结算。

4.全面实行层层计划交底，保证全体人员共同参与计划实施

在施工进度计划实施前，必须根据任务进度文件的要求进行层层交底落实，使有关人员都明确各项计划的目标、任务、实施方案、预控措施、开始日期、结束日期、有关保证条件、协作配合要求等，使项目管理层和作业层能协调一致工作，从而保证施工生产按计划、有步骤、连续均衡地进行。

5.做好施工记录，掌握现场实际情况

在计划任务完成的过程中，各级施工进度计划的执行者都要跟踪做好施工记录。在施工中，如实记载每项工作的开始日期、工作进程和完成日期，记录每日完成数量、施工现场发生的情况和干扰因素的排除情况，可为施工项目进度计划实施的检查分析调整、总结提供真实、准确的原始资料。

6.做好施工中的调度工作

施工中的调度是指在施工过程中针对出现的不平衡和不协调进行调整，以不断组织新的平衡，建立和维护正常的施工秩序。它是组织施工中各阶段、环节、专业和工种的互相配合、进度协调的指挥核心，也是保证施工进度计划顺利实施的重要手段。其主要任务是监督和检查计划实施情况，定期组织协调会，协调各方协作配合关系，采取措施，消除施工中出现的各种矛盾，加强薄弱环节，实现动态平衡，从而保证作业计划完成及进度控制目标的实现。

协调工作必须以作业计划与现场实际情况为依据，从施工全局出发，按规章制度办事，必须做到及时、准确、果断、灵活。

7.预测干扰因素，采取预控措施

在项目实施前和实施过程中，应经常根据所掌握的各种数据资料，对可能致使项目实施结果偏离进度计划的各种干扰因素进行预测，并分析这些干扰因素所带来的风险程度，预先采取一些有效的控制措施，将可能出现的偏离尽可能消灭于萌芽状态。

三、施工项目进度计划的检查

（一）施工项目进度计划的检查

在施工项目的实施过程中，为了进行施工进度管理，进度管理人员应经常性、定期地跟踪检查施工实际进度情况，主要是收集施工项目进度材料，进行统计整理和对比分析，确定实际进度与计划进度之间的关系。其主要工作包括以下内容。

1. 跟踪检查施工实际进度

跟踪检查施工实际进度是分析施工进度、调整施工进度的前提。其目的是收集实际施工进度的有关数据。跟踪检查的时间、方式、内容和收集数据的质量将直接影响控制工作的质量和效果。

进度计划检查应按统计周期的规定进行定期检查，并应根据需要进行不定期检查。进度计划的定期检查包括规定的年、季、月、旬、周、日检查，不定期检查指根据需要由检查者（或组织）确定的专题（项）检查。检查内容应包括工程量的完成情况、工作时间的执行情况、资源使用及与进度的匹配情况、上次检查提出问题的整改情况以及检查者确定的其他检查内容。检查和收集资料的方式一般采用经常、定期收集进度报表，定期召开进度工作汇报会，或派驻现场代表检查进度的实际执行情况等方式进行。

2. 整理统计检查的数据

对收集到的施工项目实际进度数据进行必要的整理，按施工进度计划管理的工作项目内容进行整理统计，形成与计划进度具有可比性的数据。一般可以按实物工程量、工作量和劳动消耗量以及累计百分比整理和统计实际检查的数据，以便与相应的计划完成量对比。

3. 将实际进度与计划进度进行对比分析

将收集的资料整理和统计成与计划进度具有可比性的数据后，将施工项目实际进度与计划进度进行比较。通常采用的比较方法有横道图比较法、S形曲线比较法、香蕉形曲线比较法、前锋线比较法等。通过比较得出实际进度与计划进度相一致、超前和拖后三种情况。

4. 施工项目进度检查结果的处理

对施工进度检查的结果要形成进度报告，把检查比较的结果及有关施工进度现状和发展趋势提供给项目经理及各级业务职能负责人。进度控制报告一般由计划负责人或进度管理人员与其他项目管理人员协作编写。报告时间一般与进度检查时间相协调，也可按月、旬、周等间隔时间进行编写上报。进度报告的内容包括：进度执行情况的综合描述，实际进度与计划进度的对比资料，进度计划的实施问题及原因分析，进度执行情况对质量、安全和成本等的影响情况，采取的措施和对未来计划进度的预测。进度报告可以单独编制，也可以根据需要与质量、成本、安全和其他报告合并编制，提出综合进展报告。

（二）横道图比较法

横道图比较法是把项目施工中检查实际进度收集的信息，经整理后直接用横道线并列标于原计划的横道线处，进行直观比较的一种方法。这种方法简明直观，编制方法简单，使用方便，是人们常用的方法。

（三）S形曲线比较法

S形曲线比较法是在一个以横坐标表示进度时间，纵坐标表示累计完成任务量的坐标体系上，首先按计划时间和任务量绘制一条累计完成任务量的曲线（S形曲线），然后将施工进度中各检查时间段的实际完成任务量也绘在此坐标上，并与S形曲线进行比较的一种方法。

对于大多数工程项目来说，从整个施工全过程来看，其单位时间消耗的资源量通常是中间多而两头少，即资源的投入开始阶段较少，随着时间的增加而逐渐增多，在施工中的某一时期达到高峰后又逐渐减少直至项目完成。而随着时间进展，累计完成的任务量便形成一条中间陡而两头平缓的S形变化曲线，故称S形曲线。

（四）香蕉形曲线比较法

香蕉形曲线实际上是两条S形曲线组合成的闭合曲线，一般情况下，任何一个施工项目的网络计划都可以绘制出两条具有同一开始时间和同一结束时间的S形曲线：其一是计划以各项工作的最早开始时间安排进度所绘制的S形曲线，简称ES曲线；其二是计划以各项工作的最迟开始时间安排进度所绘制的S形曲线，简称LS曲线。由于两条S形曲线都是相同的开始点和结束点，因此两条曲线是封闭的。除此之外，ES曲线上各点均落在LS曲线相应时间对应点的左侧，由于这两条曲线形成一个形如香蕉的曲线，故称为香蕉形曲线。只要实际完成量曲线在两条曲线之间，就不影响总的施工进度。

（五）前锋线比较法

前锋线比较法是通过某检查时刻施工项目实际进度前锋线进行施工项目实际进度与计划进度比较的方法，主要适用于时标网络计划。所谓前锋线是指在原时标网络计划上，从检查时刻的时标点出发，依次将各项工作实际进展位置点连接而成的折线。前锋线比较法就是按前锋线与工作箭线交点的位置判定施工实际进度与计划进度的偏差。凡前锋线与工作箭线的交点在检查日期的右方，表示提前完成计划进度；若其点在检查日期的左方，表示进度拖后；若其点与检查日期重合，表明该工作实际进度与计划进度一致。

（六）列表比较法

当采用无时间坐标网络计划时，也可以采用列表比较法。该方法是将检查时正在进行的工作名称和已进行的天数列于表内，然后在表上计算有关参数，再依据原有总时差和尚有总时差判断实际进度与计划进度的差别，分析对后期工作及总工期的影响程度，见表9-1。

表9-1　列表比较法

工作代号	工作名称	检查计划时尚需作业天数	至计划最迟完成时间尚余天数	原有总时差	尚余总时差	情况判断

四、施工项目进度计划的调整

（一）分析进度偏差对后续工作及总工期的影响

当实际进度与计划进度进行比较、判断出现偏差时，首先应分析该偏差对后续工作和对总工期的影响程度，然后才能决定是否调整以及调整的方法与措施。具体分析步骤如下所述。

1.分析出现进度偏差的工作是否为关键工作

若出现偏差的工作为关键工作，则无论偏差大小，都将影响后续工作按计划施工，并使工程总工期拖后，必须采取相应措施调整后期施工计划，以便确保计划工期；若出现偏差的工作为非关键工作，则需要进一步将偏差值与总时差和自由时差进行比较分析，才能确定对后续工作和总工期的影响程度。

2.分析进度偏差时间是否大于总时差

若某项工作的进度偏差时间大于该工作的总时差，则将影响后续工作和总工期，必须采取措施进行调整；若进度偏差时间小于或等于该工作的总时差，则不会影响工程总工期，但是否影响后续工作，尚需分析此偏差与自由时差的大小关系才能确定。

3.分析进度偏差时间是否大于自由时差

若某项工作的进度偏差时间大于该工作的自由时差，说明此偏差必然对后续工作产生影响，应该如何调整，应根据后续工作的允许影响程度而定；若进度偏差时间小于或等于该工作的自由时差，则对后续工作毫无影响，不必调整。

分析偏差主要是利用网络计划中总时差和自由时差的概念进行判断。由时差概念可知，当偏差大于该工作的自由时差，而小于总时差时，对后续工作的最早开始时间有影响，对总工期无影响；当偏差大于总时差时，对后续工作和总工期都有影响。

（二）施工项目进度计划的调整方法

在对实施的进度计划进行分析的基础上，应确定调整原计划的方法，一般主要有以下几种。

1. 改变某些工作间的逻辑关系

若检查的实际施工进度产生的偏差影响了总工期，在工作之间的逻辑关系允许改变的条件下，可以改变关键线路和超过计划工期的非关键线路上的有关工作之间的逻辑关系，以达到缩短工期的目的。用这种方法调整的效果是很显著的。例如，可以把依次进行的有关工作改成平行的或相互搭接的，以及分成几个施工段进行流水施工等，都可以达到缩短工期的目的。

2. 缩短某些工作的持续时间

这种方法是不改变工作之间的逻辑关系，而是缩短某些工作的持续时间，使施工进度加快，并保证实现计划工期的方法。那些被压缩持续时间的工作是位于由于实际施工进度的拖延而引起总工期增长的关键线路和某些非关键线路上的工作，同时又是可压缩持续时间的工作。这种方法实际上就是采用网络计划优化的方法，这里不再赘述。

3. 资源供应的调整

如果资源供应发生异常（供应满足不了需求），应采用资源优化方法对计划进行调整，或采取应急措施，使其对工期影响最小化。

4. 增减工程量

增减工程量主要是指改变施工方案、施工方法，从而导致工程量的增加或减少。

5. 起止时间的改变

起止时间的改变应在相应工作时差范围内进行。每次调整必须重新计算时间参数，观察该项调整对整个施工计划的影响。调整时可采用下列方法：将工作在其最早开始时间和最迟完成时间范围内移动；延长工作的持续时间；缩短工作的持续时间。

（三）施工项目进度计划的调整措施

施工项目进度计划调整的具体措施包括以下几种。

1. 组织措施

（1）增加工作面，组织更多的施工队伍；

（2）增加每天的施工时间（如采用三班制等）；

（3）增加劳动力和施工机械的数量；

（4）将依次施工关系改为平行施工关系；

（5）将依次施工关系改为流水施工关系；

（6）将流水施工关系改为平行施工关系。

2.技术措施

（1）改进施工工艺和施工技术，缩短工艺技术间歇时间；

（2）采用更先进的施工方法，以减少施工过程的数量（如将现浇框架方案改为预制装配方案）；

（3）采用更先进的施工机械。

3.经济措施

（1）实行包干奖励；

（2）提高奖金数额；

（3）对所采取的技术措施给予相应的经济补偿。

4.其他配套措施

（1）改善外部配合条件；

（2）改善劳动条件；

（3）实施强有力的调度等。

第三节　施工成本管理

建筑工程项目概、预算总金额由建筑安装工程费，设备、工具、器具及家具购置费，工程建设其他费用，以及预留费用四大部分组成。

一、工程成本概念

建筑工程项目施工费用为建筑安装工程费（工程建设项目概、预算总金额中的第一部分费用），在项目业主的管理之下，施工企业利用此费用具体组织实施完成项目施工任务。因此，施工企业进行成本管理研究的直接范围是建筑安装工程费。做好成本管理工作，首先必须清楚以下基本概念。

(一) 工程预算价

工程施工企业在投标之前，一般都先按照概、预算编制办法计算建筑安装工程费。建筑安装工程费由五大部分组成：（1）直接工程费；（2）间接费；（3）施工技术装备费；（4）计划利润；（5）税金。

建筑安装工程费是工程概、预算总金额组成中的第一大部分。施工企业把建筑安装工程费称为工程预算价。

有时候，工程建设方将预留费用和监理费用以暂定金形式列入招标文件中，工程施工方在投标文件中也要相应地列入。但是，使用这些费用是由业主决定的，因此，工程施工企业在研究总造价、总成本时往往不予考虑。

(二) 工程中标价

为了提高投标中标率，施工企业在投标报价时往往主动放弃了预算价中的施工技术装备费和计划利润的一部分或全部，有些情况下甚至还放弃直接工程费和间接费的一部分。

通过投标中标获得的建筑安装工程价款，称为工程中标价。

(三) 工程成本

工程成本组成如下。

（1）项目部所属施工队伍及协作队伍的工、料、机生产费用和施工现场其他管理费。

（2）项目部本级机构的开支。

（3）由项目部分摊的上级机构各种管理费用，其中包括投标费用。

（4）上缴国家税金，也是总成本的一个组成部分。

(四) 项目部责任成本

工程成本中的第一、第二两部分合并在一起，称为项目部工程成本，其额定值称为项目部责任成本。项目部责任成本是指项目部无额定利润的工程成本，是工程成本分解及成本管理工作的重点所在。

(五) 项目部上级机构成本

项目部上级机构成本指工程总成本中的第三、第四两部分。在这里，应该注意的是项目部成本不等于工程施工总成本。施工总成本还应该包括发生在上级机构的成本（管理费）和应上缴国家的税金。项目部上级机构成本也是工程分解和成本管理工作的一个组成部分。

（六）工程利润

工程中标价（剔除暂定金和监理费用等）减去工程施工总成本后的余额是工程利润。在这里，应该注意到工程中标价（剔除暂定金和监理费用等）减去项目部成本，并不等于利润，只有再扣除由项目部分摊的上级机构各种管理费和上缴国家的税金之后，才是工程利润。

二、工程成本分解

工程成本分解，主要是指施工企业将构成工程施工总成本的各项成本因素，根据市场经济及项目施工的客观规律将其科学合理地分开，为成本管理及控制、考核提供客观依据的一项十分重要的成本管理基础工作。一般来说，工程成本应从以下几个方面来分解。

（一）项目部责任成本

项目部责任成本等于项目部所属施工队伍（包括协作队伍）的工、料、机生产费用和施工现场其他管理与项目部本级机构开支之总和。

项目部责任成本由企业与项目部根据项目工程特征、投标报价、项目部机构设置、自有施工队和协作队伍等各方面情况，深入进行社会市场及施工现场调研后综合分析计算而来。

1.项目部所属施工队伍（包括承包协作队伍）成本

当投标中标之后，施工企业应根据工程项目所在地的实际情况，再次对各项施工生产要素（主要指工、料、机）的市场价格进行现场调研，根据切实可行的施工技术方案及有关规定要求，并按工程量清单提供的工程数量，重新计算出由项目经理部组织工程项目施工时的市场实际施工总价款。实际施工总价款实际上就是项目经理部（不含项目部）以下的全部费用（项目部所属施工队伍及协作队伍的工、料、机生产费用和施工现场其他管理费）。施工企业和项目经理只有以此为成本控制的基础依据，才能使工程项目施工成本管理及施工实际成本符合市场经济的客观规律。

在项目工程实施总价款的控制下，项目经理部可将各项工程分别具体划分落实到各施工队（自有施工队和协作队），并建立工程项目施工分户表，明确各施工队施工项目、工程数量、施工日期、执行单价、执行总价、责任人等内容，这样，既将施工任务落实到各施工队，又将执行价格予以明确控制并落实到责任人，同时还可防止因人为因素而产生的工程数量不清、执行价格混乱等问题。

无论是自有施工队，还是承包协作队，都要在项目经理部直接管理之下，切实加强工程质量、施工进度和施工安全的管理，并使其符合有关规定要求，在此前提下，项目经理部根据各施工队完成的实物工程量按实施执行价格计量拨付工程款。一般来说，拨付给承包单位的工程进度款要低于其实际工程进度，并扣留质量保证金，待维修期满后方可结账付清余款。当承包单位提交银行预付款保函时，可按项目业主对项目预付款比例或略低于这一比例对承包单位预付工程款；否则，不能对承包单位预付工程款。

在当前的建筑市场工程施工承包中，一般有两种承包方法：一是总包法，二是劳务承包法。总包法是指将中标工程项目中某些分项（单项）工程议定价格之后（包括工、料、机等全部费用），签订项目承包合同，由承包协作队伍承包完成项目施工任务。总包法项目经理部可以省心省事。但施工材料采购、原材料的检验试验、施工过程中的对外协调等事项，承包协作队可能难以胜任而导致影响施工进程。劳务承包法是指承包协作队只对某项工程施工中的人工费进行承包，完成项目施工任务。

在近年的工程项目实践中，通常以劳务承包法对承包协作队进行工程施工承包，通过项目部与承包协作队有机配合来完成项目施工任务。具体来讲，就是将某项工程以劳务总包的形式承包给协作队，签订项目承包合同。在项目施工中，人工及人工费由承包协作队自行安排调用，项目经理部一般不予过问，但施工进度必须符合项目总体施工进度计划。施工用材料则由项目经理部代购代供，其费用计入承包工程费用之中。承包协作队要提供材料使用计划（数量、规格、使用日期），项目经理部要制定材料采购制度，保质保量并以不高于工地现场的材料市场价格向承包协作队按期提供材料，确保顺利施工。这部分费用在成本分解时，可列为材料代办费项目，以便对材料使用数量及采购供应价格进行有效控制。同样，劳务队伍使用的机械设备由项目经理部提供并计入承包工程费用之中。

2.项目部本级机构开支

项目部本级机构开支的费用主要根据工程项目的大小、项目经理部人员的组成情况来综合考虑。由于项目经理部是针对某个工程项目而设置的临时性施工组织管理机构，一般随工程项目的完成而解体，因此，项目经理部的设置应力求精简高效，这样才有利于项目经济效益的提高。

项目部本级机构开支的费用主要包含间接费和管理费两大部分。间接费主要包含项目部工作人员工资、工作人员福利费、劳动保护费、办公费、差旅交通费、固定资产折旧费和修理费、行政工具使用费等；管理费主要包含业务招待费、会议费、教育经费、其他费用。

项目部责任成本在项目工程成本中占有较大比重。在项目实施中，施工企业和项目经理部必须严格控制其各项费用在责任成本额定范围内开支，才能确保项目工程取得良好的经济效益。这是施工企业进行成本管理控制的关键所在。

（二）项目部上级机构成本

项目部上级机构成本是指项目摊给上级机构的各种管理费用与税金之和。

1. 上级机构管理费

主要是指项目部以上的各上级机构，为组织施工生产经营活动所发生的各种管理费用。主要包括管理人员基本工资、工资性津贴、职工福利费、差旅交通费、办公费、职工教育经费、行政固定资产折旧和修理费、技术开发费、保险费、业务招待费、投标费、上级管理费等各项费用。

上级机构管理费一般是根据上级机构设置情况及人员组成状况，采取总量控制的措施核定及控制费用开支。目前，各级一般都是根据历年费用开支情况，进行数理统计分析后，逐级约定费额，并按规定要求上缴。上级机构管理费一般占项目工程中标价的6%~7%。

2. 税金

按实际支付工程款，由企业缴纳，有的由业主统一代缴。税金应上缴国家，但它是成本的一个组成部分。

将项目工程成本分解成项目部责任成本（项目部所属施工队伍成本与项目部本级机构开支之和）与项目部上级机构成本两大部分，对分解开来的这两大部分费用，可分别由项目经理部和项目经理部的上级机构（企业）来掌握控制，项目经理部在责任成本限额内组织自有施工队和协作队实施项目施工，企业对项目部进行全过程成本监控管理，指导项目部在责任成本费用之内完成项目施工任务。企业对自身的各项管理费用开支必须进行有效控制，最大限度地降低上级机构成本费用，从而全面提高企业综合经济效益。

实践证明，只要按上述方法计算和分解工程成本，做到责任明确、互不侵犯，并切实有效地进行控制管理，施工项目才能取得良好的经济效益。

三、工程成本控制

（一）项目部工、料、机生产费及现场其他管理费控制

1. 人工费控制

人工费发生在项目部所属施工队伍和协作队伍中。协作队伍的人工费包括在工程合同单价之中，不单独反映。项目部按合同控制协作队伍的人工费。其内部管理由协作队伍法人代表进行，项目部一般不再过问。

项目部所属自有施工队伍的人工费按预先编好的成本分解表中的人工费控制。应该注意到项目部自有施工队伍全年完成产值中的人工费总额应等于或大于他们全年的工资总额，否则人工费将发生亏损。另外，还要注意加强对零散用工的管理，注意提高劳动生产率、用工数量、工日单价等。

自有施工队伍人工费控制还应该注意：尽量减少非生产人工数量；注意劳动组合和人

机配套；充分利用有效工作时间，尽量避免工时浪费，减少工作中的非生产时间。

2.材料数量和费用控制

在成本分解工作中已经计算好了全部工程所需各类材料的数量，确定好了材料的市场、价格及总价；同时，已按自有施工队伍和协作队伍算好了完成指定工程所需的材料数量及总价，材料费用按此控制。

协作队伍所需材料数及总价已在协作合同文本上明确，节约归己，超支自负。因此，协作队伍的材料数量和总价应自行控制、自己负责。自有施工队伍应按承包责任书控制好材料数量和总价，实行节奖超罚的控制制度。自有施工队伍在材料数量和费用控制时应该注意：按定额或工地试验要求使用材料，不要超量使用；降低定额中可节约的场内定额消耗和场外运输损耗；回收可利用品；减少场内倒运或二次倒运费用。

项目部材料管理人员在材料数量和费用控制方面负有重要的责任。他们对外购材料的市场价格、材料质量要进行充分调查，做到货比三家，选择质优价廉、供货及时、信誉良好的材料生产厂家。尽量避免或减少中间环节。一般情况下，要保证材料的工地价不超过投标（中标）的材料单价。遇有材料价格上涨，超过中标价的情况，应做好情况记录，保存凭证，及时通过项目部向业主单位报告，争取动用预留费用中的"工程造价增涨预留费"。

项目部材料管理人员要建立完善、严密的材料出入库制度，保证出入库数量的正确。入库要点收、记账，要有质量文件；出库也要点付、记收，领用手续完备。项目部材料管理人员还要建立材料用户分账制度，对每一用户（各自有施工队伍、各协作队伍）应控制好材料数量及价款。对周转件材料（如脚手架、钢模板等）要设立使用规则，杜绝非正常损耗。

加强材料运输管理，防止运输过程中因人为因素丢失而引起的严重损耗。材料费用在工程项目成本中占有相当大的比重，有的项目发生亏损主要原因之一就是材料使用严重超量或有的材料采购价格高于市场平均水平。因此，项目经理及项目施工管理人员必须认真研究材料使用及采购中的问题，只有严格把住材料成本关，项目责任成本目标的实现才有充分的保障。

3.施工机械使用费的控制

施工机械使用费的控制主要是针对项目部自有施工队伍使用机械而言的。在成本分解工作中，已根据自有施工队施工项目特征计算出了所需各类施工机械及其使用台班数，项目经理部应按其机械使用费额，责任承包给自有施工队，并加强控制管理，确保其费用不得突破。

协作队伍的施工机械使用费已全部包含在议定的承包工程项目总体价格合同以内，一般不再单独计列。因此，协作队的施工机械使用费自行控制、自己负责。

对自有施工队的施工机械使用费的控制主要应该注意以下几点。

（1）严格控制油料消耗。

机械在正常工作条件下每小时的耗油量是有相对规律的，实际工作中，可以根据机械现有情况确定综合耗油指标，再根据当日需要完成的实际工作量供给油燃料，不宜以台班定额核算供给油料，从而控制油料耗用成本。

（2）严格控制机械修理费用。

要有效地控制机械修理费用，首先应从提高机械操作工人的技术素质抓起。对机械使用要按规程正确操作，按环境条件有效使用，按保养规定经常维护保养。对一般小修小保，应由操作工人自行完成。对于大中型修理及重要零部件更换，操作工人必须报经机械主管、责任人召集有关人员"会诊"，初步提出修理方案，报项目经理审批后才能进行大中型修理及重要零部件更换。对更换的零部件应由项目机械主管责任人验证。对修理费用也必须进行市场调研，多方比较后选定修理厂家并议定修理价格。实际上，有的项目经理部就因机械使用效率很低、油料消耗过大以及修理费用过高，从而导致经济效益很差甚至亏损。

（3）按规定提取并上缴折旧费。

一般来说，大中型施工机械都属于企业的固定资产，当项目施工需要时，即调配到项目部使用。因此，项目部必须按规定要求提取其折旧费并如数上缴企业。

（4）机械租赁费的控制。

当自身机械设备能力不能满足项目施工需要时，可向社会市场租赁机械来协助完成施工任务。目前，机械租赁一般有三种形式：一是按工作量承包租赁，二是按台班租赁，三是按日（计时）租赁。按工作量承包租赁是比较好的办法，一般应采取这种方式；按日（计时）租赁是最不可取的，应该避免。因此，项目经理部在租赁机械时，要充分考虑到租赁机械的用途特征，选定适宜的租赁方式。对租赁机械价格要广泛进行市场调查，议定出合理的价格水平。对不能按时完成工作量，承包租赁又难以用定额台班产量考核的特种机械，在租赁使用中必须注意合理调度、周密安排，充分提高其使用效率。其租赁费用必须如实计入责任承包的机械使用费额之内。

（5）对外出租机械费用的控制。

当自身机械设备过剩时，可视情况对外出租。在出租机械时，要根据机械工作特性选择合适的出租方式，拟定合理的出租价格，并签订租赁合同，同时还要注意防止发生"破坏性"使用问题。对出租赚取的经济收益应上缴企业。当协作队向项目部租赁施工机械设备时，同样要切实按照事先议定好的租赁方式和租赁价格签订租赁合同，其费用可直接从施工进度工程款中扣留。

4.工程质量成本的控制

工程质量成本是指为保证和提高工程质量而支出的一切费用，以及未达到质量标准而产生的一切质量事故损失费用之和。由此可以看出，工程质量成本主要包含两个方面，一是工程质量保证成本,二是工程质量事故成本。一般来说,质量保证成本与质量水平成正比关系,即工程质量水平越高,质量保证成本就越高;质量事故成本与质量水平成反比关系,即工程质量水平越高,质量事故成本就越低。施工企业追求的是质量高、成本低的最佳工程质量成本目标。一般来说,工程质量成本可分解为预防成本、检测成本、工程质量事故成本、过剩投入成本等几个方面。

(1)预防成本。

预防成本主要是指为预防质量事故发生而开展的技术质量管理工作,质量信息、技术质量培训,以及为保证和提高工程质量而开展的一系列活动所发生的费用。质量管理水平较高的施工企业,这部分费用占质量成本费用的比重较大,是施工单位坚持"预防为主"质量方针的重要体现。如果施工作业层技术技能水平高,这部分费用相对就低;反之,这部分费用比较高。因此,施工企业应加强技术培训工作,全面提高施工操作人员的技术素质,一次培训投入可换取长久的经济效益。在选择协作队伍时,应充分注意技术素质及施工能力。这实际上也是降低成本的有效环节。

(2)检测成本。

检测成本主要是对施工原材料的检验试验和对施工过程中工序质量、工程质量进行检查等发生的费用。这是预防及控制质量事故发生的基础,应根据工程项目实际需要配置检测设备及检测人员,增加现场质量检查频次。

(3)工程质量事故成本。

工程质量事故成本主要是指因施工原因造成工程质量未达到规定要求而发生的工程返工、返修、停工、事故处理等损失费用。这部分费用随质量管理水平的提高而下降。自有施工队伍和协作单位应切实加强质量管理,各自负责工程项目施工质量,最大限度地把这项费用降到最低。一旦发生质量事故,既加大了质量成本,降低了经济效益,同时又造成了不良的社会影响。事实上,质量事故损失费用就是工程施工的纯利润,因此,在工程施工中,要严格把守各道工序的质量关,提高工程质量一次合格率,防止返工及质量事故的发生。当前,工程项目施工普遍推行社会监理制,但施工企业切不可因此而放松自身对工程质量的有效控制与管理,应做到自检符合要求后才能提交监理检查验收,切实把工程质量事故消灭在萌芽状态,这样才能有效降低质量成本,提高经济效益。

(4)过剩投入成本。

过剩投入成本主要是指在工程质量方面过多地投入物质资源而增加的工程成本。过剩投入成本的发生,实际上是质量管理水平不高的突出表现。在施工现场可以看到,有的施工人员在拌制砂浆、混凝土时,往往以多投入水泥用量的方式来保证质量;有的砌筑工程设计要求用片石而施工中偏要用块石(有的甚至用料石)提高用料标准等,这都是典型的过剩投入增加工程成本的现象,这种做法不宜提倡。在实际施工中,我们应当严格按技术标准、施工规范、质量要求进行施工，片面加大物耗的做法不一定能创出优质工程，也是对工程质量内涵的曲意理解，应当引起项目经理、技术质量人员及施工管理人员、施工作业人员的高度注意。

5.施工进度对工程成本的影响

施工进度的快慢主要取决于工程项目总工期的要求。工程项目总工期一般来说是由工程项目建筑方（项目业主）确定的。业主在确定总工期时，应该充分考虑合理的工程施工进度。总工期过长，不利于投资效益的发挥；相反，总工期过短，会使施工企业疲于应付，引起劳动力、材料、施工机械设备的短期大量投入从而导致价格攀升，致使施工成本增加，尤其是在施工中期或中后期，如果建筑方突如其来地要求施工企业提前工期，将会更加严重地引起施工成本的大量增加。在合理的工程总工期条件下，施工企业和项目经理部应根据工程项目的施工特点来安排好施工进度，既能保证工程如期完工，又能保证资金合理运作。这是项目经理部和施工企业必须共同做好的一项重要工作。无原则地赶工，除了会影响工程质量，容易引发安全事故外，必然还会引起工程成本的大量增加。

6.加强现场安全管理，防止安全事故发生，从而减小项目成本开支

确保施工现场人员的人身安全和机械设备安全是施工现场管理工作的重要内容。一个工程项目的工程利润往往被一两次安全事故耗损一空，因此，在项目施工中，千万不能忽视安全管理工作，切实防止因安全管理工作不到位而影响项目经济效益。

（二）项目部本级机构开支控制

项目部本级机构开支按预先编审后的成本分解表进行控制。

1.工作人员工资、福利、劳保费

应控制项目经理部人数；工作人员队伍应该是高效精干的；控制好工资福利、劳保标准。

2.差旅交通费

坚持出差申请制度；按规章标准核报差旅交通费；坚持领导审批制度。

3.业务招待费

坚持内外有别原则：对内从简，对外适度；杜绝高档消费；坚持招待申请和领导审批制度。

（三）项目部上级机构成本控制

项目部上级机构成本按预先编审后的成本分解表进行控制，其重点和控制办法如下。

1.项目部的各上级机构开支控制

其重点控制项目和控制办法与项目本级机构开支控制相同。

2.上缴税金

各项目部的税金由上级机构统一上缴。凡遇部分免税，则由项目部上级机构专列账户保存，经允许后方能作为利润的一部分动用。

四、工程成本考核与分析

（一）工程成本考核

施工过程中定期考核成本是成本控制的好方法。一般应该每隔2~3个月进行一次，直至工程结束。考核从最基层开始，也就是从自有施工队伍承包合同和协作队伍经济合同开始进行考核。考核工、料、机和其他现场管理费，考核经济合同执行情况。要认真进行工程、库存、资金等盘点工作。

要同时考核项目部本级机构和项目部上级机构的开支情况。凡发生超过分解额的各个部分，都要查找其超出原因。相反，对于有结余的部分，也要查清原因。总之，各个分项是盈是亏都要弄清真正原因，从而达到总结经验、克服缺陷的目的。

（二）项目资金运作分析

项目资金来源一般包括由业主单位已经拨入的工程预付款和进度款、施工企业拨入的资金或银行贷款，以及协作队伍投入的资金或银行存款。拖欠材料商的材料款、协作队的工程款和欠付自有施工队伍的人工费、现场管理费也可以视为项目资金的来源。

项目资金的去向一般包括支付给自有施工队伍和协作单位的工程款，付给材料商的材料款，上缴给项目部上级机构的各项费用，支付给业主单位的工程质保金及归还银行贷款利息等。

工程施工过程中，承包人总希望能做到资金来源大于资金去向，有暂时积余，这对于保证工程顺利进行颇有益处。相反，资金来源小于资金去向时，施工过程中流动资金不足形成多头拖欠（债务），影响工程顺利进行。遇到这种情况要具体分析，采取有效措施。譬如，业主预付款不到位，前中期工程进度过慢，部分项目正在施工尚未验收计量，已经验收计量的项目业主方尚未拨款，企业自有资金或贷款不足等使得资金来源显得不足。又如，过早购入材料，机械设备闲置过多，造成资金积压，过早上缴项目部上级机构费用等。对于这些情况应及时采取措施扭转。

第十章 建设工程安全管理

第一节 市政工程安全生产概念及安全管理理论

一、安全生产基本概念

（一）危险与安全

1.危险

危险是指系统中存在导致发生不期望后果的可能性超过了人们的承受程度，一般用风险度表示危险的程度。风险度用事故发生的可能性和严重性来衡量。

从广义来说，风险可分为自然风险、社会风险、经济风险、技术风险和健康风险五类。而对于安全生产的日常管理，可分为人、机、环境、管理四类风险。

2.危险源

危险源是指可能导致人身伤害和（或）健康损害的根源、状态或行为，或其组合。具体来讲，危险源是指一个系统中具有潜在能量和物质释放危险的、可造成人员伤害、在一定的触发因素作用下可转化为事故的部位、区域、场所、空间、岗位、设备及其位置。危险源存在于确定的系统中，不同的系统范围，危险源的区域也不同。另外，危险源可能存在事故隐患，也可能不存在事故隐患，对于存在事故隐患的危险源一定要及时加以整改，否则随时都可能导致事故发生。

根据事故致因理论，危险源可分为两类：系统中存在的、可能发生意外释放的能量或危险物质被称作第一类危险源；导致屏蔽措施失效或破坏的各种不安全因素称作第二类危险源。第一类危险源涉及潜在危险性、存在条件和触发因素三个要素；第二类危险源包括人、物、环境三个方面。

3.安全

安全，顾名思义，"无危则安，无缺则全"，即安全意味着没有危险且尽善尽美，这是与人们传统的安全观念相吻合的。随着对安全问题的深入研究，安全有狭义安全和广义安全之分。狭义安全是指某一领域或系统中的安全，如生命安全、财产安全、食品安全、社会安全等；广义安全即大安全，是以某一领域或系统为主的安全扩展到生活安全与生存安全领域，形成生产、生活、生存领域的大安全。在安全学科中的"安全"有诸多含义：其一，安全是指客观事物的危险程度能够为人们普遍接受的状态；其二，安全是指没有引起死亡、伤害、职业病或财产、设备的损坏或损失或环境危害的条件；其三，安全是指生产系统中人员免遭不可承受危险的伤害。

安全与危险构成一对矛盾体，它们相伴存在。在社会实践中，安全是相对的，危险是绝对的，它们具有矛盾的所有特性。一方面双方相互反对、相互排斥、相互否定，安全度越高危险势就越小，安全度越小危险势就越大；另一方面安全与危险两者相互依存，共同处于一个统一体中，存在向对方转化的趋势。安全与危险体现了人们对生产、生活中可能遭受健康损害人身伤亡、财产损失、环境破坏等的综合认识；也正是这对矛盾体的运动、变化和发展推动着安全科学的发展和人类安全意识的提高。

（二）安全生产

1.安全生产

安全生产是指在生产经营活动中，为避免发生造成人员伤害和财产损失的事故，有效消除或控制危险和有害因素而采取一系列措施，使生产过程在符合规定的条件下进行，以保证从业人员的人身安全与健康、设备和设施免受损坏、环境免遭破坏，保证生产经营活动得以顺利进行的相关活动。"安全生产"一词中所讲的"生产"，是广义的概念，不仅包括各种产品的生产活动，也包括各类工程建设和商业、娱乐业以及其他服务业的经营活动。

2.安全生产管理

安全生产管理是指运用人力、物力和财力等有效资源，利用计划、组织、指挥、协调、控制等措施，控制物的不安全因素和人的不安全行为，实现安全生产的活动。

安全生产管理的最终目的是减少和控制危害和事故，尽量避免生产过程中发生人身伤害、财产损失、环境污染以及其他损失。安全生产管理包括对人的安全管理和对物的安全管理两个主要方面。具体来讲，包括安全生产法制管理、行政管理、工艺技术管理、设备设施管理、作业环境和作业条件管理等。

3.安全生产要素

安全生产是一个系统工程，抓好安全生产以及政治、文化、经济、技术及企业管理、人员素质等多个方面，就当前我国的安全生产发展形势，应重视以下五项安全生产要素。

（1）安全法规。

安全法规反映了保护生产正常进行、保护劳动者安全健康所必须遵循的客观规律。它是一种法律规范，具有法律约束力，要求人人都要遵守，对整个安全生产工作的开展具有国家强制力推行的作用。安全法规是以搞好安全生产、职业卫生为前提，不仅从管理上规定了人们的安全行为规范，也从生产技术、设备上规定了实现安全生产和保障职工安全健康所需的物质条件。

（2）安全责任。

安全责任是安全生产的灵魂。安全责任的落实需要建立安全生产责任制。安全生产责任制是经过长期的安全生产、劳动保护管理实践证明的成功制度与措施，是安全生产制度体系中最基础、最重要的制度，其实质是"安全生产，人人有责"。在安全责任体系中，政府领导有了责任心，就能科学处理安全和经济发展的关系，使社会发展与安全生产协调发展；经营者有了责任心，就能保证安全投入，制定安全措施，事故预防和安全生产的目标就能够实现；员工有了责任心，就能执行安全作业程序，事故就可能避免，生命安全才会得到保障。

（3）安全文化。

安全文化是人类文化的组成部分，既是社会文化的一部分，也是企业文化的一部分，属于观念、知识及软件建设的范畴。安全文化是持续实现安全生产不可或缺的软支撑。安全文化是事故预防的一种"软"力量，是一种人性化的管理手段。安全文化建设通过创造一种良好的安全人文氛围和协调的人机环境，对人的观念、意识、态度、行为等形成从无形到有形的影响，从而对人的不安全行为产生控制作用，以达到减少人为事故的效果。

企业安全文化是企业在长期安全生产和经营活动中逐步培育形成的、具有本企业特点的、为全体员工认可遵循并不断创新的观念、行为、环境、物态条件的总和。加强企业安全文化建设要做好以下工作，即通过宣传活动，提高各层次人员的安全意识；通过教育培训，提高职工的安全素质；通过制度建设，统一职工的安全行为；通过全员参与，营造安全文化氛围。

（4）安全科技。

安全科技是实现安全生产的重要手段。它不仅是一种不可缺少的生产力，更是一种生产和社会发展的动力和基本保障条件。安全科技的不断发展是防止生产过程中各种事故的发生，为职工提供安全、良好的劳动条件的必然要求。通过改进安全设备、作业环境或操作方法，将危险作业改进为安全作业、将笨重劳动改进为轻便劳动、将手工操作改进为机械操作，能够有效地提高安全生产的水平。

（5）安全投入。

安全投入是指安全生产活动中一切人力、物力和财力的总和。从经济学的角度来说，安全投入一是人力资源的投入，即专业人员的配置；二是资金的投入，用于安全技术、管理和教育措施的费用。从安全活动和实践的角度来说，安全文化建设、安全法制建设和安全监管活动，以及安全科学技术的研究与开发都需要安全投入来保障。提高安全生产的水平和能力，安全投入是保障安全生产的基础。

二、安全管理的基本理论

（一）事故致因理论

为了探索建筑业伤亡事故有效的预防措施，首先必须深入了解和认识事故发生的原因。国外对事故致因理论的研究成果十分丰富，其研究领域属系统安全科学范畴，涉及自然科学、社会科学、人文科学等多个学科领域，应用系统论的观点和方法研究系统的事故过程，分析事故致因和机理，研究事故的预防和控制策略、事故发生时的急救措施等。事故致因理论是系统安全科学的基石，也是分析我国建筑业事故多发原因的基础。

1. 单因素理论

单因素理论的基本观点认为，事故是由一两个因素引起的，因素是指人或环境（物）的某种特性，其代表理论主要有事故倾向性理论、心理动力理论和社会环境理论。

2. 事故因果链理论

事故因果链理论的基本观点是事故由一连串因素以因果关系依次发生，就如链式反应的结果。该理论可用多米诺骨牌形象地描述事故及导致伤害的过程，其代表性理论有海因里希（Heinrich）事故因果连锁论和弗兰克·伯德（Frank Bird）管理失误连锁论等。

3. 多重因素——流行病学理论

所谓流行病学，是一门研究流行病的传染源、传播途径及预防的科学。它的研究内容与范围包括：研究传染病在人群中的分布，了解传染病在特定的时间、地点、条件下的流行规律，探讨病因与性质并估计患病的危险性，探索影响疾病流行的因素，拟定防疫措施等。

1949年葛登提出事故致因的流行病学理论。该理论认为，工伤事故与流行病的发生相似，与人员、设施及环境条件有关，有一定的分布规律，往往集中在一定时间和地点发生。葛登主张，可以用流行病学方法研究事故原因、当事人的特征（包括年龄、性别、生理、心理状况）、环境特征（如工作的地理环境、社会状况、气候季节等）和媒介特征。他把"媒介"定义为促成事故的能量，即构成事故伤害的来源，如机械能、热能、电能和辐射能等。能量与流行病中媒介（病毒、细菌、毒物）一样都是事故或疾病的瞬间原因。其区别在于，疾病的媒介总是有害的，而能量在大多数情况下是有益的，是输出效能的动力。仅当能量逆流外泄于人体的偶然情况下，才是事故发生的源点和媒介。

采用流行病学的研究方法，事故的研究对象，不只是个体，更重视由个体组成的群体，特别是"敏感"的人群。研究目的是探索危险因素与环境及当事人（人群）之间相互作用，从复杂的多重因素关系中，揭示事故发生及分布的规律，进而研究防范事故的措施。

这种理论比前述几种事故致因理论更具理论上的先进性。它明确承认原因因素间的关系特征，认为事故是由当事人群、环境与媒介三类变量组中某些因素相互作用的结果，由此推动这三类因素的调查、统计与研究。该理论不足之处在于上述三类因素必须占有大量的内容，必须拥有足量的样本进行统计与评价，而在这些方面，该理论缺乏明确的指导。

4.系统理论

系统理论认为，研究事故原因，须运用系统论、控制论和信息论的方法，探索人、机、环境之间的相互作用、反馈和调整，辨识事故将要发生时系统的状态特性，特别是与人的感觉、记忆、理解和行为响应等有关的过程特征，从而分清事故的主次原因，使预防事故更为有效。通常用模型表达，通过模型结构能表达各因素之间的相互作用与关系。

5.其他事故致因理论

（1）韦廷顿的失效理论。

韦廷顿等人将事故致因过程简化为失效发生的过程，包括个体失效、现场管理失效、项目管理失效和政策失效。他们认为不明智的管理决策和不充分的管理控制是许多建筑事故发生的主要原因。

（2）瑞玛的事故致因理论。

瑞玛在他的建筑事故致因模型中将事故的原因分成了直接原因和间接原因，但并没有指出两类原因之间的关系。

（3）史蒂夫的建筑事故致因随机模型。

史蒂夫从约束—反应的角度提出了建筑事故致因随机模型，并利用事故记录对模型的有效性进行了验证。

（4）注意力分散模型。

注意力分散模型认为，物理危险或工人精神不集中导致注意力分散是导致建筑事故发生的主要原因。

（二）安全管理基本原理

安全管理是企业管理的重要组成部分，因此应该遵循企业管理的普遍规律，服从企业管理的基本原理与原则。企业管理学原理是从企业管理的共性出发，对企业管理工作的实质内容进行科学地分析、综合、抽象与概括后所得出的企业管理的规律。原则是根据对客观事物基本原理的认识而引发出来的，需要人们共同遵循的行为规范和准则。原理和原则的本质和内涵是一致的。一般来说，原理更基本，更具普遍意义；原则更具体和有行动指导性。下面介绍与企业安全管理有密切关系的两个基本原理与原则。

1.系统原理

系统原理是现代管理科学中一个最基本的原理。它是指人们在从事管理工作时，运用系统的观点、理论和方法对管理活动进行充分的系统分析，以达到管理的优化目标，即从系统观点出发，利用科学的分析方法对所研究的问题进行全面的分析和探索，确定系统目标，列出实现目标的若干可行方案，分析对比提出可行性建议，为决策者选择最优方案提供依据。

安全管理系统是企业管理系统的一个子系统，其构成包括各级专兼职安全管理人员、安全防护设施设备、安全管理与事故信息以及安全管理的规章制度、安全操作规程等。安全贯穿于企业各项基本活动之中，安全管理就是为了防止意外的劳动（人、财物）耗费，保障企业系统经营目标的实现。运用系统原理的原则可以归纳如下。

（1）动态相关性原则。

对于安全管理来说，动态相关性原则的应用可以从两个方面考虑：一方面，正是企业内部各要素处于动态之中并且相互影响和制约，才使得事故有发生的可能。如果各要素都是静止的、无关的，则事故也就无从发生。因此，系统要素的动态相关性是事故发生的根本原因。另一方面，为搞好安全管理，必须掌握与安全有关的所有对象要素之间的动态相关特征，充分利用相关因素的作用。例如，掌握人与设备之间、人与作业环境之间、人与人之间、资金与设施设备改造之间、安全信息与使用者之间等的动态相关性，是实现有效安全管理的前提。

（2）整分合原则。

现代高效率的管理必须在整体规划下明确分工，在分工基础上进行有效的综合，这就是整分合原则。该原则的基本要求是充分发挥各要素的潜力，提高企业的整体功能，首先，要从整体功能和整体目标出发，对管理对象有一个全面的了解和谋划；其次，要在整体规划下实行明确的、必要的分工或分解；最后，在分工或分解的基础上，建立内部横向联系或协作，使系统协调配合、综合平衡地运行。其中，分工或分解是关键，综合或协调是保证。整分合原则在安全管理中也有重要的意义。整，就是企业领导在制定整体目标、进行宏观决策时，必须把安全纳入整体规划的一项重要内容加以考虑；分，就是安全管理必须做到明确分工、层层落实，要建立健全安全组织体系和安全生产责任制度，使每个人员都明确目标和责任；合，就是要强化安全管理部门的职能，树立其权威，以保证强有力的协调控制，实现有效综合。

（3）反馈原则。

反馈是控制论和系统论的基本概念之一，是指被控制过程对控制机构的反作用。反馈大量存在于各种系统之中，也是管理中的一种普遍现象，是管理系统达到预期目标的主要条件。反馈原则指的是成功的高效的管理，离不开灵敏、准确、迅速的反馈。现代企业管理是一项复杂的系统工程，其内部条件和外部环境都在不断变化，所以，管理系统要实现目标必须根据反馈及时了解这些变化，从而调整系统状态，保证目标的实现。管理反馈是以信息流动为基础，及时、准确的反馈所依靠的是完善的管理信息系统。有效的安全管理，应该及时捕捉、反馈各种安全信息，及时采取行动，消除或控制不安全因素，使系统保持安全状态，达到安全生产的目标。用于反馈的信息系统可以是纯手工系统；但是随着计算机技术的发展，现代的信息系统应该是由人和计算机系统组成的匹配良好的人机系统。

（4）封闭原则。

在任何一个管理系统内部，管理手段、管理过程等必须构成一个连续封闭的回路，才能形成有效的管理活动，这就是封闭原则。该原则的基本精神是企业系统内各种管理机构之间，各种管理制度、方法之间，必须具有相互制约的关系，管理才能有效。这种制约关系包括各管理职能部门之间和上级对下级的制约。上级本身也要受到相应的制约，否则会助长主管不负责任的风气，难以保证企业决策和管理的全部活动建立在科学的基础上。

2.人本原理

人本原理，就是在企业管理活动中必须把人的因素放在首位，体现以人为本的指导思想。以人为本有两层含义：一是所有管理活动均是以人为本体展开的。人既是管理的主体（管理者），又是管理的客体（被管理者），每个人都处在一定的管理层次上，离开人，就无所谓管理。因此，人是管理活动的主要对象和重要资源。二是在管理活动中，作为管理对象的诸要素（资金、物质、时间、信息等）和管理系统的诸环节（组织机构、规章制度等），都是需要人去掌管、运作、推动和实施的。因此，应该根据人的思想和行为规律，运用各种激励手段，充分发挥人的积极性和创造性，挖掘人的内在潜力。

搞好企业安全管理，避免工伤事故与职业病的发生，充分保护企业职工的安全与健康，是人本原理的直接体现。运用人本原理的原则可以归纳如下。

（1）动力原则。

推动管理活动的基本力量是人，管理必须有能够激发人工作能力的动力，这就是动力原则。动力的产生可以来自物质、精神和信息，与此相对应，就有三类基本动力。

①物质动力，即以适当的物质利益刺激人的行为动机，达到激发人的积极性的目的。

②精神动力,即运用理想、信念、鼓励等精神力量刺激人的行为动机,达到激发人的积极性的目的。

③信息动力,即通过信息的获取与交流产生奋起直追或领先他人的行为动机,达到激发人的积极性的目的。

(2)能级原则。

现代管理引入"能级"这一物理学概念,认为组织中的单位和个人都具有一定的能量,并且可按能量大小的顺序排列,形成现代管理中的能级。能级原则是说:在管理系统中建立一套合理的能级,即根据各单位和个人能量的大小安排其地位和任务,做到才职相称,才能发挥不同能级的能量,保证结构的稳定性和管理的有效性。管理能级不是人为的假设,而是客观的存在。在运用能级原则时应该做到三点:一是能级的确定必须保证管理系统具有稳定性;二是人才的配备使用必须与能级对应;三是对不同的能级授予不同的权力和责任,给予不同的激励,使其责、权、利与能级相符。

(3)激励原则。

管理中的激励就是利用某种外部诱因的刺激调动人的积极性和创造性。以科学的手段,激发人的内在潜力,使其充分发挥出积极性、主动性和创造性,这就是激励原则。企业管理者运用激励原则时,要采用符合人的心理活动和行为活动规律的各种有效的激励措施和手段。企业员工积极性发挥的动力主要来自三个方面:一是内在动力,指的是企业员工自身的奋斗精神;二是外在压力,指的是外部施加于员工的某种力量,如加薪、降级、表扬、批评、信息等;三是吸引力,指的是那些能够使人产生兴趣和爱好的某种力量。这三种动力是相互联系的,管理者要善于体察和引导,要因人而异、科学合理地采取各种激励方法和激励强度,从而最大限度地发挥员工的内在潜力。

3.预防原理

(1)事故预防原理的含义。

安全管理工作应当以预防为主,即通过有效的管理和技术手段,防止人的不安全行为和物的不安全状态出现,从而使事故发生的概率降到最低,这就是预防原理。安全管理以预防为主,其基本出发点源自生产过程中的事故是能够预防的观点。除自然灾害外,凡是由于人类自身活动而造成的危害,总有其产生的因果关系,探索事故的原因,采取有效的对策,原则上讲就能够预防事故的发生。由于预防是事前的工作,因此正确性和有效性十分重要。

事故预防包括两个方面:①对重复性事故的预防,即对已经发生事故的分析。寻求事故发生的原因及其相互关系,提出防范类似事故重复发生的措施,避免此类事故再次发生;②对预计可能出现事故的预防,此类事故预防主要指对可能将要发生的事故进行预测,即要查出由哪些危险因素组成,并对可能导致什么类型的事故进行研究,模拟事故发生过程，提出消除危险因素的办法，避免事故发生。

（2）事故预防的基本原则。

①偶然损失原则。事故所产生的后果（人员伤亡、健康损害、物质损失等），以及后果的大小如何，都是随机的，是难以预测的。反复发生的同类事故，并不一定产生相同的后果，这就是事故损失的偶然性。根据事故损失的偶然性，可得到安全管理上的偶然损失原则：无论事故是否造成了损失，为了防止事故损失的发生，唯一的办法就是防止事故再次发生。这个原则强调，在安全管理实践中，一定要重视各类事故，包括险肇事故，只有将险肇事故都控制住，才能真正防止事故损失的发生。

②因果关系原则。事故是许多因素互为因果连续发生的最终结果。一个因素是前一个因素的结果，而又是后一个因素的原因，环环相扣，导致事故的发生。事故的因果关系决定了事故发生的必然性，即事故因素及其因果关系的存在决定了事故或早或迟必然要发生。掌握事故的因果关系，砍断事故因素的环链，就消除了事故发生的必然性，就可能防止事故的发生。事故的必然性中包含着规律性。必然性来自因果关系，深入调查、了解事故因素的因果关系，就可以发现事故发生的客观规律，从而为防止事故发生提供依据。应用数理统计方法，收集尽可能多的事故案例进行统计分析，就可以从总体上找出带有规律性的问题，为宏观安全决策奠定基础，为改进安全工作指明方向，从而做到"预防为主"，实现安全生产。从事故的因果关系中认识必然性，发现事故发生的规律性，变不安全条件为安全条件，把事故消灭在早期起因阶段，这就是因果关系原则。

③3E原则。造成人的不安全行为和物的不安全状态的主要原因可归结为四个方面：A.技术的原因。包括：作业环境不良（照明、温度、湿度、通风、噪声、振动等），物料堆放杂乱，作业空间狭小，设备工具有缺陷并缺乏保养、防护与报警装置的配备和维护存在技术缺陷。B.教育的原因。包括：缺乏安全生产的知识和经验，作业技术、技能不熟练等。C.身体和态度的原因。包括：生理状态或健康状态不佳，如听力、视力不良，反应迟钝、疾病、醉酒、疲劳等生理机能障碍；急慢、反抗、不满等情绪，消极或者亢奋的工作态度等。D.管理的原因。其中包括：企业主要领导人对安全不重视，人事配备不完善，操作规程不合适，安全规程缺乏或执行不力等。针对这四个方面的原因，可以采取三种防止对策，即工程技术对策、教育对策和法制对策，即所谓的3E原则。

④本质安全化原则。本质安全是指通过设计等手段使得设备、设施或者技术工艺含有内在的能够从根本上防止事故发生的功能，具体包含两个方面的内容。

A.失误—安全功能。指操作者即使操作失误，也不会发生事故或伤害。或者说，设备、设施或者技术工艺本身具有自动防止人的不安全行为的功能。

B.故障—安全功能。指设备、设施或者技术工艺发生故障或损坏时，还能暂时维持正常工作或自动转换为安全状态。

该原则的含义是指从一开始和从本质上实现了安全化，就可从根本上消除事故发生的可能性，从而达到预防事故发生的目的。本质安全化是安全管理预防原理的根本体现，也是安全管理的最高境界，实际上目前很难做到，但是我们应该坚持这一原则。本质安全化的含义也不仅局限于设备、设施的本质安全化，而应扩展到诸如新建工程项目、交通运输、新技术、新工艺、新材料的应用，甚至包括人们的日常生活等各个领域中。

（3）事故预防对策。

根据事故预防的3E原则，目前普遍采用以下三种事故预防对策，即技术对策是运用工程技术手段消除生产设施设备的不安全因素，改善作业环境条件、完善防护与报警装置、实现生产条件的安全和卫生；教育对策是提供各种层次的、各种形式和内容的教育和训练，使职工牢固树立"安全第一"的思想，掌握安全生产所必需的知识和技能；法制对策是利用法律、规程、标准以及规章制度等必要的强制性手段约束人们的行为，从而达到消除不重视安全、违章作业等现象的目的。

在应用3E原则预防事故时，应该针对人的不安全行为和物的不安全状态的四种原因，综合地、灵活地运用这三种对策，不要片面强调其中一个对策。技术手段和管理手段对预防事故来说并不是割裂的，二者相互促进，预防事故既要采用基于自然科学的工程技术，也要采取社会人文、心理行为等管理手段，否则，事故预防的效果难以达到理想状态。

第二节 市政工程安全生产管理体制及责任

一、我国安全生产管理体制

（一）安全生产理念

现阶段安全生产工作的理念是以人为本、安全发展、科技兴安，任何工作都要始终把保障安全放在首位。

以人为本，它是一种价值取向，强调尊重人、解放人、依靠人和为了人；它是一种思维方式，就是在分析和解决一切问题时，既要坚持历史的尺度，也要坚持人的尺度。在安全生产工作中，就是要以尊重职工群众、爱护职工群众、维护职工群众的人身安全为根本出发点，以消灭生产过程中潜在的安全隐患为主要目的。在一个企业内，人的智慧、力量得到了充分发挥，企业才能生存并发展壮大。职工是企业效益的创造者，企业是职工获取人生财富、实现人生价值的场所和舞台。作为生产经营单位，在生产经营活动中，要做到以人为本，就要以尊重职工、爱护职工、维护职工的人身安全为出发点，以消灭生产过程中的潜在隐患为主要目的。要关心职工人身安全和身体健康，不断改善劳动环境和工作条件，真正做到干工作为了人、干工作依靠人，绝不能为了发展经济以牺牲人的生命为代价，这就是以人为本。具体来讲就是，当人的生命健康和财产面临冲突时，首先应当考虑人的生命健康，而不是首先考虑和维护财产利益。

安全发展，是指国民经济和区域经济、各个行业和领域、各类生产经营单位的发展，以及社会的进步和发展，必须把安全作为基础前提和保障，绝不能以牺牲人的生命健康换取一时的发展。从"安全生产"到"安全发展"，绝不只是概念的变化，它体现的是科学发展观以人为本的要义。安全发展，就是要坚持重在预防，落实责任，加大安全投入，严格安全准入，深化隐患排查治理，筑牢安全生产基础，全面落实企业安全生产主体责任、政府及部门监管责任和属地管理责任。同时，坚持依法依规，综合治理，严格安全生产执法，严厉打击非法违法行为，综合运用法律、行政、经济等手段，推动安全生产工作规范、有序、高效地开展。

科技兴安，就是要加大安全科技投入，运用先进的科技手段来监控安全生产全过程。把现代化、自动化、信息化应用到安全生产管理中。科技兴安是现代社会工业化生产的要求，是实现安全生产的最基本出路。企业应当采用先进实用的生产技术，推行现代安全技术，选用高标准的安全装备，追求生产过程的本质安全化；同时，还要积极组织安全生产技术研究、开发新技术，自觉引进国际先进的安全生产科技。每一个企业家都要树立"依靠安全科技进步，提高事故防范能力"的观念，充分依靠科学技术的手段，生产过程的安全才有根本的保障。

（二）安全生产原则

1. "管生产必须管安全"原则

"管生产必须管安全"，这是企业各级领导在生产过程中必须坚持的原则。企业主要负责人是企业经营管理的领导，应当肩负起安全生产的责任，在抓经营管理的同时必须抓安全生产。企业要全面落实安全工作领导责任制，形成纵向到底、横向到边的严密的责任网络。企业主要负责人是企业安全生产的第一责任人，对安全生产负有主要责任。同时，企业还应与所属各部门和各单位层层签订安全工作责任状，把安全工作责任一直落实到基层单位和生产经营的各个环节。同样，企业内部各部门、各单位主要负责人也是部门、单位安全工作的第一责任人，对分管工作的安全生产也应负有重要领导责任。

2. "三同步"原则

"三同步"原则是指企业在规划和实施自身发展时，安全生产要与之同步规划，同步组织实施，同步运作投产。

3. "三不伤害"原则

"三不伤害"原则是指在生产过程中，为保证安全生产减少人为事故而采取的一种自律和互相监督的原则，即"不伤害自己，不伤害他人，不被他人伤害"。

4. "四不放过"原则

"四不放过"原则是指在对生产安全事故调查处理过程中，应当坚持的重要原则，即"事故原因没有查清不放过；责任人员没有受到处理不放过；职工群众没有受到教育不放过；防范措施没有落实不放过"。

5. "五同时"原则

"五同时"原则是指企业的生产组织领导者必须在计划、布置、检查、总结、评比生产工作的同时进行计划、布置、检查、总结、评比安全工作的原则。它要求把安全工作落实到每一个生产组织管理环节中。这是解决生产管理中安全与生产统一的一项重要原则。

（三）安全生产方针内涵

1. 安全第一

安全第一是指在生产经营活动中，在处理保证安全与实现生产经营活动的其他各项目标的关系上，要始终把安全特别是从业人员和其他人员的人身安全放在首要位置，实行"安全优先"的原则。在确保安全的前提下，努力实现生产经营的其他目标。当安全工作与其他活动发生冲突与矛盾时，其他活动要服从安全，绝不能以牺牲人的生命、健康、财产损失为代价换取发展和效益。安全第一，体现了以人为本的思想，是预防为主、综合治理的统率，没有安全第一的思想，预防为主就失去了思想支撑，综合治理就失去了整治依据。

2. 预防为主

预防为主就是把预防生产安全事故的发生放在安全生产工作的首位。预防为主是安全生产方针的核心和具体体现，是实施安全生产的根本途径，也是实现安全第一的根本途径。只有把安全生产的重点放在建立事故隐患预防体系上，超前防范，才能有效避免和减少事故，实现安全第一。对于安全生产管理，主要不是在发生事故后去组织抢救，进行事故调查，找原因、追责任、堵漏洞，而是要谋事在先，尊重科学，探索规律，采取有效的事前控制措施，千方百计预防事故的发生，做到防患于未然，将事故消灭在萌芽状态。虽然人类在生产活动中还不可能完全杜绝安全事故的发生，但只要思想重视，预防措施得当，绝大部分事故特别是重大事故是可以避免的。

3.综合治理

综合治理就是综合运用法律、经济、行政手段，从发展规划、行业管理、安全投入、科技进步、经济政策、教育培训、安全文化以及责任追究等方面着手，建立安全生产长效机制。综合治理，秉承"安全发展"的理念，从遵循和适应安全生产的规律出发，运用法律、经济、行政等手段，多管齐下，并充分发挥社会、职工舆论的监督作用，形成标本兼治、齐抓共管的格局。综合治理，是一种新的安全管理模式，它是保证"安全第一，预防为主"的安全管理目标实现的重要手段和方法，只有不断健全和完善综合治理工作机制，才能有效贯彻安全生产方针。将"综合治理"纳入安全生产方针，标志着对安全生产的认识上升到一个新的高度，是贯彻落实科学发展观的具体体现。

（四）安全生产工作机制

1.生产经营单位负责

生产经营单位是生产经营活动的主体，必然是安全生产工作的实施者、落实者和承担者。因此，要抓好安全生产工作就必须落实生产经营单位的安全生产主体责任。具体来讲，生产经营单位应当依照法律、法规规定履行安全生产法定职责和义务，依法依规加强安全生产，加大安全投入，健全安全管理机构，加强对从业人员的培训，保持安全设施设备的完好有效。

2.职工参与

职工参与，就是通过安全生产教育提高广大职工的自我保护意识和安全生产意识，有权对本单位的安全生产工作提出建议；对本单位安全生产工作中存在的问题，有权提出批评、检举和控告，有权拒绝违章指挥和强令冒险作业；应充分发挥工会、共青团、妇联组织的作用，依法维护和落实生产经营单位职工对安全生产的参与权与监督权，鼓励职工监督举报各类安全隐患，对举报者予以奖励。

3.政府监管

政府监管就是要切实履行政府监管部门安全生产管理和监督职责。健全完善安全生产综合监管与行业监管相结合的工作机制，强化安全生产监管部门对安全生产的综合监管，全面落实行业主管部门的专业监管、行业管理和指导职责。各部门要加强协作，形成监管合力，在各级政府统一领导下，严厉打击违法生产、经营等影响安全生产的行为，对拒不执行监管监察指令的生产经营单位，要依法依规从重处罚。

4.行业自律

行业自律主要是指行业协会等行业组织要自我约束，一方面各个行业要遵守国家法律、法规和政策，另一方面行业组织要通过行规行约制约本行业生产经营单位的行为。通过行业自律，促使相当一部分生产经营单位能从自身安全生产的需要和保护从业人员生命健康的角度出发，自觉开展安全生产工作，切实履行生产经营单位的法定职责和社会责任。

5.社会监督

社会监督就是要充分发挥社会监督的作用，任何单位和个人有权对违反安全生产的行为进行检举和控告；发挥新闻媒体的舆论监督作用；有关部门和地方要进一步畅通安全生产的社会监督渠道，设立举报电话，接受人民群众的公开监督。

二、建设工程安全生产责任

工程建设涉及多个单位，如果不明确工程参建各方的安全管理责任，会造成安全生产责任落实不到位，施工现场安全管理混乱，事故隐患不能及时发现和整改等问题，最终导致生产安全事故的发生。因此，需要明确工程建设参建各方责任主体的安全生产责任，建立一个既有明确的任务、职责和权限，又能互相协调、互相促进的安全生产责任体系，确保对建设工程各项安全生产活动进行有效的规范和约束。

（一）建设单位的安全责任

建设工程安全生产主要是指施工过程中的安全生产，在施工现场由施工单位负责，但鉴于建设单位的特殊地位和作用，它的行为对建设工程安全生产有着重大影响。其主要安全责任如下。

1.依法组织建设

建设单位应当将建设工程、拆除工程依法发包给具有相应资质等级和安全生产许可证的施工单位。

建设单位不得对勘察、设计、施工、工程监理等单位提出不符合建设工程安全生产法律、法规和强制性标准规定的要求，不得压缩合同约定的工期。

建设单位不得明示或者暗示施工单位购买、租赁、使用不符合安全施工要求的安全防护用具、机械设备、施工机具及配件、消防设施和器材。

2.提供工程资料

建设单位应当向施工单位提供施工现场及毗邻地区供水、排水、供电、供气、供热、通信、广播电视等地下管线资料，气象和水文观测资料，相邻建筑物和构筑物、地下工程的有关资料，并保证资料的真实、准确、完整。

3.保证安全生产投入

建设单位在编制工程概算时，应当确定建设工程安全作业环境及安全施工措施所需费用。

建设单位与施工企业签订施工合同时，应当明确安全防护、文明施工措施项目总费用，以及费用预付、支付计划，使用要求、调整方式等，并按合同约定或有关规定按时、足额拨付。

建设单位申请领取建筑工程施工许可证时，应当将施工合同中约定的安全防护、文明施工措施费用支付计划作为保证工程安全的具体措施提交建设主管部门。

4.报送安全措施资料

建设单位在申请领取施工许可证时，应办理施工安全监督手续，并向工程所在地住房城乡建设主管部门报送以下保证安全施工措施资料：工程概况；建设、勘察、设计、施工、监理等单位及项目负责人等主要管理人员一览表；危险性较大的分部分项工程清单；施工合同中约定的安全防护、文明施工措施费用支付计划；建设、施工、监理单位法定代表人及项目负责人安全生产承诺书；主管部门规定的其他保障安全施工具体措施的资料。

依法批准开工报告的建设工程，建设单位应当自开工报告批准之日起15日内，将保证安全施工措施资料报送工程所在地建设主管部门或者其他有关部门备案。

在拆除工程施工15日前，建设单位应将下列资料报送建设工程所在地的建设主管部门或者其他有关部门备案，并提供以下资料：施工单位资质等级证明；拟拆除建筑物、构筑物及可能危及毗邻建筑的说明；拆除施工组织方案；堆放、清除废弃物的措施。

（二）施工单位的安全责任

1.施工单位的安全生产责任

（1）资质资格管理。

施工单位应当依法取得建筑施工企业资质证书，在其资质等级许可的范围内承揽工程，不得违法发包转包、违法分包及挂靠等。

施工单位应当依法取得安全生产许可证。

施工单位的主要负责人、项目负责人、专职安全生产管理人员"三类人员"应当经建设主管部门或者其他有关部门考核合格后方可任职。

建筑施工特种作业人员必须按照国家有关规定经过专门的安全作业培训，取得特种作业操作资格证书后，方可上岗作业。

（2）安全管理机构建设。

施工单位应当依法设置安全生产管理机构，配备相应专职人员，在企业主要负责人的领导下开展安全生产管理工作。同时，在建设工程项目组建安全生产领导小组，具体负责工程项目的安全生产管理工作。

（3）安全管理制度建设。

施工单位应当依据法律法规，结合企业的安全管理目标、生产经营规模、管理体制，建立各项安全生产管理制度，明确工作内容、职责与权限，工作程序与标准，保障企业各项安全生产管理活动的顺利进行。

（4）安全投入保障。

施工单位要保证本单位安全生产条件所需资金的投入，制定保证安全生产投入的规章制度，完善和改进安全生产条件。对列入建设工程概算的安全作业环境及安全施工措施费用，实行专款专用，不得挪作他用。

（5）伤害保险。

施工单位必须依法参加工伤保险，为从业人员缴纳保险费；根据情况为从事危险作业的职工办理意外伤害保险，支付保险费。

（6）安全教育培训。

施工单位应当建立健全安全生产教育培训制度，编制教育培训计划，对从业人员组织开展安全生产教育培训，保证从业人员具备必要的安全生产知识，熟悉有关安全生产规章制度和安全操作规程，掌握本岗位的安全操作技能。未经安全生产教育培训合格的从业人员，不得上岗作业。

施工单位使用被派遣劳动者的，应当对被派遣人员进行岗位安全操作规程和安全操作技能的教育和培训。

施工单位应当建立安全生产教育和培训档案，如实记录安全生产教育和培训的时间、内容、参加人员以及考核结果等情况。

（7）安全技术管理。

施工单位应当在施工组织设计中编制安全技术措施，对危险性较大的分部分项工程编制专项施工方案，并按照有关规定审查、论证和实施。

施工单位应根据有关规定对项目、班组和作业人员分级进行安全技术交底。

施工单位应当定期进行技术分析，改造、淘汰落后的施工工艺、技术和设备，推行先进、适用的工艺、技术和装备，不得使用国家明令淘汰、禁止使用的危及生产安全的工艺、设备。

（8）机械设备及防护用品管理。

施工单位采购、租赁安全防护用具、机械设备、施工机具及配件，应确保具有生产（制造）许可证、产品合格证，并在进入施工现场前进行查验。

施工单位应当按照有关规定组织分包单位、出租单位和安装单位对进场的施工设备、机具及配件进行进场验收、检测检验、安装验收，验收合格的方可使用。

施工单位应当按照有关规定办理起重机械和整体提升脚手架、模板等自升式架设设施使用登记手续。

施工现场的安全防护用具、机械设备、施工机具及配件须安排专人管理，确保其可靠的安全使用性能。

施工单位应当向作业人员提供安全防护用具和安全防护服装。

（9）消防安全管理。

施工单位应当建立消防安全责任制度，确定消防安全责任人，制定用火、用电、使用易燃易爆材料等消防安全管理制度和操作规程；在施工现场设置消防通道、消防水源，配备消防设施和灭火器材，并按要求设置有关消防安全标志。

（10）现场安全防护。

施工单位对因建设工程施工可能造成损害的毗邻建筑物、构筑物和地下管线等，应当采取专项防护措施。

施工单位应根据施工阶段场地周围环境、季节以及气候的变化，采取相应的安全施工措施。暂时停止施工时，应当做好现场防护。

施工单位应按要求设置施工现场临时设施，不得在尚未竣工的建筑物内设置员工集体宿舍，并为职工提供符合卫生标准的膳食、饮水、休息场所。

施工单位应当在危险部位设置明显的安全警示标志。

（11）事故报告与应急救援。

发生生产安全事故，施工单位应当按照国家有关规定，及时、如实地向安全生产监督管理部门、建设主管部门或者其他有关部门报告；特种设备发生事故的，还应当向特种设备安全监督管理部门报告。

发生生产安全事故后，施工单位应当采取措施防止事故扩大，并按要求保护好事故现场。

施工单位应当制定单位和施工现场的生产安全事故应急救援预案，并按要求建立应急救援组织或者配备应急救援人员，配备救援器材、设备，定期组织演练。

（12）环境保护。

施工单位应当遵守有关环境保护法律、法规的规定，在施工现场采取措施，防止或者减少粉尘、废气、废水、固体废物、噪声、振动和施工照明对人和环境的危害和污染。在城市市区内的建设工程，应当对施工现场采取封闭管理措施。

2.总分包单位的安全责任界定

建设工程实行施工总承包的，由总承包单位对施工现场的安全生产负总责。总承包单位和分包单位对分包工程的安全生产承担连带责任。

分包单位应当服从总承包单位的安全生产管理，分包单位不服从管理导致生产安全事故的，由分包单位承担主要责任。

总承包单位与分包单位应签订安全生产协议，或在分包合同中明确各自在安全生产方面的权利与义务。

（三）监理单位的安全责任

监理单位应当按照法律、法规和工程建设强制性标准对所监理工程实施安全监理。

1. 安全监理措施的制定

监理单位应当编制包括安全监理内容的项目监理规划，明确安全监理的范围、内容、工作程序和制度措施，以及人员配备计划和职责等。对危险性较大的分项工程编制安全监理实施细则，明确安全监理的方法、措施和控制要点，以及对施工单位安全技术措施的检查方案。

2. 安全资料及资质资格审查

审查施工总承包单位和分包单位企业资质和安全生产许可证；审查施工总承包单位分包工程情况；审查施工单位现场安全生产规章制度的建立情况；审查施工单位项目负责人、专职安全生产管理人员和特种作业人员的职业资格；审查施工组织设计中的安全技术措施或专项施工方案的编制、审核、审批及专家论证情况；核查施工现场起重机械和整体提升脚手架、模板等自升式架设设施的备案、安装、验收手续。

3. 安全监督检查

检查施工现场安全管理机构的建立及专职安全生产管理人员配备情况；监督施工单位落实安全技术措施，及时制止违规施工作业；监督施工单位落实安全防护、文明施工措施情况，并签认所发生的费用；巡视检查危险性较大的分部分项工程专项施工方案实施情况；督促施工单位进行安全自查，并对自查情况进行抽查；参加建设单位组织的安全生产检查；发现存在事故隐患，应签发监理通知单要求施工单位整改。

4. 安全生产情况报告

施工组织设计中的安全技术措施或专项施工方案未经监理单位审查签字认可，施工单位擅自施工的，监理单位应及时下达工程暂停令，并将情况及时以书面形式报告建设单位；在实施监理过程中，发现存在严重安全事故隐患的，应要求施工单位暂时停止施工，并及时报告建设单位；施工单位拒不整改或者不停止施工的，应及时向有关主管部门报告。

（四）勘察、设计及其他有关单位的安全责任

勘察设计以及设备租赁、安装等单位在工程建设的不同阶段承担着与职责对应的安全责任，切实落实这些责任对保证施工安全至关重要。

1. 勘察单位的安全责任

按照法律、法规和工程建设强制性标准进行勘察，提供的勘察文件应当真实、准确，满足建设工程安全生产的需要。

在勘察作业时，应当严格执行操作规程，并采取有效措施保证各类管线、设施和周边建筑物、构筑物的安全。

2.设计单位的安全责任

按照法律、法规和工程建设强制性标准进行设计，防止因设计不合理导致生产安全事故的发生。

考虑施工安全操作和防护的需要，对涉及施工安全的重点部位和环节在设计文件中注明，并对防范生产安全事故提出指导意见。

对于采用新结构、新材料、新工艺的建设工程和特殊结构的建设工程，应当在设计中提出保障施工作业人员安全和预防生产安全事故的措施建议。

设计单位和注册建筑师等注册执业人员应当对其设计负责。

3.其他有关单位的安全责任

机械设备、施工机具及配件提供单位应当按照安全施工的要求配备齐全有效的保险、限位等安全设施和装置，并确保产品具有生产（制造）许可证、产品合格证。

机械设备和机具出租单位应当对出租的设备及机具的安全性能进行检测；在签订租赁协议时，应当出具检测合格证明；禁止出租检测不合格的机械设备和施工机具及配件；按合同约定承担出租期间的使用管理和维护保养义务。

安装单位在施工现场安装、拆卸施工起重机械和整体提升脚手架、模板等自升式架设设施应具有相应资质，编制拆装方案、制定安全施工措施，并由专业技术人员现场监督。安装单位应在上述架设设施安装完毕后进行自检，出具自检合格证明，并向施工单位进行安全使用说明，办理验收手续并签字。

检验检测机构对检测合格的施工起重机械和整体提升脚手架、模板等自升式架设设施，应当出具安全合格证明文件，并对检测结果负责。

第三节 建设工程安全事故分析及对策

一、建筑施工安全风险评价和事故原因分析

（一）施工安全风险类型及伤害形式

不安全因素存在于整个作业过程中，一部分产生于现阶段，一部分产生于前期并继续

存在于现阶段施工过程中。主要有五个方面引起不安全因素：人员、机械、手持工具、材料和环境。不安全因素集合构成如下。

1. 一类风险源

一类风险源指拥有能量的能量载体或产生能量的能量源，在作业过程中其能量一般不发生变化或能量的变化量对事故影响很小。主要有：一旦失控可能产生巨大能量的设备、场所，如模板支撑系统、吊车、打桩机、塔吊等；产生、供给能量的装置、设备，如外跨电梯、卷扬机等；危险物质，如煤气、一氧化碳、硫化氢、地下作业时各种有毒气体等；使人体或物体具有较大势能的设备、场所，如超过一定高度的建筑物、吊篮、脚手架等都使人体具有较高势能。一类风险源主要表现为静态不安全因素。

2. 二类风险源

二类风险源指导致限制、约束能量措施破坏或失效的各种不安全因素。这些不安全因素由于受安全管理活动的限制或不安全对象的不同等在作业过程中处于变化的状态。动态不安全因素主要有以下三个方面。

（1）人的行为。

人的因素是指影响安全事故发生的人的行为，主要体现为：人的不安全行为和失误两个方面。人的不安全行为是由于人的违章指挥、违规操作等引起的，如高处作业不系安全带、不佩戴安全帽、无证上岗等。未按技术标准操作等失误使人的行为的结果偏离了预定的标准，如作业人员的动作失误、判断错误等。人的不安全行为可控，并可以完全消除。而人失误可控性较小，不能完全消除，只能通过各种措施降低失误的概率。

（2）物的状态。

物的状态主要指物的故障。故障是指由于性能低下不能实现预定功能的现象，物的不安全状态可以看作一种故障。物的故障可能直接使限制、约束能量或危险物质的措施失效而发生安全事故。产生物的故障因素主要有两个：①作业过程中产生的物的故障，如模板支撑体系不牢固等，这个是前期作业过程产生的物的故障；②在作业过程后故障依然存在，如电梯井洞口没有设置防护等。

（3）环境影响。

环境影响指在对其他不安全因素的危险程度起加剧或减缓作用。环境影响主要指施工作业过程所在的环境，包括温度、湿度、照明、噪声和振动等物理环境，以及企业和社会的软环境。工程建设施工必然产生不安全因素，是客观的，是与作业过程、设备的工作特性、工作需要以及周围环境相伴随的。不良的物理环境会引起物的故障和人的失误，如温度和湿度会影响设备的正常运转，引起故障；噪声、照明影响人的动作准确性，造成失误；企业和社会的软环境会影响人的心理、情绪等，引起人的失误。

3.不安全因素的特点

（1）不安全因素是客观的。

有些不安全因素可以通过检查、改进等措施消除或限制，降低不安全因素的危险程度，如动态不安全因素中人的不安全状态、机械设备隐患等。有些是必然存在的，不能够消除，只能对其进行辨识、分析，通过相应措施控制能量的意外释放，但不能改变其能量的大小，如静态不安全因素。

（2）不安全因素的危险程度。

不安全因素的危险程度是指不安全因素引起不安全事件发生的可能性，表示不安全因素的危险程度。不安全事件发生的可能性越大，不安全因素的危险程度越大。静态不安全因素决定安全事故发生的后果严重程度，它的能量变化不影响事件发生的可能性。动态不安全因素决定事件发生的可能性，其危险程度由于具体作业主体和作业对象的不同或受安全管理行为的影响，在作业过程中一般是变化的。扰动不安全因素的危险程度对动态不安全因素的危险程度起加剧或减缓作用。不安全事件是不安全因素在作业过程中的具体显现，主要发生在施工作业过程中危险点上工作着的人员、设备、工具、设施上。不安全事件的产生频率决定安全事故发生的可能性的大小。若干不安全事件的一定组合可以导致安全事故发生。影响不安全事件发生频率的因素主要是不安全因素的危险程度和安全管理措施。

（二）建立施工安全管理系统评价方法

1.施工安全管理系统总体思想

把施工安全生产管理视为一个复杂、综合的系统，系统分为内部系统和外部系统。内部系统是由影响施工安全的一些直接因素组成：人的因素、施工设备的因素、施工环境的因素等；外部系统是由影响施工安全的间接因素组成：管理的因素。内部系统和外部系统的总和称为系统。通常，根据环境与系统的关系，外部系统对内部系统的影响称为"输入"，另外，内部系统对外部系统也有干扰和影响，称为"输出"。内部系统出现问题导致安全事故的发生，对安全事故进行系统调查，根据事故发生机理查找事故发生的前级原因，挖管理上的缺陷，形成反馈机制，把反馈信息输入外部系统，使外部系统得到升级和优化；反过来，优化了的外部系统会影响内部系统，使内部系统也得到提高，从而形成封闭的良性循环。

2.施工安全管理系统评价方法的建立

首先，根据事故致因理论，正确认识事故发生机理和规律；其次，运用预先危险分析法，对生产系统进行系统安全分析，正确辨识危险因素，并用MES方法对其风险进行量化；最后，用故障树分析法，对事故进行系统调查，根据事故发生机理查找事故发生的前级原因，挖掘管理上的缺陷，形成反馈机制，从而形成封闭的良性循环。

（三）造成事故的原因分析

1.施工现场组织管理分析

施工单位违反安全管理规定和违反工程建设强制性标准作业，安全生产责任制层层落实不彻底，班前安全交底及安全教育针对性不强，对施工现场安全措施检查落实执行不力。有些项目经理和现场管理人员对安全标准、规范和操作规程缺乏了解，在一些关键部位进行作业时，凭经验盲目自信、冒险蛮干，造成事故发生。

机械设备操作管理不规范。一些施工单位只重使用，轻管理。部分施工现场大型设备的使用缺乏有效的管理手段，进入施工现场后机械设备没有经国家规定的检测机构进行检测就投入使用；操作人员不固定，更换频繁；安全防护装置，或失灵未经修复便投入使用，或弃而不用等现象时有发生；维修保养跟不上，导致机械设备长期带病运转，留下安全隐患，尤其是对起重设备安装单位的资质审验不严，使用无资质施工企业进行施工，随意录用人员，非施工机械操作人员无证擅自操作，因不熟悉操作规程和操作技能，无知蛮干，导致现场混乱。在施工机械不能正常运行时不知如何进行应急操作，造成事故发生。

施工现场安全生产条件恶劣，安全生产防护不到位，安全设施不齐全或严重滞后，施工安全设施未按法规规定进行安全检测，导致作业过程中安全防护装置失灵，造成事故发生。

临边高处和基坑作业时未对危险作业源点进行现场勘查和危害辨识以及安全技术交底，没有采取有效防护措施和告知作业人员发生危害的可能性及预防的方法。在施工过程中存在临边防护洞口安全防护不及时和安全防护不到位的现象，临边高处作业时不安装临边防护栏杆和挂设安全平网防护措施。

有些专项工程施工过程中，没有编制专项安全施工组织设计和专项施工方案，在没有施工依据的条件下进行施工造成施工人员违反操作规程作业，从而造成事故的发生。

2.企业管理机制分析

有些企业安全管理机构不健全，甚至有些企业没有设立专门的安全管理机构和配备专职安全管理人员，部分安全管理人员存在兼职跨岗作业和安全管理老龄化的情况，缺乏法律知识和必要的安全管理知识，安全素质差，对规范、标准不熟悉，对安全操作规程掌握少，跨岗作业和安全管理老龄化使安全检查工作受限，造成对安全隐患视而不见的现象时有发生，是造成施工安全技术措施、安全隐患整改落实不到位的主要原因。

施工现场安全生产资金投入不足。在施工过程中，安全生产在资金投入上包括安全防护措施和安全防护用品费用、安全教育培训费用、安全设备及仪器仪表等日常维修费用、安全技术资料等没有得到落实或投入不足，劳动防护用品以次充好，使安全生产条件不能得到满足，甚至造成事故和人员伤亡的情况发生。

企业的社会责任感和自律意识薄弱。主要原因是企业处于原始积累阶段，追求利润最大化导致社会责任感缺失、自律意识薄弱。目前，我国建筑施工企业正处于这个时期，企业为确保盈利，不愿意增加成本创造高端产品，不按规定进行安全投入和设置安全管理机构，廉价购买或租赁不合格的安全防护用品、机具和设备，导致施工现场达不到安全生产条件，给质量安全事故的发生埋下隐患。

3.政府监管分析

由于监管机制和体制的不完备，没有建立起优胜劣汰的市场经济运行规律。优胜劣汰机制的缺失导致企业创造精品工程的原动力，更缺乏被市场淘汰的危机感，长期处于低投入、低水平运营状态，只求过得去、不求高水平，背离了以人为本、科学发展原则。

现场管理和市场管理脱节。近年来，政府监管部门对建筑市场进行了有效的规范治理，但现场和市场脱节导致对建设单位安全行为缺乏有效的约束，违反建设程序、阴阳合同、肢解工程、违法分包转包等违法违规行为得不到及时有效的治理，成为建设安全隐患和事故的主要原因。

4.市场竞争分析

建筑市场竞争激烈，施工企业往往通过最低价中标获得项目，利润低，有的甚至低于成本。企业为了生存只能通过减少安全投入、降低安全防护标准、采购不合格的安全防护用品和建材产品，甚至偷工减料获得利润，造成工程质量安全事故的发生。

工程项目建设周期普遍缩短，因赶工期导致的安全事故和质量问题时有发生。其主要原因：一是部分工程建设周期包含拆迁，由于种种原因，拆迁工作往往进展缓慢，客观上压缩了施工周期；二是业主单位特别是房地产企业，为了项目尽快投入使用，早出效益，违背建设规律，强迫施工单位盲目赶工期，施工企业冒险蛮干，给建设安全生产埋下了事故隐患。

二、建设安全生产事故对策措施研究

（一）制定对策措施的指导思想

所谓"安全发展"就是指国民经济和区域经济、各个行业和领域、各类生产经营单位的发展以及社会的进步和发展，必须以安全为前提和保障。必须以科学发展观统领全局，坚持安全第一、预防为主、综合治理，坚持标本兼治、重在治本，坚持以创新体制机制强化安全管理，以保障人民群众生命财产安全为根本出发点、遏制重特大事故为重点、减少人员伤亡为目标，倡导安全文化，健全安全法制，落实安全责任，依靠科技进步，加大安全投入，建立安全生产长效机制，推动安全发展。制定对策措施的具体指导思想有：

落实"以人为本"和"安全发展"的理念；落实"安全第一、预防为主、综合治理"的方针；落实"两个主体"和"两个责任"的安全工作基本责任制度。安全生产各项制度和管理要素的落实到位，关键还是依靠主体责任的落实。建设工程安全生产是一个涉及施工全过程、全方位的系统工程，具有整体性、综合性、相对性和动态性，涉及自然、社会、经济、政治等方方面面，除施工企业（建设工程项目部）外，还会涉及建设（业主）单位、监理单位、政府监管、中介机构、社会组织等方面。

（二）加强安全管理对策措施

1. 加强落实建设安全主体责任

（1）落实建设单位主体责任。

建设单位在工程建设中处于主导地位，对安全生产工作起决定作用，必须切实落实以下安全生产责任：施工承包合同中必须明确甲、乙双方的安全生产责任，保证施工单位的安全作业提供必要的安全生产条件；确保规定的安全生产文明施工措施费用及时足额拨付给工程承包单位，满足安全防护和改善作业人员生产生活条件的需要；按照规定办理安全生产报监备案手续，依法接受工程建设主管部门对项目的安全生产监督；不得压缩合同工期，及时提供地下管线等资料，确保工程科学、有序、安全施工。

（2）落实施工单位主体责任。

施工承包单位是工程建设安全生产的核心责任主体，主要安全生产措施是由施工单位来落实的，落实工程承包单位的安全生产责任尤为重要。要建立健全以企业法人代表和项目负责人为第一责任人的安全生产责任制，切实与人员聘用、个人收入挂钩，完善奖惩分明的考核制度；认真执行工程总承包单位负总责的施工现场安全生产责任体系，建立有序的项目管理机制，有效遏制非法挂靠、转包、分包行为；在工程项目部建立以项目主要负责人为首的安全生产管理机构，配足配全专职安全管理人员，完善工程项目安全生产保证体系；建立健全安全生产制度，在安全投入、安全检查、教育培训、工伤保险、文明施工、设备管理、安全防护等方面做到有章可循，提高改善职工的生产生活条件，确保安全生产文明施工。

（3）落实监理单位主体责任。

首先，工程监理单位是工程建设安全生产的主要责任主体之一，是施工安全生产的重要保障，必须严格落实监理单位的法定监理责任。其次，要切实履行安全监理职责。监理单位企业法定代表、总监理工程师和项目其他监理人员按照职责分工承担相应的安全生产监理责任；要切实把安全监理纳入监理规划，对承包单位和个人的安全生产资格以及安全技术措施方案进行严格审查，凡达不到安全生产标准条件的一律不得批准施工。三是在监理实施过程中，对危险性较大的分部分项工程，要编制监理细则并实施旁站监理，发现存在安全事故隐患的，必须要求施工单位立即进行整改。

2.加强完善建设安全监管体系

政府行政主管部门作为工程质量和安全生产的监管主体，要建立健全以主管部门主要负责人为第一责任人的责任制，充分发挥领导和综合协调作用，明确主管部门的质量和安全生产管理职责，建立严格的质量安全生产监管工作问责制。安全监督管理机构要认真履行职责，加强对施工现场安全生产监督检查，规范工程建设各方主体的安全行为，及时消除安全隐患。

（1）实施建设工程安全监管标准化机制。

工程安全监管体系建设，必须与工程安全内在的规律结合起来，必须与工程建设形势的发展结合起来，必须与行政管理体制的改革结合起来，大胆创新，稳步推进。实施建设工程安全监督执法标准化建设，进一步规范安全监督执法行为，从勘察设计、市场监察、安全监督、备案、施工现场抽查等各个环节，统一执法内容、程序和标准，明确执法人员的责任义务，建立监督绩效考核机制，充分发挥综合执法整体合力和集中优势，形成"责任明确、监管高效、执法严明、清正廉洁"的新格局；同时，要加强执法队伍建设，提高执法人员素质；强化执法检查责任的落实，严格遵守"十要十不要"规定，树立良好的执法形象，保证执法干净运行，打造一支廉洁、高效、务实、特别能战斗的工程安全监管队伍。

（2）建立建筑施工企业诚信体系。

建立以道德为支撑、以法律为保障的市场信息制度，形成建设工程质量安全诚信体系。

建立企业从业人员的信用档案，企业人员基本信息、业务能力情况、所取得的从业资格证书情况、受到的处罚和奖励情况等都将纳入信用档案。

建立企业的信用档案，包括企业基本信息（人员、资质、产值、生产条件、所干工程等）、企业自身安全保障体系的建立及落实情况、所属项目获奖情况、出现安全事故情况、施工现场情况、安全投入等情况。

（3）加强与市场联动，建立奖优罚劣的竞争机制。

建设工程安全监管和建筑市场监管是建筑业管理的一部分，现场监管与市场监管形成有效的联动，才能真正发挥监管的作用。将工程安全监管与招投标、施工许可、资质资格管理结合起来，从多个环节严格把关，充分发挥市场和安全集中执法优势，构建资源共享平台，强化市场与现场联动，营造公平、有序、规范的建筑市场环境，为工程质量安全提供保证。

3.加强从业人员安全培训教育

安全教育与培训是贯彻国家有关安全生产方针和安全生产目标，实现安全生产和文明生产，提高员工安全意识和安全素质，防止产生不安全行为，减少人为失误的重要途径。

进行安全生产教育，首先要提高管理者及员工安全生产的责任感和自觉性，认真学习有关安全生产的法律、法规和安全生产基本知识；其次是普及和提高员工的安全技术知识，增强安全操作技能，从而保护自己和他人的安全和健康。

建立由政府、用人单位和个人共同负担的农民工培训投入机制，所有用人单位招用农民工都必须依法订立并履行劳动合同，建立权责明确的劳动关系。要研究制定鼓励农民工参加职业技能鉴定、获取国家职业资格证书的政策。

落实农民工培训责任，完善并认真落实全国农民工培训规划。劳动保障、农业、教育、科技、建设、财政、扶贫等部门要按照各自职能，切实做好农民工培训工作。强化用人单位对农民工的岗位培训责任，对不履行培训义务的用人单位，应按国家规定强制提取职工教育培训费，用于政府组织的培训；充分发挥各类教育、培训机构和工青妇组织的作用，多渠道、多层次、多形式开展农民工职业培训。

在加强施工单位安全教育培训的同时，应加强对建设单位、监理单位、勘察设计及设备材料供应单位及其他有关单位的安全教育，增强建筑活动各方主体的安全意识、规范各方主体的安全行为，是有效控制和减少事故的治本之策。

（三）施工现场安全风险隐患防范措施

1. 高处坠落风险防范措施

（1）在对高处坠落事故的防范中，要注意高处作业施工作业环境和施工人员的管理，制定安全防范措施。

（2）上下梯子必须结构牢固，有不低于1.2m的护栏，设专人维修，确保安全可靠；在垂直、狭窄作业面，可制作可移动式大型梯笼；高度较高的爬梯，中间应设若干级休息平台。

（3）施工生产区域内的"四口"均应设盖板或围栏，做好标记，并有足够的照明。

（4）各种临空作业面必须设围栏。

（5）悬空作业，必须搭设脚手架，挂安全网，或采取其他安全可靠的措施。

（6）施工人员应严格遵守劳动纪律，高处作业时不打闹、嬉笑，不在不安全牢靠的地方歇息。

2. 物体打击风险防范措施

（1）制定专项安全技术措施。

如上层拆除脚手架、模板及其他物体时，下方不得有其他作业人员，上下立体交叉施工时，不允许在同垂直方向上作业；在危险区域设置牢固可靠的安全隔离层；施工人员做好自身保护（安全帽、安全带）等。

（2）危险作业的安全管理。

塔吊、施工升降机、井架与龙门架等起重机械设备，在组装搭设完毕后，应经企业内部检查、验收,其中,塔吊、施工升降机要向行业的机械检测机构申请检测,合格后再投入使用,同时机械设备部门要负责对机械操作人员进行安全操作技术交底,落实设备的日常检查,督促操作人员做好机械的维护保养工作。

(3)施工人员的安全教育与管理。

对施工人员的安全教育十分重要,应提高管理人员和施工人员的安全意识,施工作业人员操作前,应由项目施工负责人以清楚、简洁的方法,对施工人员进行安全技术交底;应分不同工程、不同施工对象,或分阶段、分部、分项、分工程进行安全技术交底。

(4)加强施工现场的安全检查。

现场安全检查可以发现安全隐患,及时采取相应的措施,防患于未然;建立安全互检制度;监督施工作业人员,做好班后清理工作以及对作业区域的安全防护设施进行检查。

3.触电伤害风险防范措施

(1)临时用电的安全防护。

独立的配电系统必须按有关标准采用三相五线制的接零保护系统,非独立系统可根据现场实际情况采取相应的接零或接地保护方式。各种电气设备和电力施工机械的金属外壳、金属支架和底座必须按规定采取可靠的接零或接地保护;在采用接地或接零保护方式的同时,必须设两级漏电保护装置,实行分级保护,形成完整的保护系统。漏电保护装置的选择应符合规定。各种高大设施必须按规定装设避雷装置。凡在一般场所采用220V电源照明的,必须按规定布线和装设灯具,并在电源一侧加装漏电保护器。特殊场所应按有关规定使用36V安全电压照明器。

(2)施工现场的安全用电管理。

建立健全符合施工生产实际的供电、用电安装、运行、维护、检修等安全操作规程、规章制度。定期对供电、用电线路、电气线路、电气设备运行进行安全巡视检查和设备、器材、仪表检验,发现隐患及时整改。

(3)施工现场用电的安全措施。

用电线路沿墙悬空架设,高度不低于2.5m。手持电动工具应保持绝缘良好,电缆线无破损,并安装漏电保护器。露天作业的电气设备,应有防雨措施,水下作业的电气设备,应选用防水型。

4.机械伤害风险防范措施

(1)建筑机械设备的安全管理。机械设备上的自动控制机构、力矩限位器等安全装置以及监测指示仪表、警报器等自动报警、信号装置,其调试和故障的排除应由专门人员负责进行。

(2)实施起重机远程网络安全监控管理。加装起重机械远程管理模块,每台塔机的工作数据可以通过无线网络和互联网传输,可以在办公室实时查看、管理。政府监管部门可以及时发现违章行为和违章倾向，掌握违章证据，有针对性地实施管理，变被动管理为主动管理，最终减少乃至消灭因违章操作和超载所引发的塔机事故。

（3）机械设备应按时进行保养。当发现有漏保、失修或超载、带病运转等情况时，有关部门应停止其使用。

（4）机械进入作业地点后，施工技术人员应向机械操作人员进行施工任务及安全技术措施交底。操作人员应熟悉作业环境和施工条件，听从指挥，遵守现场安全规定。

5.坍塌伤害风险防范措施（深基坑、脚手架）

在基坑开挖施工前，应分析工程地质、水文地质勘察资料、原有地下管道、电缆和地下构筑物资料及土石方工程施工图等，进行现场调查并根据现有施工条件，制定合理的土方工程施工组织设计。如需边坡支护则应根据相应规范进行设计，超深基坑设计及施工方案必须经过专家论证。

挖基坑时，施工人员之间应保持一定的安全距离；机械挖土时，挖掘机间距应大于10m，挖土要自上而下，逐层进行，严禁先挖坡脚的危险作业。挖土时，如发现边坡有裂纹或有土粒连续滚落时，施工人员应立即撤离施工现场，并应及时分析原因，采取有效措施解决问题。

坑底四围设置集水坑和引水沟，并将积水及时排出。当基坑开挖处处于地下水位以下时，应采取适当的降低地下水位的措施。

高大模板支设必须按规定进行模板支撑体系设计和计算，制定施工方案并经过专家论证，严格执行。施工现场使用的脚手架和支模架使用的钢管、扣件必须符合国家和城市有关规范、标准和相关文件精神，使用正规厂家生产的钢管、扣件和碗扣脚手架，确保施工人员的人身安全。

钢管表面应平直光滑，不得有裂缝、结疤、分层、错位、硬弯、毛刺和深的划道，不得自行对接加长，明显弯曲变形不应超过规范要求，且应做好防锈处理。扣件不得有裂缝、变形；螺栓不得出现滑丝。钢管和扣件要严格按照国家标准进行使用，保证施工正常进行。

钢管、扣件在每一个工地使用前，施工、建设（监理）单位必须按照有关规定对钢管、扣件质量进行见证取样，送法定检测机构检测，并根据检测结果制定相应的脚手架及支模架搭设方案。检测批次按不同厂家、不同型号和规定的批量划分。如果钢管和扣件的质量和性能不符合标准，坚决杜绝使用。

要严格落实钢管、扣件报废制度，每次使用回收后，应及时清理检查，移除报废的钢管、扣件。凡有裂缝、结疤、分层、错位、硬弯、毛刺和深的划道，外径、壁厚、端面的偏差不符合规范要求的钢管和有裂缝、变形，螺栓出现滑丝的扣件必须立即做报废处理，严禁使用。

参考文献

[1]秦春丽，孙士锋，胡勤虎.城乡规划与市政工程建设[M].北京：中国商业出版社，2021.

[2]李海林，李清.市政工程与基础工程建设研究[M].哈尔滨：哈尔滨工程大学出版社，2019.

[3]邵华，王骞.市政工程建设与管理研究[M].长春：吉林科学技术出版社，2022.

[4]郝银，王清平，朱玉修.市政工程施工技术与项目安全管理[M].武汉：华中科技大学出版社，2022.

[5]黄珺，季大力，曹坚.市政建设与给排水信息工程研究[M].哈尔滨：哈尔滨地图出版社，2020.

[6]武建华，徐二敏，赵桂华.市政规划与给排水工程研究[M].汕头：汕头大学出版社，2021.

[7]廖光磊.市政给排水管道工程设计与施工技术[M].武汉：华中科学技术大学出版社，2023.

[8]王宏图，姚远，张宏伟.给排水工程与市政道路[M].长春：吉林科学技术出版社，2020.

[9]郭沛鋆.市政给排水工程技术与应用[M].合肥：安徽人民出版社，2019.

[10]范文斌，张鹏颖，黄翠柳.城市给排水工程施工技术研究[M].长春：吉林科学技术出版社，2022.

[11]高将，丁维华.建筑给排水与施工技术[M].镇江：江苏大学出版社，2021.

[12]李孟珊.给排水工程施工技术[M].太原：山西人民出版社，2020.

[13]於方，赵丹，田超，等．生态环境损害鉴定评估工作指南与手册[M]．北京：中国环境出版集团，2020.

[14]陆军，刘倩，赵越，等．环境损害鉴定评估与赔偿法律体系研究[M]．北京：中国环境科学出版社，2016.

[15]薛丽洋,梁佳.环境风险防控与应急管理[M].北京：中国环境科学出版社,2018.

[16]吴德胜,陈淑珍.生态环境损害经济学评估方法[M].北京：科学出版社,2019.

[17]潘三红,卓德军,徐瑛.建筑工程经济理论分析与科学管理[M].武汉：华中科学技术大学出版社,2021.

[18]梁勇,袁登峰,高莉.建筑机电工程施工与项目管理研究[M].北京：文化发展出版社,2021.

[19]谢晶,李佳颐,梁剑.建筑经济理论分析与工程项目管理研究[M].长春：吉林科学技术出版社,2021.

[20]姚亚锋,张蓓.建筑工程项目管理[M].北京：北京理工大学出版社,2020.

[21]袁志广,袁国清.建筑工程项目管理[M].成都：电子科学技术大学出版社,2020.

[22]赵媛静.建筑工程造价管理[M].重庆：重庆大学出版社,2020.

[23]杜峰,杨凤丽,陈升.建筑工程经济与消防管理[M].天津：天津科学技术出版社,2020.

[24]蒲娟,徐畅,刘雪敏.建筑工程施工与项目管理分析探索[M].长春：吉林科学技术出版社,2020.

[25]李红立.建筑工程项目成本控制与管理[M].天津：天津科学技术出版社,2020.

[26]王俊遐.建筑工程招标投标与合同管理案头书[M].北京：机械工业出版社,2020.

[27]经丽梅.建筑工程资料管理一体化教学工作页[M].重庆：重庆大学出版社,2021.

[28]高云.建筑工程项目招标与合同管理[M].石家庄：河北科学技术出版社,2021.